商道智汇企业可持续发展系列丛书

商道咨询　编著

ESG十年洞见

郭沛源◎著

中国经济出版社
CHINA ECONOMIC PUBLISHING HOUSE
·北京·

图书在版编目（CIP）数据

ESG十年洞见 / 郭沛源著. -- 北京：中国经济出版社，2025. 5. -- ISBN 978-7-5136-8236-7

Ⅰ. X322. 2

中国国家版本馆CIP数据核字第2025YF3723号

策划编辑　姜　静
责任编辑　姜　静　马伊宁
责任印制　李　伟

出版发行　中国经济出版社
印 刷 者　北京科信印刷有限公司
经 销 者　各地新华书店
开　　本　710mm×1000mm　1/16
印　　张　21.25
字　　数　400千字
版　　次　2025年5月第1版
印　　次　2025年5月第1次
定　　价　78.00元

中国经济出版社　**网址**　www.economyph.com　**社址**　北京市东城区安定门外大街58号　**邮编**　100011

本版图书如存在印装质量问题，请与本社发行中心联系调换（联系电话：010-57512564）

编辑说明

2024年以来，中国企业ESG（Environmental，Social and Governance，环境、社会和公司治理）发展进入新阶段，国家提出开展ESG评价，A股三大交易所公布《上市公司可持续发展报告指引（试行）》和《上市公司可持续发展报告编制指南》，财政部等九部门联合发布《企业可持续披露准则——基本准则（试行）》。商道咨询品牌部整理了郭沛源博士的相关文章集结出版，希望对中国过去十年ESG的发展进行回顾，以便贡献行业。

作为知名的责任投资专家，商道咨询首席专家、商道融绿董事长、商道学堂校长郭沛源博士自2005年起先后创办了商道纵横、商道融绿、商道学堂，发起中国责任投资论坛（China SIF）等行业活动，长期在财新网、第一财经等媒体发表专栏文章，并于2014年2月开设个人微信公众号“郭沛源说ESG”，坚持每周以专业视角点评社会热点，十年间笔耕不辍，累计发表文章600余篇，是中国ESG发展的见证者。

郭沛源博士擅长以专业的独立视角对中国在ESG领域的发展历程、政策法规、企业实践、投资趋势等方面进行深入研究和分析，记录了中国企业从CSR跨向ESG的历程，突出对关键问题和热点议题的探讨，将ESG概念和实践向更广泛的读者群体传播和普及，引领行业发展。同时，阅读他的文章的人不难发现其对社会热点的关注和思考，他的诸多文章为广泛的读者群体提供ESG领域的基础知识和理解，通过启发性的故事、观点和见解，激发了读者对ESG的兴趣，进而思考并付诸行动。

本书在整理过程中主要以为什么、做什么、如何做、谁来做中国ESG为主线，在各章节中以发表时间排序，方便读者了解从业者在新兴行业发展中的探索和实践过程。收录的文章均可以在“郭沛源说 ESG”微信公众号中找到。

最后，一个行业从 0 到 1 的发展，既得益于时代的机遇，也离不开一群人勇于开拓、久久为功的坚持。本书编辑过程中我们也体现了关键人物和关键事件的重要性，以及应该被这个行业所知所纪念的钱为家、王瑾、仝允桓、唐锡阳等专家。

编者

2025 年 3 月

序言 PREFACE

ESG融入日常

从研究生时代开始，我就养成了写评论文章的习惯，密切跟进国内外可持续发展领域的动态。我的文章除了发表在学术期刊外，也常刊载在纸媒或互联网上。2014年，在开通微信公众号之后，我开始定期在公众号发表评论。通常每周一篇，因此也称周评。这个习惯一直坚持到现在，十年有余。积累了大量文章，借商道纵横20周年的契机结集出版。

写微信公众号评论的最大体会，是要把复杂问题简单化、把专业问题通俗化，否则公众号的读者很难读懂这些文章，甚至有的读者在看到很晦涩的标题后，都不会打开去看。因此，我会在文章中，用“一条板凳三条腿”来解释可持续发展的“三重底线”理论；用“德才兼备”来形容公司既要考虑ESG表现，又要考虑财务表现；用“一尺之力”来描述国际可持续准则理事会（ISSB）制定可持续披露标准的价值；用“双面风险”来指代气候变化的转型风险和实体风险。

这样的写法，不仅有助于读者理解，也促进我自己的深入思考。因为复杂问题简单化的过程，实质也是抽丝剥茧探寻内在核心逻辑的过程。我也常想，倡导ESG不必用太高深的理论，只要回归常识就可以。拨开迷雾，ESG无非是反映了几点常识。第一，自然资源是有限的，所以增长有成本，也有极限，我们要做好准确的测算。第二，人是多样的，虽然自私人假设在平均意义上是对的，但不意味着对每个人和每个群体都是对的；人和由人构成的组织都符合马斯洛需求层次理论，在满足低层次需求之后多少也有自我实现的需求。第三，万物互联，在一定的空间和时间内，一个人或组织的行为往往会对另一个人或组织产生积极或消极的影响，这种影响也会在一定程度上反馈回行为人或组织身上；正反馈是价值共创，负反馈便形成反噬。记住这些常识，很多 ESG 问题就容易理解了。

ESG 融入日常、回归常识，还有一个好处，就是能帮助公司和投资者理解 ESG 的重要性。ESG 之所以重要，并不是因为它是热门词汇，而是它反映常理、符合常理。譬如对矿业公司来说，因为自然资源是有限的，所以要注意污染治理和资源节约；因为万物互联，采矿过程容易对周边村落和居民产生影响，所以要注意与当地社区的沟通。这些都是常识，如同一个人生来就要吃饭穿衣一般，几乎不会有人去问为什么，但所有人都知道其重要性。

近两年，欧美市场的 ESG 发展出现反复，在美国市场中 ESG 反而成为“敏感词”。受此影响，国内也有不少人质疑：ESG 是不是真要过时了？我认为，大可不必忧虑。基于前文的“德才兼备”理论，我对 ESG 前景的判断仍然乐观。因为不管什么时候，公司的品行都很重要，公司越大、考察的时间尺度越长，品行的影响权重就越大。过去几年，欧美市场的 ESG 过热，有些时候过分夸大了 ESG 的作用，甚至认为 ESG“能治百病”，这是不对的，出现回调也是正常的。我们用平常心理性看待就可以了。

我希望这本书可以对读者起到科普 ESG 的作用，透过这些评论洞察到 ESG 的各个方面。但因为是评论的合集，这本书也有其局限性。一方面，评论要考虑时效性、追踪热点事件，选题是无法提前规划的，虽然我们也努力分类，但系统性还是有些不足。另一方面，为了让评论易读，我在写作时常用口语化的表述，虽然编辑也努力修订，但难免还有些痕迹。这些方面，请读者理解，也欢迎批评指正。下次合集出版时，我再努力改进。期待读者们与我们同行，共同见证商道和中国ESG发展的下一段20年征程。

郭沛源

2025 年 5 月 20 日

目录 CONTENTS

一、拯救地球，一念新起——ESG与责任投资

二、新手上路，各显神通 ——商业可持续发展

三、星星之火，可以燎原——政策与标准

四、关心者赢，以新促新 ——个人意识与职业发展

五、新题迭现，创新守正 ——可持续发展议题

附 录

后 记

一、拯救地球，一念新起

——ESG 与责任投资

基金公司责任投资的道德逻辑和市场逻辑

如今，各行各业都在讲企业社会责任。基金公司也不例外，从基金公司发布的企业社会责任报告来看，多数基金公司描述的是公司如何捐资助学、保护环境，关于基金公司自身运营的描述相对较少。这反映出基金公司对企业社会责任理解的偏差。事实上，基金公司的核心社会责任不是捐钱，而是发挥好金融杠杆的作用，在追求财务收益的同时，能够兼顾投资产生的间接的社会和环境影响。

举例来说，在保护蓝天方面，基金公司是可以扮演两种可能的角色的。一种是捐钱给环保组织，去种树改善生态环境，去搞公众教育提高人们环保意识，这是看得见摸得着的公益活动；另一种是评估股票池里面的上市公司，看哪些公司是重污染的，甚至是存在违规排放等行为的，然后将资金更多投入相对更环保的公司，这样一来，资金产生的间接环境影响就会小很多，这是看不见摸不着的杠杆效应。从成效来看，前者只是宣传教育，末端治理；后者才是追根溯源，釜底抽薪。如果一家基金公司说自己关心大气污染，却只做前者，不顾后者，那就是典型的舍本逐末。

因此，基金公司的核心社会责任是发挥好金融资本的杠杆作用，撬动资源投向对环境、对社会有正向价值的方向。当然，很多人会说，基金公司主要目标是盈利，不是追求社会福祉。这一点没错，所以，西方的社会责任投资理念倡导的是义利兼顾，对投资组合实施双重审核，主要考察的是上市公司的财务收益，但如果上市公司存在重大的环境违规行为，是无法进入股票池的。这也就是社会责任投资领域中常说的“负面筛选”策略。

更进一步讲，西方社会责任投资的逻辑不仅有道德逻辑，还有市场逻辑。一方面，树立社会责任投资的理念，可以在一定程度上规避一些社会和环境风险，避开存在重大违规行为的公司而转投那些成长更可持续的上市公司，是可以降低风险的。曾有学者分析认为，道琼斯可持续发展指数的成份股的长期收益要好于市场平均水平。另一方面，社会责任投资的理念也是产品差异化、吸引投资人的一种手段，当社会发展到一定阶段，会有一部分人由于各种各样的原因（如宗教信仰、兴趣爱好等）对“另类”的基金产品有偏好，社会责任投资基金对外宣传不投资污染企业、不投资违反劳工权益的企业，这样的投资理念和风格可以获得细分市场的认可，基金公司就可以通过帮助这些客户管理资产获利。

把目光放回国内市场，道德逻辑可能一时半会是讲不通的，市场逻辑还可以发挥点作用。产品差异化是一个很重要的原因，基金公司推出一只社会责任基金也不失为创新的做法，有一定的卖点。但目前多数基民还搞不清楚基金投资所产生的间接影响是怎么回事，需要通过宣传引导，培育一批有责任心的个人投资者。最近，商道纵横推出了“绿色理财，投资蓝天”的研究项目，目的就是提升个人投资者的责任投资意识，让大家明白，每个个体既是空气污染的受害者，也可能是空气污染的“幕后推手”：存进银行的钱、购买基金的钱都可能被用于污染企业的生产运营。项目提出“不要让你的投资被‘霾伏’”的口号，受到广泛关注，还获得了世界自然基金会地球一小时“蓝天自造计划”的奖励。

市场逻辑中的规避风险可能是责任投资理论发挥空间更大的一个领域。毋庸讳言，中国已经进入环境污染高发期，环境问题甚至影响到社会稳定，企业经营业绩必然也会受到牵连。因此，从这个角度看，基金公司筛选负责任的企业确实可以在一定程度上控制风险。这一点也得到了一些基金公司的认可。根据中国责任投资论坛（China SIF）《中国基金业责任投资调查报告 2013》的数据，41% 参与调查的基金公司认为，责任投资可以降低投资风险，比认为责任投资有助产品差异化的基金公司要多（37%）。调查还指出了一些特定行业和特定议题，从避险角度看，这些行业和议题都是高危地带，是基金公司最值得关注的。超过半数的基金公司认为，采掘业、农林牧副渔、公用事业、制造业是最值得关注的重点行业；超过 90% 的基金公司认为，产品质量和安全、公司治理、财务造假是最值得关注的重点议题。这些数据倒是符合中国当前的国情和市场现实。

综上，基金公司要制定社会责任策略，应该从投资策略开始做起，最后要做的才是慈善捐赠。这件事情做好了不仅可以提高品牌声誉，也可以实现产品策略差异化、规避风险的效果。

推而广之，上述理念不仅适用于基金公司，也适用于更大范围的金融机构。核心逻辑是一致的，只是表现形式有差异。譬如，商业银行的核心社会责任就是发挥好信贷的杠杆作用，让更多的信贷流向那些绿色环保、负责任的企业，这也就是我们常说的绿色信贷政策的核心内涵。

（本文首次发表于 2014 年 3 月 25 日“郭沛源说 ESG”公众号）

从小众思维到大众潮流，绿色金融在国外如何“发迹”？

何谓绿色金融

金融投资一般是指实业投资之外的，包括银行储蓄、商业保险、证券投资以及其他金融工程在内的全部金融服务产品的投资。可持续发展是一种既满足当代人的需要，又不对后代人满足其需要的能力构成危害的发展，它包括经济、社会和环境三方面的内容。

金融投资与可持续发展似乎是两个毫不相干的问题，实则不然。在金融投资领域，风险分析是制定决策的重要根据。传统金融分析师仅仅将焦点放在财务报表上，越来越多的证据已经表明这样的做法十分危险。因为一些可能产生严重污染的项目、一些易受气候变化影响的项目都将使投资人面临巨大的不确定性风险，但却不会反映在财务报表上。这便促使投资者不得不关注可持续发展。在可持续发展领域，对资源的公平配置是实现可持续发展的根本，几乎所有不可持续发展的现象都是因为对资源的不当配置造成的。譬如，小造纸厂生产效率低下，利润也不高，但污染却非常严重。这其实是生产要素未能得到有效配置的后果。要解决这类问题，除了强制关闭企业以外，还可以从投资者入手，即建议投资者将资金投入工艺技术先进、盈利能力较好且没有环境污染的造纸厂，从而形成有利于可持续发展的资源配置格局。因此，经济手段是可以缓解环境问题、促进可持续发展的。

由此可见，金融投资与可持续发展之间存在着一定的内在联系。可持续发展可以左右投资收益，金融投资也可以反过来影响可持续发展。人们习惯性地把促进可持续发展的金融投资称为可持续金融（Sustainable Finance），或者通俗地称为绿色金融（Green Finance）。

绿色金融与各类金融机构都有关，银行、保险公司或基金公司都可以实施相应的绿色金融举措，但在不同类别的金融机构中，绿色金融的作用机理、重点和方法大不相同。譬如银行实施绿色金融的一个重点是对信贷业务进行环境与社会风险管理；保险公司的重点则是提供污染责任险等金融创新产品。

发达国家绿色金融的兴起与发展

环境风险触发绿色金融

“绿色金融”概念最早是为规避因环境污染问题所造成的金融风险而提出的。近代发达国家经济腾飞的时间早，环境污染集中爆发的时间也早，所以环境风险触发金融风险的现象也是先在欧美发达国家出现的。美国爱河事件（Love Canal Tragedy）及因此诞生的超级基金是环境风险触发金融风险的经典案例。

爱河是美国纽约州北部的一个居民区。1942 年至 1953 年，胡克化工厂（Hooker Chemicals & Plastics Corp）在该区掩埋了大量高毒性及致癌性的化学废弃物，最后覆上一层黏土和表土以利植物生长。1953 年，胡克化工厂将掩埋地以 1 美元的代价卖给纽约市政府，并要求对将来可能发生的灾害免除法律责任。随后该地区经过处理和建设，开发为住宅区，并有九百多户住户及一所小学。1976 年，附近居民开始抱怨化学异臭味、药物灼伤、新生儿畸形等，接着在地下室、雨水收集管线及花园里均涌出黑色浓浆状的有害废弃物，某些地方地面的下陷逐渐暴露出装着废弃物的铁桶容器及废弃物本身。1978 年，卡特总统宣布此地区进入紧急状态，纽约州政府将该地区封闭，迁出两百多户住户并关闭学校。由于附近居民持续抗争以及媒体大幅报道，此事件成为全美甚至全世界皆知的大新闻。为此，美国政府动用了联邦基金处理这一历史遗留的环境问题。在这一背景下，1980 年，美国国会通过了一项法案《综合环境响应补偿及责任法》（Comprehensive Environmental Response Compensation and Liability Act，CERCLA），并建立危险物质响应信托基金（The Hazardous Substance Response Trust Fund），由于数额庞大，该基金被称为超级基金，该法案也被戏称为超级基金法案。该法案最具威慑力的地方是认定环境责任具有可追溯性，极大增加了商业企业的环境风险。金融机构如果贷款或投资此类企业，可能会血本无归，甚至因为承担连带责任而背负清偿污染的费用。1990 年，美国舰队金融公司（Fleet Financial）因接受其贷款客户抵押的治污设备，被法院认为“有削减客户环境保护能力从而导致环境污染的倾向”，最终被处以罚金。发达国家的银行关注环境风险正是从这一时期开始的。

随着越来越多的银行关注环境风险，人们关注的焦点逐渐从规避风险转向管理风险，探索建立更系统性的金融机构环境与社会风险防控体系。世界银行及其所属的国际金融公司是这类金融机构中的佼佼者。1998 年，世界银行开始制定《污染预防与消除手册》，完善环境评价程序。2002 年，国际金融公司在伦敦组织了一次金融机构环境、社会影响评估的研讨会。会后，与会代表都积极支持筹建一个关于项目融资中环境、社会影响评估的框架平台，赤道原则（the Equator Principles）因此应运而生。2003 年 6 月，花旗银行、荷兰银行等 7 个不同国家的 10 家银行正式达成协议推动赤道原则。赤道原则根据国际金融公司的政策和指南制定，使用了参照国际金融公司的环境和社会筛选程序建立的筛选过程。至今，赤道原则已经历三次改版，成为被商业银行最广泛认可的环境与社会风险管理工具。

从银行到更广泛的金融机构接受绿色金融

环境风险并不止于银行，其他非银行金融机构，如保险公司、基金公司也会面临环境方面的问题。随着人们对绿色金融了解的深入，绿色金融的实施主体从早期的商业银行逐步延展为更广泛的金融机构。这从联合国环境署[1]金融倡议（UNEP FI）的发展历程中可见一斑。

1992 年，里约环境会议前夕，联合国环境署联合知名银行在纽约共同发布了《银行业关于环境和可持续发展的声明书》，标志着联合国环境署银行计划（UNEP BI）的正式成立。1995 年，联合国环境署将该计划延伸到保险业，与瑞士再保险等公司发布《保险业关于环境和可持续发展的声明书》。1997 年，联合国环境署保险机构计划（UNEP III）正式成立。同年，为适应金融行业的发展态势，联合国环境署银行计划对该声明书的内容进行适当修正，从单一银行业务扩展到一般性金融服务，其后银行计划更名为金融倡议（UNEP FII）。2003 年，在 UNEP III 和 UNEP FII 的联合年会上，保险机构计划和金融机构计划正式合并为金融倡议（UNEP FI），工作范围覆盖全部类型的金融机构。

后来，随着基金公司成员的不断增加，以及基金行业在绿色金融中发挥的作用越来越大，UNEP FI 在 2006 年与另外一家联合国机构全球契约（UN Global Compact）共同发起成立了联合国责任投资原则组织（UN PRI）。PRI 是一个以基金公司等资产管理机构为核心会员的组织，倡导会员机构遵循责任投资的各项原则。近几年，PRI 发展迅猛，会员已有摩根、美林、花旗等 1300 多家机构，会员管理的资产总额达 45 万亿美元。

绿色金融逐步融入主流金融机构

步入 21 世纪，绿色金融开始被引入更多的主流金融机构，从小众思维变成大众潮流。早在 1999 年，知名指数公司道琼斯就率先推出了道琼斯可持续发展指数（DJSI），该指数不仅考察上市公司的财务绩效，也考察上市公司的环境绩效，因为他们相信具有更好环境绩效的上市公司具有更强的持续发展能力。2001 年，另一家

---

① 联合国环境规划署也称联合国环境署（United Nations Environment Programme，UNEP），成立于 1973 年 1 月，是联合国系统内负责全球环境事务的牵头部门和权威机构。

知名指数公司富时指数也迅速跟进，推出了富时社会责任指数（FTSE4GOOD）。此后数年，约翰内斯堡证券交易所、圣保罗证券交易所、上海证券交易所、深圳证券交易所、恒生指数公司也先后发布了类似指数。

2006 年，高盛集团旗帜鲜明提出了 ESG（环境、社会与公司治理）投资理念，这一理念以绿色金融为核心，扩展了绿色金融的外延，将投资者最关注的公司治理因素也纳入进来，比较容易得到主流金融机构的认可。因此，这一理念一经推出便在金融市场上引起极大关注，标志着绿色金融融入主流。在这一理念的引领下，绿色金融的市场规模迅速扩大。据统计，2011 年底，欧洲绿色金融的资产总额达到 6.76 万亿欧元，是 2002 年的 19 倍多；美国绿色金融总额达到 3.74 万亿美元，较 2003 年增长了 73%，较 1995 年增长了 486%。

发达国家绿色金融的创新与趋势

金融产品创新

荷兰学者 Marcel Jeucken 提出绿色金融的四阶段理论，认为金融机构对可持续发展的态度从低级到高级可以分为四个阶段：抵制（Defensive）、规避（Preventive）、积极（Offensive）、可持续（Sustainable）。按这一理论，当前发达国家金融机构多数已经跨越抵制阶段，正从规避阶段向积极阶段迈进。这一进程的显著特征是绿色金融产品创新频繁，金融机构希望由此创造新的收入来源。譬如银行推出能效融资产品，帮助借款客户提高能源效率；基金推出水主题、碳主题基金产品，满足不同投资群体的需求。

当前绿色金融产品的新宠是绿色债券。2013 年 11 月，法国电力公司（Electricite De France，EDF）发行了 19 亿欧元的绿色债券，获得市场两倍的超额认购。仅一天之隔，美国银行发行了 5 亿美元的绿色债券，旨在支持银行的可再生能源、提高能效业务。2014 年 3 月，联合利华和丰田汽车先后分别发行了 2.5 亿欧元和 17.5 亿美元的绿色债券；5 月，美国佛罗里达州房地产投资信托公司 Regency Centers 发行了 2.5 亿美元的绿色债券，法国苏伊士集团发行了 25 亿欧元的绿色债券，打破了法国电力公司 19 亿欧元的纪录。据标准普尔（S&P）估计，2014 年全球企业绿色债券规模会增加至 200 亿美元。

金融政策创新

2008 年发达国家的金融海啸刺激了人们的神经，促使人们反思华尔街文化，也促使联合国环境署反思金融政策的顶层设计：现有的国际金融体系和经济秩序，并未能有效引导私人资本流向有利于可持续发展的领域。因此，经济越发展，自然资源消耗越多，碳排放也越多。解决的根本办法是重构国际金融的政策和秩序，将金融体系与一个健康经济体的长期需求更好地统一起来。然而，从职责分工来看，改革国际金融的国际机构应当是世界银行、国际货币基金组织等，而不是联合国环境署。为了突破这一障碍，联合国环境署在 2014 年初发起了 UNEP Inquiry 项目，计划用 18 个月的时间遍访联合国内外的相关机构，包括各国的政策制定者，推动高水平的开放式辩论，提出有深度、有成效的金融政策顶层设计改革建议。

到目前为止，UNEP Inquiry 项目已经与欧盟、美国等十多个经济体建立合作伙伴关系，与包括央行、商会和智库在内的各类合作伙伴共同探索绿色金融的未来之路。

核算体系改革

与金融政策创新推动顶层设计改革不同，核算体系改革着眼于金融体系的微观基础，即对价值的衡量。人们发现，传统的财务核算体系尤其是会计准则并未能恰当地衡量和纳入自然资本的真实价值。很多自然资源因为被视为公共品，价值是被严重低估的；很多企业经营所造成的负面的环境与社会影响因为难以量化，也未被纳入财务报表。由此带来的后果是价格信号不能准确反映自然资本的稀缺性，影响资源配置效率。

为此，有识之士开始关注核算体系改革，尤其是自然资本的价值核算并将之纳入财务分析。2008 年，德国和欧盟发起了生态系统和生物多样性经济学（The Economics of Ecosystems and Biodiversity，TEEB）行动倡议，对生态系统和生物多样性的价值进行量化评估。该倡议迅速得到了联合国相关机构的支持和国际社会的响应。此外，2010 年，在英国特许公认会计师公会（The Association of Chartered Certified Accountants，ACCA）的支持下，国际综合报告委员会（International Integrated Reporting Committee，IIRC）成立，旨在建立全新的企业年报架构，使其不仅能描述企业财务资本的变动，也能描述自然资本、社会资本等的变动。这样一来，企业年报就可以更加综合地反映企业的价值。2013 年，IIRC 发布了具有里程碑意义的《国际综合报告框架》。

发达国家经验对我国的启示

进一步鼓励促进环境保护的金融创新

总体上看，目前我国绿色金融产品结构和种类都还比较单一，最为常见的是商业银行能效融资，而其他绿色金融产品屈指可数。我国可以梳理、借鉴发达国家绿色金融产品的创新经验，形成更加多元化、多层次的绿色金融产品体系。仅就商业银行能效融资而言，若能仔细挖掘，将还有进一步的创新空间。美国银行在零售银行业务中的绿色金融创新可资借鉴。美国银行和美国环保署、美国运输部合作向小型运输类公司提供无担保、还款周期灵活的贷款，帮助这些企业购买节油设备，降低汽车尾气的排放，统计结果显示节油率达到 15% 以上。

大力扶持金融机构探索绿色金融

我国金融机构普遍缺乏绿色金融方面的经验，尤其是将环保融入传统金融业务对于国内大多数金融机构来说还存在意识上和技术上的诸多难题。因此，这些金融机构还需要政府提供相应的培训和技术支持，甚至提供财税、市场准入等方面的优惠。在这些方面，我国可借鉴韩国政府对绿色金融所采取的税收、罚款、奖励并行的措施。

加强执法使企业环境成本内部化

金融机构归根到底是利益驱动的，绿色金融要长效发展，还是要让价格信号发挥作用。因此，加强执法，提高企业违规成本，让企业环境成本内部化是推动我国绿色金融长期发展的重要基础。新修订的《环境保护法》已经开始实施，为我国绿色金融发展开创了良好的法制环境，严格落实《环境保护法》及相关配套政策，将为我国绿色金融带来巨大的进步空间。

（本文刊载于《环境保护》2015 年第 2 期，作者：郭沛源、蔡英萃，2015 年 12 月 25 日首次发表于“郭沛源说 ESG”公众号）

金融与环保：皮之不存，毛将焉附？

绿色信托研讨会

上周一（2017 年 3 月 6 日），我以社会价值投资联盟首届理事会理事的身份参加了北京大学法学院非营利组织法研究中心与中航信托股份有限公司（以下简称中航信托）在北京大学共同举办的绿色信托研讨会。研讨会上，北京大学和中航信托发布了《绿色信托发展报告》。据我了解，这应该算是业内第一份探讨绿色信托的研究报告。

在绿色金融这个领域，绿色信托还算是新生事物。从数据上即可见一斑：

据信托业社会责任报告数据，2015 年绿色环保类信托项目 1231.7 亿元，占信托市场规模的 0.76%；

据中国银行业监督管理委员会（简称银监会）统计，2016 年 6 月，国内 21 家银行机构绿色信贷余额 7.26 万亿元，占信贷市场规模的 9.0%；

据中央财经大学统计，2015 年涉绿债券（非贴标）规模 6186 亿元，占当年债券发行总量的 2.6%。

当然，就绝对数额来看，1231.7 亿元也是相当可观的一个市场，加之未来潜力还很大，值得关注。

绿色金融近两三年来发展迅猛。中国已跻身全球绿色金融领军行列。如果大家略为关注这方面的新闻，几乎每隔几天都可以看到相关的消息。就最近两周的情况，随手可以列举如下：

3 月 2 日，证监会发布《中国证监会关于支持绿色债券发展的指导意见》[①]。

3 月 3 日，上海举办 2017 陆家嘴绿色金融论坛，揭牌陆家嘴金融城理事会绿色金融专委会、陆家嘴绿色金融发展中心[②]。

---

① 中国证监会第 6 号公告《中国证监会关于支持绿色债券发展的指导意见》，2017 年 3 月 2 日。

② 中国证券网，《陆家嘴绿色金融发展中心今正式揭牌》，2017 年 3 月 3 日。

3 月 5 日，政府工作报告中提出要大力发展绿色金融[①]。

3 月 6 日，气候债券倡议组织（Climate Bonds Initiative，CBI）颁发年度大奖，中国人民银行荣获“创新监管者”奖（P.S. 我们创办的 China SIF 是此次 CBI 活动的协办单位）[②]。

3 月 7 日，深圳证券交易所（简称深交所）首单绿色债券启动，东江环保拟募资 10 亿元[③]。

我想，有如此之高舆论热度的金融话题屈指可数吧！

孰为皮，孰为毛

说回北京大学的绿色信托研讨会。研讨会后半段安排了一个嘉宾对话环节，大家围绕绿色信托的界定、特征、现状、未来等话题展开讨论。绿色信托对我来说是个新题目，不过有趣的是大家说着说着又回到了“老调”上来：绿色的信托是不是比不绿色的信托难挣钱？如果是，信托公司如何履行对委托人的受托之责？沿着这个方向，北京大学法学院的教授还追问了一个更有趣且深刻的问题：如果绿色信托是信托公司“慷他人之慨”，那么由此带来的商誉应该是信托公司的还是委托人的？

上述问题，把“绿色信托”换为“绿色金融”也是适用的，是绿色金融领域常见、典型的问题。我抢答了。我说，从国际实践来看，欧美特别是欧洲的绿色金融是市场需求的产物，正是因为资产所有者对绿色资产有偏好，才催生了专门迎合此类偏好的资产管理机构和金融产品。

这些资产所有者为何有此偏好？简言之，一方面是避险，没看到前几年化石能源价格都大跌了吗［此类资产于是被起了个外号，叫“搁浅资产（Stranded Asset）”，生动形象］；另一方面是价值一致性，纳税人、退休者不愿意把自己的钱（主权基金、退休金）拿去破坏环境。

当然，也有资产所有者相信，一些资产管理公司的实践证明投资绿色才能赢得未来，比如美国前副总统戈尔发起的 Generation Fund，就坚持环保路线，业绩极其亮丽。因此，既然资产所有者主动要求投资绿色，资产管理机构也就不是所谓的“慷他人之慨”，于是乎就没有商誉归属的问题了。

以上回答都是套路。如果不按套路出牌，还可以这么回答：如果不关注环保，所有金融机构都会完蛋。估计有人会说我瞎说。那么，我说说理由。

金融机构之所以产生价值，归根到底还是离不开实体经济。如果按一个简化

① 中国政府网，《2017 年政府工作报告》，2017 年 3 月 5 日。

② 人民日报，《中国央行荣获绿色债券创新监管奖》，2017 年 3 月 12 日。

③ 证券时报，《深交所首单绿色债启动 东江环保拟募资 10 亿元》，2017 年 3 月 8 日。

的价值链条，会是“金融投资→实体产业→供应链→自然资源”这个样子。打个比方，你买汽车公司股票，汽车公司用你的钱造车，要买钢铁等原料，钢铁要靠开采铁矿石来生产；当然，炼钢、造车还要能源和水等，这些也都会跟踪到自然资源。

所以，可以断言，所有金融投资都是离不开自然资源的。有人说，服务业可以不依赖自然资源。不可能的。因为，开餐馆，你不用柴米油盐？拍电影，你不用电？所以，自然资源枯竭了，所有金融链条最终也会断掉。

因此，很早就有人断言，环境因素是制约经济发展的最根本的边界。欧洲的罗马俱乐部数十年前写的一本书，叫《增长的极限》，讲的就是这个道理。我寻思，能在一定程度上延展自然资源约束边界的，可能只有科技进步和人的创意了：科技进步如果能把海水淡化、资源回用，就可以让自然承载能力提升一个级别；人的创意若能实现“望梅止渴”，就可以用同样的资源创造更多的福利。

但这些始终也只是对自然资源硬约束的改良，并没有打破这个边界。因此，拯救环境是拯救商业本身，自然也包括金融。所谓皮之不存，毛将焉附。等金银铜铁锡都挖光了，大宗商品交易市场就可以关门了。这个论断，二十年多前，美国学者 Paul Hawken 已经在《商业生态学》讲过了。

通常，这种话没有人信，人家说你疯了，直到有一天危机爆发。2008 年金融危机就是这样一个时点，全世界人民都在反思华尔街文化。联合国也在反思。联合国环境署（UNEP）反思的角度比较独到。他们想，过去数十年，经济增长、资本市场越来越发达，可是资源枯竭、环境污染也越来越严峻——这是“毛”要把“皮”吃掉的节奏啊！

UNEP 认为，肯定是哪里出了问题，并且是系统性问题。初步判断是资产市场的游戏规则有问题，导致市场失灵，但具体是什么、解决方案如何，还不是很清晰。于是，UNEP 发起了一个项目，叫 UNEP Inquiry，翻译过来就是“探寻”，要和各国央行及金融机构一起搞清楚问题所在。最近两年，UNEP Inquiry 已经发布了一些不错的研究报告，有兴趣的可以去官网下载。

说到这里，估计还有人会质疑：为什么不可以是“金融为皮，环境为毛”呢？没有资金融通，没有经济发展，你去原始社会做猴子？必须承认，这是“环境与发展”的世纪难题，可以写好几本书。时间关系，就一句话：地球可以没有人类，人类不能没有地球。孰为皮，孰为毛，不是一目了然吗？

为什么这个道理没有被广为传诵

也会有人质疑：为什么这个道理没有被广为传诵？说实话，讲清楚这个问题真心不容易，既要懂金融，又要懂环保，还要逻辑严谨、表达清晰。这方面的人才还是太少了。所以在今后一段时期，包括绿色信托在内的绿色金融还要大讲特讲、大面积普及推广一番。

从市场角度看，金融市场对绿色金融“羞答答”的原因还有两个。

第一，这是个系统性的问题，是全人类的问题，但凡这种问题，就会出现“人人都有关系，人人都不关心”的困局。专业一点说，这叫“公地的悲剧”。比如上文提到金银铜铁锡等大宗商品市场会因为自然资源枯竭而消亡，即使所有参与者都知道结局，他们还是会从自己的利益出发，用最快、最狠的办法先把资源扒到自己碗里来。

第二，这是个渐进式的问题，上文提出的皮与毛的警告，可能要十年、二十年、三十年才会出现，不同行业、不同资产、不同资源的时间表不一样。只要不是当期的问题，金融机构就不一定认真对待，毕竟今年挣了钱，来年才能发奖金，后年市场崩塌了跟我也没关系了。

我记得数年前，一个碳市场的朋友跟我讲过一个真实笑话。他说去找一家投资银行游说碳市场的重要性，说得天花乱坠，投资银行老总也听得津津有味。最后老总问，国内的碳市场大概什么时候能起来？朋友说，可能要五年吧。老总说，很好，四年之后你再来找我吧。

市场就是这么现实。所以才会有人认为绿色金融是有责任感的人才做，绿色债券是有情怀的人才买。不过，机会也是有的，不是所有问题都是五年之后的问题，有的问题譬如华北治霾、华东治水，眼下就已经非常重要了。在局部行业、局部资产、局部资源上，绿色金融可能已经影响到金融机构的当期利润。这些金融机构就会非常积极关注绿色金融的问题。

用金融规则改变金融

促进绿色金融发展的方法多种多样，包括上文提到的宣传教育等。如果要系统性了解这个问题，可以读一下中国金融学会绿色金融专业委员会（简称绿金委）主编的《构建中国的绿色金融体系》，我参与了当中环境信息披露章节的撰稿。这本书对构建中国绿色金融体系提出了十几条政策建议，有一些政策建议如绿色债券已经得到了实践的检验。

要改变市场，我觉得先要了解市场规则，特别是要明确谁是市场里面最有话语权的角色。在中国语境下，一是政府，二是金主（资产所有者）。政府已经在积极行动了，金主可不可以也行动起来呢？

窃以为，两类资产所有者是有望率先采取行动的。

第一类是公益基金会的资产。很多公益基金会有大量的沉淀资金，这些资金暂时是不计划花出去的（所谓散财有道，捐钱也是个技术活，要做市场分析、尽职调查、捐后监测等工作），这些钱以往只是存在银行，很多甚至就是活期存款。据统计，整个公益基金会的资产收益率只有 2%，还不到一年定存的利率。这些资产是完全可以拿去做资产管理、保值增值的。这个盘子有多大？基金会中心网总裁陶泽说，大概有 2000 亿元。要是都用来买绿债，也要花不少钱呢！

这些资产为什么可以先来做绿色金融？一言蔽之，就是价值一致性。公益资产就要做负责任的事，公益资产管理也不例外。否则就会出现左手打右手的困局。譬如一个造林的基金会，一边拿钱植树造林，一边买入大量采伐森林的企业的股票。这不是自相矛盾吗？！但如果是拿钱去买环境友好企业的股票，逻辑上就顺了。南都基金会徐永光理事长在北大绿色信托论坛上做总结发言的时候，就明确说要促进基金会的资产管理，特别是突破现有税收政策的制约。

第二类是年轻人的个人资产。现在是个性张扬的年代，很多年轻人特别是“90后”，在生活、工作、消费、投资方面都不喜欢因循守旧，喜欢做有个性的事情。因此，绿色消费、绿色金融可能会成为一种生活态度（而不是计算成本收益的公式），得到年轻人的青睐。

这一点，在我们去年与《界面》合作的绿色消费调查中可以很清楚看到。被调查的 2 万个网民（年轻人为主）中，半数愿意为绿色支付溢价。有人说，年轻人是比较容易被“忽悠”，但他们能有多少钱呢？这个可不能小瞧。回想一下，当年天弘基金一个余额宝的产品就可以做到行业老大，靠的就是在支付宝开户的年轻网民。这个群体虽然单笔资产很少，但整体数量庞大。我觉得这批人很有可能成为绿色金融发展早期最重要的绿色投资者，因为他们有自己的价值主张，且因为钱少，对投资收益率的敏感度不高。

目前的“瓶颈”反倒是在供给侧，目前市场上极少有面向年轻人的小额绿色金融产品，这部分需求没有被挖掘出来。试想一下，如果银行能设计“绿色存款”产品，基金能设计“绿色基金”产品，再与互联网金融结合起来，则潜力无限。蚂蚁金服的蚂蚁森林算是互联网绿色金融（或叫数字绿色金融）方面的试水，这个产品很快成为爆款，变成年轻人的热议话题。本质上，蚂蚁森林推销的是一种生活态度，通过碳计算器将年轻人的支付行为与环保关联起来。如果将年轻人的理财行为与环保关联起来，是不是更有想象空间呢？

（本文首次发表于 2017 年 3 月 14 日“郭沛源说 ESG”公众号）

如果绿色金融也有世界杯，哪个国家能夺冠军？

世界杯在俄罗斯开锣，据说今天凌晨西班牙与葡萄牙的 3 ：3 尤为精彩。我这个伪球迷也会看一看，但估计是决赛的时候……

本周应景，应该说一下世界杯，但这对我来说有点挑战，所以要微调一下。2015 年，中共中央、国务院发布《生态文明体制改革总体方案》，提出“建立绿色金融体系”，激发了近两三年中国绿色金融的大发展。所以，我们就来谈谈绿色金融。题目是：如果绿色金融也有世界杯，哪个国家能夺冠军？读下文之前，先请大家回答这道题（见下图）。

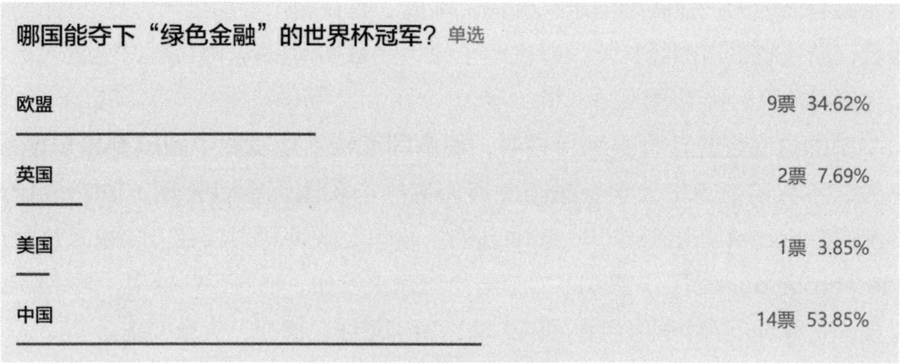

图　读者投票结果

从传统来看，欧洲地区是绿色金融的“福地”。因为欧洲人在环境保护方面一直是世界领先的，所以绿色金融有比较好的实业基础（本来就是更绿色的企业更赚钱）。近几年，欧盟还在继续引领，特别是 2014 年《欧盟非财务信息披露指令》生效，2018 年 3 月又发布了“可持续发展融资行动计划”。欧盟特别是北欧各国的养老金在推动绿色金融、责任投资方面不遗余力，用的都是真金白银。卢森堡交易所更是大打绿色牌。上周，我参加上交所组织的论坛，与卢森堡交易所的首席执行官 Robert Scharfe 同台，谈到绿色金融时，Robert 如数家珍。

英国也是欧洲地区绿色金融的先锋，主要有两个原因：一是低碳转型是英国经济转型的核心，英国可说是全世界最喜欢讲低碳技术、低碳转型的国家了；二是伦敦是全球金融中心之一。两者结合，英国自然就走到绿色金融的道路上来了。这些年，英国政府资助低碳、绿色金融的资金很多。记得十年前我们就拿过英国政府的资助项目，编制钢铁行业的绿色信贷指引。最近，英国政府拿出 200 万英镑专门支持中英绿色金融发展，这个月正在征集项目书。

美国的绿色金融逻辑和欧洲很不一样。美国人做绿色金融和责任投资是市场驱动的，遵循的是市场化的原则，要么说明投资绿色可以降低风险、创造稳健收益；要么就是金主（Asset Owners）要求这么干。从这个角度看，特朗普对美国绿色金融产生的破坏作用是有限的，主要还是市场决定。目前看起来，美国人不会太快，也不会太慢（毕竟金融体量大，总会有人喜欢谈 Long term 的，譬如 BlackRock 主席 Larry Fink）。

中国在绿色金融领域是后起之秀，但绝对是黑马。2015 年底以来，有很多关于绿色金融的高规格文件：七部委的指导意见[①]、G20绿色金融综合报告[②]及中国人民银行（2015年底）[③]、国家发展改革委[④]、证监会关于绿色债券的各种文件、绿色金融五个试点的文件等。绿色金融因此有了爆发式增长。当然，增长的另一个重要原因是绿色金融有庞大的产业转型需求来支撑。本周二我在湖州参加全国绿色金融试点的座谈会，浙江省试点的经验就很好说明了绿色金融如何和实体经济（产业升级、茶业、生猪养殖等）转型结合。

中国的这些经验让世界刮目相看，很多国家特别是发展中国家都希望能取经和仿效。不久前，清华大学金融与发展研究中心和国际金融公司（International Finance Corporation，IFC）一起举办的“绿色金融领导力项目（Green Finance Leadership Program）”，吸引了二三十个国家来参加。我周五到越南，是来给越南证监会、交易所介绍中国绿色金融的做法，特别是绿色债券、信息披露。

所以，“如果绿色金融也有世界杯，哪个国家能夺冠军？”这道题要我投票，如果是 2016 年前，我会把票投给英国队（欧盟是联队，要比的话不太公平）。不过现在我投给中国队。

世界杯冠军通常都有一些共同的特质：有若干世界级球星、有若干世界级俱乐部且国内联赛做得很好、有很好的足球群众基础。把这些要素投射到中国的绿色金融领域，会有些有趣的发现。我们现在已经有数位活跃在全球绿色金融领域的大

① 《中国人民银行　财政部　国家发展改革委　环境保护部　银监会　证监会　保监会关于构建绿色金融体系的指导意见》（银发〔2016〕228 号），2016 年 8 月 31 日。

② G20 绿色金融研究小组，《G20 绿色金融综合报告》，2016 年 9 月 5 日。

③ 中国人民银行公告〔2015〕第 39 号，2015 年 12 月 15 日。

④ 国家发展改革委等部门关于印发《绿色发展指标体系》《生态文明建设考核目标体系》的通知（发改环资〔2016〕2635 号），2016 年 12 月 12 日。

咖，也有数家在若干领域做到国际领先的绿色金融机构特别是银行——中英气候相关财务信息披露工作组（Task Force on Climate-Related Financial Disclosure，TCFD）试点工作小组，有 6 家中方金融机构参与；但我们的“联赛”（可以理解为地方试点，或是多层级的绿色金融机构的建设）还在起步阶段，我们的群众基础（可以理解为养老金、储户和个人投资者）则几乎是零。所以，要想中国做绿色金融的“常胜将军”，最终还是要发动群众，让养老金和个人投资者也开始关注绿色金融。这个问题有点大，就不展开说了。

这次去越南，有一点启发。人家股市的颜色是绿色为涨、红色为跌。所以，他们觉得在股市讲绿色金融是不难的，因为股民天天盼着绿色。由此想到，我们是不是也可以把红涨绿跌倒过来呢？这样绿色金融可能更容易争取到群众基础。

（本文首次发表于 2018 年 6 月 16 日“郭沛源说 ESG”公众号）

气候金融：你以为是拯救地球，其实是拯救金融！

NGFS 综合报告

4 月 16 日至 18 日，央行与监管机构绿色金融网络（Network of Central Banks and Supervisors for Greening the Financial System，NGFS）在法国巴黎召开第二次全体会议，并举行了工作组会议和公开论坛。中国人民银行行长特别顾问、中国金融学会绿色金融专业委员会主任马骏代表中国出席了会议，并作为 NGFS 监管工作组主席向全体会议报告了工作组的成果和政策建议。NGFS 是 2017 年由法国、中国等 8 个国家的央行联合发起的央行及金融监管机构网络，目的是促进各国金融市场构建绿色金融体系，目前已经有 34 个成员和 5 个观察员。

会后，NGFS 发表了首份综合报告（First Comprehensive Report），题为《行动倡议：将气候变化纳入金融风险》（*A Call for Action：Climate Change as A Sourcc of Financial Risk*）。

报告开门见山地指出：

气候相关的风险是金融风险的来源之一。因此，确保金融体系妥善应对这些风险是央行和监管机构的职责所在。

英文原文：climate-related risks are a source of financial risk. It is therefore within the mandates of central banks and supervisors to ensure the financial system is resilient to these risks.

报告提出 6 点建议：

将气候相关风险引入金融稳定监控和宏观监管；

将可持续发展因素纳入自有资产管理；

弥补（气候相关风险）数据缺失；

提升意识和能力，鼓励技术援助和知识分享；

大力促进全球统一的气候与环境信息披露；

支持对经济行为的分类学开发。

报告透露，下一步 NGFS 将编写一本帮助金融监管机构和金融机构管理气候与环境相关风险的手册，发布基于情景的风险分析自愿指引、央行自有资产管理纳入可持续指标的最佳实践。

翻转命题

NGFS 将气候相关的风险作为金融风险的来源之一，并呼吁各国央行和金融监管部门将气候风险纳入金融风险管理的范畴。这很有点“翻转命题”的意味。

以往，我们讲到气候金融的时候，落脚点往往是碳市场，金融是作为一种市场工具被运用到碳交易中的，譬如碳排放权交易、碳排放权抵质押、碳期货交易等。所以，旧的视角是“金融工具助力应对气候变化”。NGFS 的视角将命题翻转过来，主张“应对气候变化以保持金融系统稳定”，原因是气候相关风险，包括转型风险（Transitional Risks）、实体风险（Physical Risks）可能会导致一些底层金融资产面临价值贬损的风险。譬如，农业生产可能会因为极端天气事件增加导致减产，火电厂、钢铁厂、水泥厂可能因为气候监管政策趋严面临更高的成本，沿海地产、道路等设施可能会因为海平面上升而失去价值。所有这些风险都是同源的（即气候变化），若不妥善应对，可能就会在集中时间、集中地区集中发生，进而对局部乃至全局的金融稳定造成冲击，诱发危机。

命题翻转，意义重大。以前，我们谈气候金融是为了拯救地球；如今，是为了拯救金融。在气候变化这个问题上，金融部门可能将从以往的辅助部门，变成积极引领的部门，应对气候变化变成金融部门的分内之事。

这会带来一系列的影响：

（1）应对气候变化的力度加大。央行和金融监管部门在很多经济体中都扮演着重要的角色，在一些市场，中央银行是独立于政府部门之外的，目标之一是维护市场的宏观稳定。央行的参与必然会在很大程度上加大应对气候变化的政策力度，特别是能促进各类型金融机构关注和应对气候变化。

（2）产生杠杆效应。金融往往具有杠杆效应，金融政策的推动、金融机构的行动会撬动价值链下游的实业部门。举例来说，如果大型商业银行把气候风险纳入信贷风险，就会有效促进贷款企业关注气候变化，减少自有资产暴露在气候风险之中。

（3）引入量化管理。央行和金融监管部门在金融监管方面积累了丰富的量化管理工具和经验，这些工具和经验，如情景分析、压力测试等，都可以在应对气候变化中起到重要作用。

《商业生态学》

这让我想起美国人 Paul Hawken 在 1993 年写的《商业生态学：可持续发展的宣言》，这本书曾被美国 67 所商学院评为商业和环境学教材的第一名。和 NGFS 一样，Paul Hawken 也认为，在回答商业与环境的问题时，人们常以为我们是在“拯救环境”，实际上我们是“拯救商业”。

他说，任何企业的发展都必须解决三个问题：

索取什么（What it takes）？

生产什么（What it makes）？

废弃什么（What it wastes）？

这三个问题恰恰与生态环境密不可分。索取要开采资源，生产要使用能源，废弃物会污染环境。可见，商业与环境之间从一开始就注定是一个命运共同体。所以，Paul Hawken 说，人们搞错了问题，只是问“我们该如何拯救环境”，实际上人们更应该问的是“我们该如何拯救商业”。

读完这本书，再去读 NGFS 的报告，很多问题就豁然开朗了。

（本文首次发表于 2019 年 4 月 28 日“郭沛源说 ESG”公众号）

转型债、适应债、犀牛债、蓝色债……这些绿债你没听过吗？

国庆节之后，我去了趟香港，参加英国媒体《环境金融》举办的亚洲绿色债券论坛。我是上午第一个圆桌论坛的嘉宾，讨论的主题是“分类与标准（Taxonomies and Standards）”。我主要介绍了国内 2015 绿债目录还有国家发展改革委年初发布的绿色产业指导目录的情况。

一直以来，我们都很关注国内外绿色债券相关标准的衔接（Align）问题。8 月，我还参加了 AIGCC 组织的一次网络研讨会。昨天，ICMA 公布了《绿色债券原则 GBP》《社会债券原则 SBP》的首届顾问委员会名单，商道融绿当选为顾问委员会委员。

在问答环节，与会者提出了转型债（Transition Bond）和适应债（Adaptation Bond）的问题。没听过吗？不奇怪，这是新议题，代表了绿色债券的两个创新方向。

转型绿债

转型债或转型绿债，顾名思义，就是债券募集资金投向转型领域。这里说的转型，主要指为了应对气候变化所做的经济转型。国际上对转型绿债的讨论焦点是将棕色资产转为绿色资产（Brown to Green），棕色资产是有较大环境影响的资产如炼油等，相应公司也被称为棕色公司（Brown Corporate），这是与绿色资产、绿色公司相对的。

转型绿债的支持者认为，要应对气候变化就要大量投资，光是绿色公司、可再生能源的资金是不够的。世界上大量存量资产还是棕色资产，所以如何让棕色资产向绿色转型是关键。但在传统绿债（特别是在欧洲市场）的规则下，棕色公司很难发出绿色债券，所以要有品种创新。在香港的绿色债券论坛上，来自香港中华煤气有限公司的代表就说了一个苦恼：他们有个煤矿甲烷气利用的项目希望发绿债，但投资人一听到是和煤矿相关，就给否了。

AXA IM（安盛投资管理，简称安盛资管）是转型绿债的积极倡导者，他们专门研发了《转型绿债指引》并发布到其官网上。该指引和ICMA的《绿色债券原则》一样，从资金投向、项目评估与筛选、资金管理、信息披露四个方面对转型绿债做了界定。

适应绿债

适应债或适应绿债，顾名思义，就是债券募集资金投向气候变化适应领域。气候适应思路的主要考虑是，既然气候变化不可避免，更现实的做法是调整自身、适应变化、降低损失，以此增强经济在气候风险中的韧性（Resilience）。因此，适应绿债也被称为韧性绿债（Resilience Bond）。

气候债券倡议组织（Climate Bonds Initiative，CBI）是适应债的积极倡导者。CBI认为，CBI现有绿债标准主要聚焦温室气体减排，所以衡量的指标主要是碳减排量。虽然也有个别行业包含了适应性/韧性指标，但是由不同的行业专家小组做出来的，缺乏系统性方法论的指导。于是，2018年10月，CBI成立了适应与韧性专家工作组（AREG）专门研究这个问题。就在上月，CBI和世界资源研究所（World Resources Institute，WRI）、气候韧性咨询（Climate Resilience Consulting）联合发布了《气候韧性原则：气候韧性投资评估框架》，提出了六条原则：

清晰界定边界与相互影响（Boundaries and interdependencies clearly defined）；
实体风险评估（Physical climate risk assessment undertaken）；
风险降低措施（Risk reduction measures undertaken）；
气候韧性效益评估（Climate resilience benefit assessment undertaken）；
对减排的影响（Mitigation trade-offs）；
持续监测与评估（ Ongoing monitoring and evaluation）。

以上主要介绍了转型绿债、适应绿债的逻辑和概念。限于篇幅和时间，我就不展开说太多技术细节了。

毫无疑问，这些创新的绿债产品还有很多要完善的地方，争议难免。譬如，关于转型绿债，不少人就担心会不会有比较高的“漂绿”风险，不仅棕色公司，连黑色公司也会混进来。还有人可能会认为转型绿债也好，适应绿债也罢，这都是和绿债并列的，不是绿债的一种。这都没关系，资本市场的很多创新实践往往是走在理论和监管之前。还可以再举两例。

犀牛债，蓝色债

犀牛债

Conservation Capital 正在筹划一只债券，名为犀牛影响力债券（Rhino Impact Bonds）。该债券预计在明年第一季度发行，目标是将全球黑犀牛种群数量提高 10%。债券期限为 5 年，债券收益率是浮动的，与 5 年后黑犀牛种群数量增长率挂钩。这就是所谓的“按结果付费”（Pay for success），是影响力债券的常见做法。有报道称，瑞士信贷和 UBS 对这个债券很有兴趣。

蓝色债

蓝色债筹集资金是用于支持海洋资源可持续利用的相关项目。美国大自然保护协会（The Nature Conservancy，TNC）今年 4 月宣布了蓝色债计划，计划未来 5 年在 20 个国家发行蓝色债，以确保海洋栖息地保护面积增加 15%、拯救世界上 13% 的珊瑚礁。TNC 还是有实力干这事的，他们曾与塞舌尔政府签署协议，购买塞舌尔大笔债务并为其重新融资，政府承诺用新募集的资金保护和管理海洋资源。

可见，绿色债券乃至更广泛的 ESG 金融产品，是有很多很多可以创新的空间的。只有想不到，没有做不到。当然，创新也要遵循规律，在绿色债券中，最基础的规律无非就两点：一要符合金融逻辑；二要有环境效益。抓住这两点足矣。

（本文首次发表于 2019 年 10 月 12 日“郭沛源说 ESG”公众号）

提升资管 ESG 能力，迎接 ESG 投资浪潮

最近一个月我都忙于筹备中国责任投资论坛（China SIF）年会及 2021 年中国责任投资周（China SIF Week）活动，今天媒体工作坊就要正式拉开序幕了，欢迎报名线上观看。每年的 China SIF 年会，我们都会发布一份重要报告：中国责任投资年度报告，今年也不例外。下文是我为 2021 年度报告所作序言，作为本周的周评。

转眼一年，ESG 的发展又上了一个新台阶。国内外 ESG 投资规模都有了显著增长：国际上从两年前的 30 万亿美元增长到 35 万亿美元。在国内，狭义口径的 ESG 投资，即泛 ESG 公募基金规模，从去年的 2000 多亿元人民币增长到 5000 多亿元人民币；广义口径的 ESG，如银行绿色信贷余额，也从去年的 12 万亿元人民币增长到 14 万亿元人民币。ESG 增长趋势是确定的。

资产所有者支持 ESG 的信号也逐步清晰。去年，全国社会保障基金会在选聘境外委托管理机构时已提出对 ESG 的要求；今年，中投公司发布《可持续投资政策》，明确了投资管理中应遵循的原则。最近，据媒体报道，有关部门正在研究制定保险资金的 ESG 投资指引。个人投资者也对 ESG 有了更多关注，今年的调查数据显示，“听说过且了解（责任投资）”的个人投资者占 17%，较去年提高了 6%。

毋庸置疑，市场对 ESG 投资的需求正实实在在地增长，站在供给一侧的资管行业自然也能感受到这般增长，开始采取更积极的应对措施。产品数量的快速增长可以说明这一点。根据今年的统计数据，泛 ESG 指数有 66 只，同比增长 11 只；泛 ESG 公募基金产品数量增至 344 只，同比实现指数级飞跃。这些数据令人鼓舞，表明资管行业更加重视 ESG，也更加愿意开发 ESG 主题的投资产品。

但资管行业也要认识到，市场是个动态过程。以前，ESG 产品屈指可数，资管只要推出 ESG 产品就是领先者；如今，ESG 产品遍地开花，资管单凭一只 ESG 产品是很难屹立潮头的。这就对资管的 ESG 能力提出了更高的要求。因应这一趋势，今年我们在报告中增加了对金融机构责任投资实践的评估，选取了治理结构与高管层职责、ESG 风险管理流程及工具等 10 个指标。从评估结果看，在 137 家公募基

金公司中，领先和进阶者为少数，行动和起步者有一些，但还有一半的资管机构连一个指标都未能得分。

这个数据符合我们对市场现状的判断。确实如此，尽管 ESG 投资发展很快，市场上谈论 ESG 的资管机构也不少，但仍有不少资管机构仅停留在了解、认识阶段，还没开始产品研发、制度建设，更谈不上主动对外的信息披露。当然，从乐观角度看，这也意味着，中国市场还有巨大的增长潜力，如果 137 家资管机构迈过了解和认识的阶段，采取行动、逐步进阶，我们将会看到多得多的 ESG 创新产品、大得多的 ESG 投资规模。

放眼全球，市场对资管 ESG 能力的预期也随着 ESG 投资增长“水涨船高”。成熟市场已经开始重视资管机构的内部治理，要求资管机构披露如何在投资中整合 ESG，以防“漂绿”。欧盟《可持续金融披露条例》（*Sustainable Finance Disclosure Regulation*，SFDR）即是这一趋势的政策典型。这对资管机构 ESG 能力提出了更进一步的要求，现时处在领先位置的资管机构，有必要紧跟步伐。

总之，ESG 大潮已现，未来可期。国内资管机构应快速提升 ESG 能力，迎接 ESG 浪潮。

（本文首次发表于 2021 年 12 月 6 日“郭沛源说 ESG”公众号）

有序转型，何谓有序？

最近一年，中央文件多次提及碳达峰碳中和要“有序”推进，碳达峰不是碳冲锋，要纠正“运动式减碳”。《2030 年前碳达峰行动方案》明确了“稳妥有序、安全降碳”的工作原则。今年政府工作报告中也提出“有序推进碳达峰碳中和工作”，对煤炭要“有序减量替代”。

可见，有序转型的政策信号是很明确的。转型太慢不行，因为将无法如期实现双碳目标；转型太快也不行，因为会对民生、经济造成太大冲击。关键问题是，何谓有序？有序的节奏如何把握？最近，商道融绿和负责任投资原则组织（PRI）①联合开展了一项关于公正转型的研究，可以为回答这个问题提供一些思路。

所谓公正转型（Just Transition，也可称为和谐转型），是指在通往净零碳目标的道路上，注意转型努力与体面工作、社会包容和消除贫困等目标的一致性。事实上，这些全都是联合国 2030 可持续发展目标（Sustainable Development Goals，SDGs）的内容：气候行动是 SDG13、体面工作与经济增长是 SDG8、经济适用的清洁能源是 SDG7、消除贫困是 SDG1、减少不平等是 SDG10。可见，可持续发展最终要追寻的目标是经济、社会和环境三个维度的协同，而不是只要环境，不要其他。最近几年，在国际绿色标准制定中，很多时候会引入 DNSH（Do-No-Significant-Harm）原则，即在致力某个 SDG 目标实现的同时，不会对其他 SDG 目标构成严重损害。公正转型体现了这一内涵。

关于公正转型，《巴黎协定》早有相关表述，指出“缔约方不仅可能受到气候变化的影响，而且还可能受到为应对气候变化而采取的措施的影响”，特别强调“务必根据国家制定的发展优先事项，实现劳动力公正转型以及创造体面工作和高质量就业岗位”。2021 年 10 月，中共中央、国务院印发的《关于完整准确全面贯彻新发展理念做好碳达峰碳中和工作的意见》中指出，要“处理好减污降碳和能源安全、产业链供应链安全、粮食安全、群众正常生活的关系，有效应对绿色低碳转型可能伴随的经济、金融、社会风险，防止过度反应，确保安全降碳”，这体现了公正

① 编者注：负责任投资原则（Principles for Responsible Investment，PRI），是由联合国前秘书长科菲 - 安南于 2006 年牵头，由联合国环境署金融倡议组织和联合国全球契约组织联合发起的投资原则倡议。

转型的理念。

金融行业也逐渐重视公平转型问题。PRI 是较早倡导公平转型的机构，其在 2020 年就发布了《公正转型投资者宣言》，呼吁投资者从五个方面支持气候公正转型，包括投资策略、公司对话、资产配置决策、政策倡导与合作、信息披露与沟通学习。目前，该宣言已经得到 160 多个机构投资者的支持，代表 10 万多亿美元的资产。

商道融绿与 PRI 的研究聚焦两个问题：一是如何系统性地分析转型过程中产生的社会和经济影响；二是如何通过指标衡量和披露这些影响。

关于第一个问题，项目组提出了一个初步的分析框架，从两个层面和三个维度来分析。第一个层面是微观层面，从员工就业、客户用能、价值链影响三个维度分析双碳转型产生的可能影响。第二个层面是中宏观层面，从社区和区域视角，分析双碳转型对当地经济、社会发展所产生的影响。在这个框架下，影响（impact）是中性表述，双碳转型既可能产生积极影响，也可能产生消极影响，两面的影响都要兼顾到，以最大程度发挥积极影响和控制消极影响。在实际工作中，我们经常会看到双碳转型会对 A 公司（或甲地）产生更多积极影响，对 B 公司（或乙地）则会产生更多消极影响，要想出一些机制和办法予以调和，以减少发展的不平等（SDG10）。

关于第二个问题，项目组根据分析框架起草了公正转型的信息披露框架。这个框架将会先应用到企业端，帮助企业识别、评估和管理公正转型的关键议题。国际上已经有一些公司特别是电力行业的公司开始关注公正转型问题、加强相关信息披露。譬如，法国电力公司（EDF）在 2021 年编制单行本《公平转型报告》，苏格兰和南方能源公司（SSE）在公司网站上专门有对公平转型议题的描述。我想，也有必要推动中国的能源、电力公司发布此类报告，如《×× 公司公平转型报告》或《×× 公司和谐转型报告》。

回到文章开头提出的问题：何谓有序？可以认为，环境和社会是双碳转型的两个约束条件，环境因素决定了双碳转型不能太慢，太慢了，目标就实现不了；社会因素决定了双碳转型不能太快，太快了，会对其他 SDG 目标造成损害。二者之间，谓之有序。更通俗地说，就是控制好车速，别翻车。

（本文首次发表于 2022 年 5 月 28 日“郭沛源说 ESG”公众号）

公正转型和有序转型有何异同?

去年，我写过一篇《有序转型，何谓有序？》的文章，里面提到了有序转型和公正转型。这两个提法很接近，据我观察，国内用有序转型的多，国外用公正转型的多。那么，两个提法之间有什么区别？这是我过去一年经常思考的问题。借着北京大学国家发展研究院（简称北大国发院）《气候政策与绿色金融》约稿的机会，我对这两个概念做了梳理和辨析，成文如下，收录在北大国发院《气候政策与绿色金融》季报第五期。

何谓公正转型

公正转型（Just Transition），是指在通往净零碳目标的道路上，关注转型努力与体面工作、社会包容和消除贫困等目标的一致性。这些目标都是联合国 2030 可持续发展目标（SDGs）的内容：气候行动是 SDG13、体面工作与经济增长是 SDG8、经济适用的清洁能源是 SDG7、消除贫困是 SDG1、减少不平等是 SDG10。可见，公正转型反映出可持续发展最终要追寻的目标是经济、社会和环境三个维度的协同，而不是只要环保，不要其他。最近几年，在国际绿色标准制定中，很多时候会引入 DNSH（Do-No-Significant-Harm）原则，即在致力某个 SDG 目标实现的同时，不会对其他 SDG 目标构成严重损害。公正转型也体现了这一理念。

2015 年的《巴黎协定》已经纳入了公正转型的相关表述。《巴黎协定》指出“缔约方不仅可能受到气候变化的影响，而且还可能受到为应对气候变化而采取的措施的影响”。《巴黎协定》强调各缔约方“务必根据国家制定的发展优先事项，实现劳动力公正转型以及创造体面工作和高质量就业岗位”。

在金融领域，负责任投资原则组织（PRI）是较早倡导公平转型的机构，其在 2020 年就发布了《公正转型投资者宣言》，呼吁投资者从五个方面支持气候公正转型，包括投资策略、公司对话、资产配置决策、政策倡导与合作、信息披露与沟通学习。目前，该宣言已经得到 160 多个机构投资者的支持，代表 10 万多亿美元的资产。

2022 年，商道融绿和 PRI 成立联合课题组，开展题为“投资实现公正转型：对中国制定公正转型披露框架的建议”的研究，重点一是如何系统性地分析转型过程中产生的社会和经济影响，二是如何通过指标衡量和披露这些影响。关于第一个问题，项目组提出了一个分析框架，从两个层面和三个维度来分析公正转型：第一个层面是微观层面，从员工就业、客户用能、价值链影响三个维度分析双碳转型产生的可能影响；第二个层面是中宏观层面，从社区和区域视角，分析双碳转型对当地经济、社会发展所产生的影响。关于第二个问题，项目组根据分析框架起草了公正转型的信息披露框架。

何谓有序转型

有序转型（Orderly Transition）是近几年来中国政府主张的转型理念。2021 年 7 月，针对当时碳达峰碳中和议题过热的情况，中共中央政治局会议提出“统筹有序”做好碳达峰碳中和工作的要求，特别指出要纠正“运动式减碳”，应先立后破，做好电力迎峰度夏保障工作。自此之后，国内关于碳达峰碳中和工作要求的表述中，有序转型就频频出现。

2021 年 10 月，《2030 年前碳达峰行动方案》将“稳妥有序、安全降碳”列为四大原则之一，对“有序”做了比较详细的解释，即“立足我国富煤贫油少气的能源资源禀赋，坚持先立后破，稳住存量，拓展增量，以保障国家能源安全和经济发展为底线，争取时间实现新能源的逐渐替代，推动能源低碳转型平稳过渡，切实保障国家能源安全、产业链供应链安全、粮食安全和群众正常生产生活，着力化解各类风险隐患，防止过度反应，稳妥有序、循序渐进推进碳达峰行动，确保安全降碳”。

在 2022 年和 2023 年的政府工作报告中，“有序”二字均有出现。2022 年政府工作报告的表述为“有序推进碳达峰碳中和工作”，且再次强调要“坚持先立后破、通盘谋划，推进能源低碳转型”；2023 年政府工作报告的表述为“统筹能源安全稳定供应和绿色低碳发展，科学有序推进碳达峰碳中和”。由此可见，我国所主张的“有序转型”强调的是转型要以能源安全、经济发展为底线，避免因为转型太快引发安全问题。

最近，在全国生态环境保护大会上，习近平总书记在讲话中强调，我国要处理好碳达峰碳中和承诺和自主行动的关系。他指出，双碳目标是确定不移的，但达到这一目标的路径和方式、节奏和力度则应该而且必须由我们自己做主，决不受他人左右。这可以理解为我国对有序转型内涵的阐述，包括转型的路径、方式、节奏和力度。

在国际上，尽管有序转型不是常见概念，但近两年被提及的场合有所增加，包括央行间绿色金融网络（NGFS）和G20的可持续金融工作组。2020年，NGFS首次发布三类气候情景，包括有序转型、无序转型和热室效应。有序转型又分为1.5摄氏度和2摄氏度温升两种细分的情景。2022年，G20可持续金融工作小组在《2022年G20可持续金融报告》中，提出理想的转型目标应该是有序的（Orderly）、公正的（Just）和可负担的（Affordable）。

公正转型与有序转型的异同

从内涵看，公正转型与有序转型有相通之处。二者都应用了系统思维，用复杂大系统的分析方法来分析转型问题，即不只考虑环境因素，还考虑社会因素和经济因素。二者都主张，如果转型过程未能全面、综合地纳入这些因素，那么转型将可能失控甚至失败。

从效果看，如果把低碳转型比作驾驶汽车通往净零的目的地，公正转型与有序转型就如同为这辆汽车加装了“限速器”，不能盲目追求速度，过快达峰、过快净零，否则可能会有翻车的安全风险。与之相对，《巴黎协定》确定的1.5摄氏度和2摄氏度温升目标，则如同给这辆汽车加装了“加速器”，为了避免全球温升超过临界点、避免气候变化进入失控状态，全球减碳的速度不能过慢，即车速要保持在一定的水平之上。这“限速器”和“加速器”形成了上限和下限两个约束，上限和下限之间的区间就是公正转型、有序转型的可选区间。

因此，应用系统思维、把转型速度控制在适度范围是公正转型与有序转型的共同点。

从差异点看，公正转型与有序转型的出发点、视角和范畴有所不同，详述如下。

首先是出发点不同。公正转型的出发点是劳动力和就业，因此最开始的时候国际劳工组织特别关注公正转型，力图避免因为转型导致传统能源行业的大量失业。有序转型的出发点则是防范风险，也即处理好减污降碳和能源安全、产业链供应链安全、粮食安全、群众正常生活的关系，落脚点是民生保障和社会稳定。

其次是视角不同。有序转型偏宏观政策视角，往往是从国家、区域的角度来考虑问题。NGFS在定义有序转型情景时，重点强调政策节奏和力度，即监管机构能较早引入应对气候变化的政策，然后随着时间推移逐步加大政策力度；相对应地，NGFS定义的无序转型情景则是另一番景象：监管政策整体滞后或国家之间、行业之间的监管政策有较大差异。相对来说，公正转型比较偏微观视角，着眼企业和能源消费者。当下常见的关于公正转型的研究和信息披露实践，主要是在这个层面。譬如，法国电力公司（EDF）自行编制的《公平转型报告》是公司层面的信息披露；

世界基准联盟（WBA）发布的公正转型评价，评价对象是公司个体。

最后是范畴不同。相较而言，有序转型所涵盖的范畴比公正转型更广。早期的公正转型聚焦劳动力就业，商道融绿和 PRI 的研究将范围扩展至社区和区域层面。即便如此，公正转型仍聚焦在避免不平等相关的议题。有序转型涉及面更广，涵盖国家能源安全、产业链供应链安全、粮食安全和群众正常生产生活的相关议题。

从这个角度看，有序转型、公正转型和可负担转型的工作范畴存在依次减小的关系：可负担转型是公正转型的重要组成，因为如果能源消费对多数人来说是不可负担的，那必然是不公平的；公正转型是有序转型的一部分，因为如果转型产生很多不公平的问题，必然会引起社会、经济的剧烈震荡，对政策制定者来说，那必然是无序的。因此，我们可以认为，有序转型包含公正转型，公正转型包含可负担转型。

当下，国际关于公正转型的讨论越来越多，但关于有序转型的讨论则很少；国内则是另一番景象，关于有序转型的政策表述很多，但关于公正转型的讨论较少。因此，我们认为有必要从理论和实务两个层面系统地研究有序转型、公正转型和可负担转型的关系，运用国际通用话语体系（如联合国可持续发展目标）解释有序转型、公正转型和可负担转型的异同。这将有助于国际社会对我国的有序转型的政策主张的理解和支持。

（本文首次发表于 2023 年 8 月 29 日“郭沛源说 ESG”公众号，收录在北大国发院《气候政策与绿色金融》季报第五期）

某幼教机构股价暴跌 38%，责任投资渐行渐近

刚刚赴美上市不久的幼教机构被曝出虐童事件，引起轩然大波，公安部门迅速介入。这接二连三爆发的幼儿园问题（不久前是某程的亲子园事件），引起政府高度重视，国务院紧急部署幼儿园规范办园行为专项督导检查。

资本市场的反应极其灵敏。11 月 24 日，感恩节过后的第一个交易日，该机构股价遭遇暴跌，虽然公司宣布将回购 5000 万美元价值的股票，但也无法挽回局面，最终股价报收 16.45 美元，跌破发行价，跌幅 38.41%。

投资者抛售其股票，多是出于财务避险的考虑。一方面，虐童事件对以幼儿园为主业的该幼教机构来说构成重大打击，必然在短期内影响企业运营及品牌价值；另一方面，由此引致的监管收紧、家长及投资者的诉讼也会持续一段时间，令股价承压。但值得投资者反思的是，在这一事件中造成风险的根本原因并非开店速度、现金流等传统意义上的财务因素，而是非财务因素（员工虐童）及由此引致的舆论高压。

类似问题不久前在另一家中概股也出现了。10 月 18 日，以现金贷为主营业务之一的某店在纽交所成功发行，发行价为 24 美元。消息传回国内，质疑之声不断，质疑焦点是某店偏高的年化收益率，这也招致舆论对其模式的道德拷问。受此影响，公司股价几乎是一路下行，到第 7 个交易日即跌破发行价。在舆论声中，政府监管随之加紧。11 月 21 日《关于立即暂停批设网络小额贷款公司的通知》出台，公司股价又进一步下跌，11 月 24 日收盘价为 12.22 美元，只剩下发行价的一半。

幼教机构和某店所涉问题完全不同，但其暴跌轨迹却有共性。第一，触发暴跌的因素都是非传统、非财务的因素，传统的财务和法务尽职调查很容易忽视这些因素；第二，这些因素极易触及社会公众的敏感神经，因此公司面临的是人民战争般的舆论压力，毫无还手之力；第三，舆论声中，政策趋严，股价进一步承压。

面对此类非传统、非财务的风险，投资者该如何应对？责任投资的理念可以助投资者一臂之力。所谓责任投资，就是在投资决策过程中充分考虑投资标的在社会责任方面的表现，特别考虑投资标的物是否存在重大的环境风险和社会风险。如果

发现有重大风险，投资者会拒绝投资或要求对方采取适当方式管控风险。

责任投资的理念可以追溯到一百多年前欧美国家一些带有宗教色彩的投资行为，这类投资行为受到宗教教义或相关价值取向的约束，不能投资于特定领域，如博彩、军工等。20 世纪七八十年代，随着环保、劳工运动的兴起，欧美开始出现具有主题偏好的责任投资基金，将污染企业、“血汗工厂”企业剔除出股票池，以满足特定投资者的需求。21 世纪以来，责任投资的理念进一步扩展，将更广义的环境、社会和公司治理（ESG）因素纳入投资决策，主权基金、养老金以及高盛、贝莱德、凯雷等主流金融机构也开始拥抱这一理念，责任投资得到迅猛发展。据全球可持续投资联盟（GSIA）统计，截至 2016 年初，全球约有 26% 的由专业机构管理的资产采纳了责任投资的理念，规模约为 22.89 万亿美元，比 2012 年增长了 68.3%。在中国，自 2008 年兴业全球基金（简称兴全基金）发行首只社会责任投资基金以来，目前共有 62 只泛责任投资主题的公募基金产品，规模约为 500 亿元人民币，规模虽小，但增速很快。

责任投资的一些方法可以在一定程度上规避对前述两家企业的投资风险。对投资股票的公募基金，责任投资理念要求基金公司在建立股票池的时候设立社会责任的绩效要求，达不到相应标准的股票无法被纳入。对投资股权的私募基金，责任投资理念要求在尽职调查阶段对投资项目进行全面的社会风险和环境风险尽职调查，发现风险点并采取相应的风控措施；在投资存续期，则要求被投资的公司定期核算和披露社会责任绩效，并达成投资前所设定的社会绩效与环境绩效目标。这些做法在国际上都已经有非常成熟的经验，有的已经做得相当细致。譬如世界银行集团下属的国际金融公司，在股权投资时就会应用覆盖环保、劳工、文化遗产等议题的八项绩效标准（Performance Standards）以及按 60 多个行业细分的环境、健康与安全指引（EHS Guidelines）进行细致的风险评估。有了这些方法，投资者“踩雷”的概率就会小很多。

风险与收益是相对应的。责任投资理念防控了非财务风险，是不是也会降低对应的财务收益呢？这要取决于我们测算财务收益的时间尺度。国内外的统计数据表明，责任投资理念可以帮助投资者获得更好的长期回报，短期优势则不那么明显。譬如，根据我们与兴全基金合作编写的《中国责任投资十年报告》统计，责任投资基金与同类基金比较，3 年和 1 年收益率分别排名前 19.6% 和前 42.1%。责任投资因为有这样的特点，在国际上越来越被养老、保险等长期资金追捧。

不过，时间尺度也是相对的。随着市场环境的逐步完善，社会和环境因素的外部性会逐步内化，责任投资就不仅是远期问题，也是当期问题。以国内的环保治理为例，随着政府环保督导的深入实施，对钢铁、水泥、有色金属、化工等行业的投资者来说，环境因素已然成为当期问题。数月前，我们与财新传媒、数联铭品（BBD）共同研发了“朗诗·中国 ESG 景气指数”，以衡量中国市场对责任投资（ESG）理念的适宜程度。从数据来看，今年以来，ESG 景气指数总体上是持续走高的，这说明，中国市场的环境和社会风险正在积累，责任投资渐行渐近。

（本文首次发表于 2017 年 11 月 27 日“郭沛源说 ESG”公众号）

全球三大养老金联合声明倡导 ESG 投资

三大养老金《声明》

近日，来自英国、美国、日本的三家大型养老金机构联合发布了一份题为《携手共建可持续的资本市场》（*Our Partnership for Sustainable Capital Markets*）的公开声明（以下简称《声明》），倡导资产所有者、资产管理者和被投公司关注长期价值，重视环境、社会和公司治理（ESG）因素，齐心协力遏制资本市场的短期主义，为客户、受益人和社会创造可持续的经济增长。

《声明》开门见山，摆明立场："作为资产所有者，我们的终极责任是为数以百万计的多代家庭在退休后获得财务保障。我们提供财务保障的承诺要贯穿数十年，因此我们不能只为未来几年内获得最大化的投资回报而努力。如果我们只重视短期收益，我们可能将会忽略投资组合潜在的毁灭性系统风险。"《声明》引述了穆迪研究报告的数据，指出"到 2100 年，仅气候变化就有可能造成 69 万亿美元全球经济损失"。

《声明》认为，"从数十年的时间跨度看，那些单纯寻求收益最大化的公司，无视公司对其他利益相关者造成的影响，让公司长期发展面临风险，对我们（养老金）而言并非有吸引力的投资目标"。《声明》向养老金的资产管理人，即那些为养老金做投资的基金公司，发出十分明确的信号："资产管理人应在整个投资流程中整合 ESG 因素……我们更愿意与这些资产管理人建立和保持合作关系。"

《声明》由美国加州教师养老金（California State Teachers Retirement System，CalSTRS）首席投资官 Christopher J. Ailman、日本政府养老金（Japanese Government Pension Investment Fund，GPIF）执行董事总经理兼首席投资官 Hiromichi Mizun 和英国高校退休金（Universities Superannuation Scheme，USS）首席执行官 Simon Pilcher 联合签署。公开信息显示，CalSTRS 的资产规模为 2524 亿美元，GPIF 的资产规模为 15700 亿美元，USS 的资产规模为 890 亿美元。三大养老金合计规模近 2 万亿美元，《声明》的分量不可小觑。

养老金与 ESG

在我看来，三大养老金的《声明》令人振奋，但并不意外。因为，养老金和保险资金传统以来一直是责任投资市场的两大驱动力量。根据美国 2018 年数据，54% 的 ESG 投资者来自公共部门（Public Assets），养老金占大部分，还有 37% 的 ESG 投资者来自保险资管行业；同一年，瑞士 ESG 投资者中，58% 来自保险资管，29% 来自公共养老金，还有 10% 来自企业年金。

为何养老金会如此青睐 ESG？我认为原因有三个：第一是养老金的长期属性。养老金投资是典型的代际投资（Generational Investment），要以 10 年、20 年甚至更长的时间去考虑投资收益，ESG 投资的特征符合长期属性的要求。第二是养老金的避险属性。因为资金量巨大，且背负数以百万计的社会家庭的托付，养老金机构无法承担过高风险，稳健收益比高收益更有吸引力，ESG 投资的特征也符合这一点。第三是养老金的公共属性。养老金受益人是社会公众，资金带有一定的公共属性，投资行为应符合主流价值取向，避免产生重大的社会、环境负面影响。试想，如果养老金被资产管理人用去投资重污染企业，导致自然环境破坏、人们健康受损，甚至一些人还没等到领退休金就已经死亡，这不是“搬起石头砸自己的脚”吗？ ESG 投资的负面筛选可以有效规避此类不当投资行为。

有些人会质疑：养老金投资纳入 ESG 因素，会造成“自我束缚”，减少可投资标的，降低收益率。他们主张：投资归投资，社会归社会，不要对投资“道德绑架”。对此，《声明》做了明确的反驳，强调“（ESG）不是把政治目标注入商业经营，也不是道德宣教”，还提醒这些怀疑论者“正在迅速沦为少数派”。《声明》引用德国学者在 2015 年发表的论文作为证据，该论文对 2200 多项研究的综合分析显示，ESG 投资和财务回报之间存在正相关关系，约 90% 的研究显示两者至少不存在负相关。

相比之下，联合国负责任投资原则组织（PRI）提出的观点比《声明》的要更严厉。2019 年底，PRI 发布《21 世纪受托人责任最终报告》，对“21 世纪的受托人责任”（Fiduciary Duty in the 21st Century）这一持续 4 年的项目做了总结。报告指出，忠诚和审慎是众所周知的传统受托人责任。在 21 世纪，因为社会和市场面临环境污染、气候变化、贫富差距等各种问题，投资者出于对受益人利益的考虑，“必须”将 ESG 纳入投资分析和决策流程，鼓励被投资公司或其他被投资实体制定较高的 ESG 绩效标准，并披露相关信息。换句话说，PRI 主张，如果养老金不考虑 ESG，就会侵害养老金受益人（当下或未来要领退休金的人）的利益。

PRI 在报告中解释，ESG 问题具有财务重要性，即纳入 ESG 可以创造投资价值，忽视 ESG 则可能会产生负面影响。对于这一点，《声明》也反复提及。PRI 还指出，世界各地的政策和监管框架正在纳入 ESG，如果不考虑 ESG，资产管理人未来面临法律挑战的可能性越来越高。根据 PRI 统计，世界 50 大经济体共进行 730 余次硬性、软性法律政策修订，涉及 500 项政策工具，其中不少关于养老金管理。譬如，南非在 2013 年要求养老金管理人考虑与长期成功相关的所有因子（包括 ESG），韩国在 2015 年要求国民年金公团考虑 ESG 问题并披露 ESG 的纳入程度，巴西在 2018 年要求养老金将 ESG 纳入风险分析，英国自 2019 年起要求养老金托管机构要考虑具有财务实质性的 ESG 因素。详见下表。

表　世界各地养老金的 ESG 政策法规

国家 / 地区	名称	年份	相关内容
英国	2018 年养老金保护基金（应计养老服务）和职业养老金计划（投资和披露）（修正案兼修订版）条例	2019	“适当期限”指受托人认为养老金计划通过投资获得未来收益所必需的时间；“财务实质性考量”指规划受托人认为具有财务实质性的考量，包括（但不限于）环境、社会和治理考量（包括但不限于气候变化）
欧盟	关于披露可持续投资和可持续性风险以及修改第（EU）2016/2341 号指令的欧洲议会和欧洲理事会条例提案	2019	金融市场参与者应在签订合同之前披露下列事项：（a）将可持续性风险整合到投资决策适用的程序和条件中；（b）预期可持续性风险对所提供金融产品的回报产生相关影响的可能性；（c）金融市场参与者的薪酬政策如何与可持续性风险的整合工作兼容，并在相关情况下与金融产品的可持续投资目标兼容
美国	员工福利保障局（EBSA）：第 2018-01 号实施辅助公告	2018	如果在另类投资估值时，ESG 因子涉及的商业风险或机会本身可作为经济考量因素，则 ESG 因子的权重，也应与相对于其他相关经济因子所涉及的风险回报水平相称
巴西	第 4661 号决议	2018	第 4661/2018 号决议规定，养老基金分析风险期间，除分析经济可持续性外，还应尽可能考虑环境、社会和公司治理问题。Instrução Previc n. 6/2018 文件进一步完善此建议，规定养老基金的投资政策应包括环境、社会和治理问题的合规指南，最好是经济部门指南
欧盟	2016 年 12 月 14 日欧洲议会和欧盟理事会关于职业退休准备金机构（IORP）的经营活动和经营监管的第（EU）2016/2341 号指令	2016	治理制度应包括在投资决策期间考虑与投资资产相关的环境、社会和治理因子，并定期接受内部审查
加拿大安大略省	《养老金福利法》	2016	第 78（3）条规定，养老金计划的投资政策程序声明（SIPP），必须说明环境、社会和治理因子是否被纳入投资政策程序，如果纳入，则说明纳入方法
韩国	《国民年金公团法》	2015	国民大会通过《韩国国民养老金法》修正案，要求国民年金公团考虑 ESG 问题，并宣布 ESG 考量的纳入程度
澳大利亚	《退休金审慎实践指南》（SPG 530）	2013	澳大利亚审慎监管局（APRA）要求可注册退休金实体（RSE）持牌人需提出合理依据，确定针对投资方案制定的投资策略符合受益人最大利益，并满足《退休金行业监管法》第 52 条关于流动性和多样化要求。虽然 ESG 考量不易作财务量化，APRA 仍要求 RSE 持牌人能够通过适当分析，支持制定以 ESG 为重点的投资策略

续表

国家 / 地区	名称	年份	相关内容
南非	《养老基金法》	2013	《养老基金法》将受托人责任编入法条，并规定受托人责任适用于养老基金受托人。第 7（c）（d）条涉及委托人责任（避免冲突、注意义务、勤勉、诚信和独立），2011 年，《条例 28》经修订后，要求受托人负责制定关于资金情况和监测的投资程序，并要求基金考虑与长期成功相关的所有因子（包括 ESG）

资料来源：PRI 负责任投资监管数据库。

中国可以借鉴什么？

综上所述，养老金倡导 ESG 投资是大趋势，养老金机构若能旗帜鲜明支持 ESG，对责任投资市场的带动效应将是巨大的，因为这会激励一批资产管理人在投资流程中纳入 ESG。日本经验近在眼前：2016 年日本 ESG 市场规模约 5400 亿美元，到 2018 年猛增至 2.2 万亿美元，原因就是 GPIF 在 2017 年开始跟踪 3 个 ESG 指数做被动投资。

在中国，根据中国责任投资论坛（China SIF）和商道融绿的统计，2019 年泛 ESG 公募证券基金规模约 485 亿元人民币。同期社保基金入市规模超 2 万亿元人民币，养老基金超 1 万亿元人民币，合计 3 万多亿元人民币。如果社保基金和养老基金能纳入 ESG，将会从根本上改变国内 ESG 市场格局，引领中国 ESG 跨越式发展。

从政策趋势看，这是有可能的。中国人民银行、证监会等七部委在 2016 年《关于构建绿色金融体系的指导意见》中，提出“鼓励养老基金、保险资金等长期资金开展绿色投资”。中国基金业协会在 2018 年《绿色投资指引（试行）》中，提出“为境内外养老金、保险资金、社会公益基金及其他专业机构投资者提供受托管理服务的基金管理人，应当发挥负责任投资者的示范作用，积极建立符合绿色投资或 ESG 投资规范的长效机制。”全国社会保障基金理事会在介绍投资理念时，也重点突出“长期投资、价值投资、责任投资”，ESG 也是应有之义。2018 年 11 月，全国社保基金理事会副理事长陈文辉在“2018 中国 ESG 论坛”上表示，“在不远的将来，ESG 投资在中国资产管理及养老金投资领域的实践会逐步加快，并与发达国家及地区接轨”。我特别期待这一天早日到来，将中国 ESG 带入万亿时代。

（本文首次发表于 2020 年 3 月 16 日“郭沛源说 ESG”公众号）

中国平安签署可持续保险原则，保险行业 ESG 为何与众不同？

中国平安宣布签署 PSI

4 月 22 日是世界地球日。当天，中国平安宣布签署《可持续保险原则》（*Principles for Sustainable Insurance*，PSI），成为中国大陆首家签署《可持续保险原则》的保险机构。《平安集团可持续保险政策》承诺，将充分考虑气候环境和社会因素对集团保险业务的影响，实现合理的风险定价，并打造可持续保险产品体系。

过去一年，中国平安在可持续金融方面动作频频。2019 年 8 月，中国平安刚刚签署了联合国支持的《负责任投资原则》，成为中国第一家加入该组织的资产所有者。不久，中国平安在官网上公布了《平安集团煤炭相关业务声明》，承诺到 2030 年之前逐步将煤炭投资比例降低 30%，并基于个案评估对煤炭行业客户进行严格的承保限制。2019 年 12 月，中国平安支持中国责任投资论坛（China SIF）发布《2019 中国责任投资年度报告》。

《可持续保险原则》由联合国环境规划署金融倡议（UNEP FI）在 2012 年发起。UNEP FI 成立于 1992 年，是联合国系统里最早推动绿色金融的组织。那一年，联合国在巴西里约热内卢举行环境与发展大会，该大会是继 1972 年 6 月瑞典斯德哥尔摩联合国人类环境会议之后，环境与发展领域规模最大、级别最高的一次国际会议。联合国环境署开始意识到金融行业在可持续发展方面的重要性，携手金融机构成立了 UNEP FI，秘书处设在瑞士日内瓦。二十多年来，UNEP FI 先后发起《负责任投资原则》（PRI）、《可持续保险原则》（PSI）和《负责任银行原则》（PRB），对全球绿色金融和责任投资的发展起到重要的推动作用。在中国，UNEP FI 与中国责任投资论坛（China SIF）结成战略合作，由 China SIF 负责招募会员、组织活动。

可持续保险四项原则

《可持续保险原则》包括四项原则，旨在为全球保险业提供一个应对环境、社会和公司治理（ESG）风险与机遇的实践框架。

原则1：关于核心业务，要求保险公司将与保险业务相关的 ESG 议题纳入决策过程。这包括：保险公司要在董事会和高管层面达成与 ESG 相关的战略，在营销、承保、风控、理赔和资管全流程纳入对 ESG 的考虑。

原则2：关于客户和业务伙伴，要求保险公司与客户和业务伙伴共同努力，提升对 ESG 议题的认识，管理相关风险，寻求解决方案。对保险公司来说，业务伙伴包括供应商、再保险公司和保险经纪公司等。

原则3：关于监管机构及其他主要利益相关方，要求保险公司与政府、监管机构和其他主要利益相关方合作，促进全社会在 ESG 问题上的广泛行动。这些主要利益相关方涉及广泛，有政府间组织、非政府组织、行业协会，还有科研机构和媒体。

原则4：关于信息披露，要求保险公司展示问责机制和透明度，定期披露在实施《可持续保险原则》方面的进展，并与客户、监管机构、评级机构等开展对话。

如果把《可持续保险原则》与《负责任银行原则》《负责任投资原则》放在一起比较（见下表），可以看到三者有不少共同点，譬如都关注风险管理、强调信息披露。

表　PSI、PRB、PRI 比较

《可持续保险原则》（PSI）	原则1：将 ESG 议题融入我们的决策过程 原则2：与客户和业务伙伴一起提升认识，管理风险，寻求解决方案 原则3：与政府、监管机构和其他主要利益相关方合作 原则4：定期披露在实施原则方面的进展
《负责任银行原则》（PRB）	原则1：确保业务战略与 SDGs、《巴黎协定》保持一致 原则2：提升正面影响，减少负面影响，管理风险，设定目标 原则3：本着负责任的原则与客户和顾客合作，鼓励可持续实践 原则4：主动且负责任地与利益相关方进行磋商、互动和合作 原则5：通过有效的公司治理和负责任的银行文化来履行承诺 原则6：定期评估履责情况，披露正面和负面影响，并对相关影响负责
《负责任投资原则》（PRI）	原则1：将 ESG 议题纳入投资分析和决策过程 原则2：成为积极的所有者，将 ESG 议题整合至所有权政策与实践中 原则3：要求投资机构适当披露 ESG 资讯 原则4：促进投资行业接受并实施 PRI 原则 原则5：建立合作机制，提升 PRI 原则实施的效能 原则6：汇报 PRI 原则实施的活动与进展

注：原则名称为简略中文意译，完整表达请查阅官网原文。

保险行业的 ESG 有何不同?

保险行业的 ESG，与银行业、资产管理行业的 ESG 到底有什么不同？秘密主要藏在原则 1 里，即 ESG 与保险公司的业务和决策过程相结合。保险产品的独特性造就了保险行业 ESG 的独特性。

第一，保险公司可以通过产品创新，分摊、减少客户及社会的 ESG 风险。保险行业存在的意义就是分摊风险，当风险发生时，保险可以对投保人予以一定保障，这种属性在银行和资管行业中是没有的。ESG 领域有不少风险点属可保风险（Insurable Risk），保险公司可以发挥作用。比较常见的是污染责任险。企业投保后，可在突发污染事故时寻求保险赔付，减少损失；保险公司出于风控考虑，会密切关注投保企业的污染风险，从而降低全社会污染事故发生的概率，创造社会价值。

第二，保险公司要同时考虑 ESG 对负债端和资产端的影响。与银行和资管主要考虑资产端的 ESG 影响不同，保险公司既要考虑 ESG 对资产端的影响，也要考虑 ESG 对负债端的影响。以空气污染与气候变化为例，这两个问题有同源性，即石油、煤炭等化石能源的开采和使用。低效率地使用化石能源既会造成 PM2.5 等空气污染，也会因排放温室气体加剧气候变化。空气污染导致人们健康受损，增加健康险的赔付；气候变化引致极端天气事件增多，除了会增加农业险的赔付外，还会导致保险资管持有投资组合的价值贬损。此时，ESG 对保险公司就形成双重夹击之势，保险公司自然更不能轻视。

第三，保险资金具有长期、系统的属性，与 ESG 风格匹配。在成熟的金融市场，保险资金都占有很重要的位置，一方面是保险资金具有长期属性，另一方面是保险资金因为规模巨大具有系统重要性。有两个词分别对应这两种属性：Generational Investment（代际投资）和 Universal Investment（万用型投资）。前者是说保险资金投资周期长，可以跨越世代；后者是说保险资金规模大，投资组合要分布全市场，才足以分散风险。因此，保险资金会更关注一些长期因素，更加追求长期稳健影响，而不是短期超额收益，这与 ESG 的投资风格是十分匹配的。

可见，ESG 对保险行业十分重要，对寿险公司和再保险公司更加如此。中资保险公司可积极参与 UNEP FI，签署《可持续保险原则》。

（本文首次发表于 2020 年 4 月 27 日“郭沛源说 ESG”公众号）

“绿版”港交所上线，ESG 成证券交易所必争之地

“绿版”港交所上线

6 月 18 日，港交所（全称为“香港交易及结算所有限公司”）宣布成立可持续及绿色交易所（Sustainable & Green Exchange，STAGE）。在官网上，港交所清晰地描述了 STAGE 的四个目标：

· 促进不同资产类别及产品类型进行绿色金融及可持续发展，提供可持续及影响力投资方面的完整网上资料库。

· 可帮助发行人推广其不同资产类别中符合若干可持续及绿色标准的金融产品，提升有关产品的知名度及关注度。

· 为投资者及资产管理人提供方便的资讯渠道，助其进行可持续及绿色投资方面的尽职审查、挑选及监察相关产品。

· 支持亚洲区许多不同的可持续及绿色项目及机遇，让持份者（Stakeholders，内地翻译为利益相关方）接触全球各地的创新产品、构思及策略。

可见，STAGE 目前还只是定位为一个网上资讯平台（也可称为“展台”），本身并不具备交易功能。那么，港交所为什么要推出 STAGE 呢？港交所主席史美伦说：“作为国际领先的亚洲时区交易所，香港交易所拥有强大平台，以助开创新局面。香港交易所致力推动可持续发展，希望树立榜样、以身作则，鼓励持份者积极参与发展香港的可持续及绿色金融生态系统。”简言之，港交所希望以此举引领地区乃至全球绿色金融发展。

STAGE 名字也起得比较考究，从可持续及绿色交易所的英文名称“Sustainable & Green Exchange”中取了几个字母，我揣测是寓意“循序渐进”。在启动阶段，STAGE 会先展示可持续、绿色及社会责任债券及交易所交易产品（Exchange Traded Product，ETP）。符合相关国际标准的产品发行人将获邀免费加入 STAGE 并展示其产品，还是免费的。

ESG 成为证券交易所必争之地

港交所本身也是一家上市公司，推出 STAGE 除了有社会效益外，必然也有经营层面的考虑。港交所在新闻稿中也提到：亚太地区可持续及绿色金融产品近年的增长可观，亚太地区绿色债券发行量在 2019 年创下新高，达 188.9 亿美元。面对这样一个新兴但增长极快的市场，港交所推出 STAGE 毫无疑问是为了在未来 ESG 市场中占有先机。

放眼环球，ESG 正成为证券交易所的必争之地。港交所有关人士说，STAGE 是亚洲首个可持续金融资讯平台，因为在国际上，卢森堡证券交易所、纳斯达克证券交易所都已先行推出了以绿色和 ESG 为主题的金融产品展示平台。卢森堡行动最早，2016 年就成立卢森堡绿色交易所（Luxembourg Green Exchange，LGX），用于展示绿色债券和绿色基金，且与上交所、中国银行间市场交易商协会建立合作，直接从 LGX 可以查询到中国机构发行的绿色债券。

另一家行动较早是纳斯达克，2015 年开始接受绿色债券挂牌；2018 年，纳斯达克推出 ESG 数据中心，为投资者提供北欧国家的（Nordic）上市公司的 ESG 数据；2019 年，纳斯达克推出可持续债券网络，方便债券发行人通过这个平台发布信息，供投资者查询。上月（6 月），纳斯达克宣布世界银行集团和非洲发展银行加入可持续债券网络，至此，该网络搜罗了 10 个国家 40 多个发行人的 4000 多个产品。这对投资者来说是很有吸引力的。

近几年，证券交易所拥抱绿色金融和 ESG 的速度显著加快。根据联合国统计，加入联合国可持续证券交易所行动（United Nations Sustainable Stock Exchanges Initiative，UN SSE）的伙伴交易所从 2012 年的个位数增长到 2019 年的 90 家，最新的数字（2020 年 7 月）是 96 家。要知道，我在 2016 年 7 月到内罗毕参与“联合国可持续证券交易所绿色金融高端对话”会议时，伙伴交易所数量只有 57 家。2017 年 9 月和 12 月，上交所和深交所成为第 65 家和第 67 家伙伴交易所。这些交易所代表着约 5 万家上市公司、86 万亿美元总市值，足以表明主流市场对绿色金融和 ESG 的态度。

交易所如何布局 ESG

和上市公司提升 ESG 一样，交易所布局 ESG 也是个系统工程，不仅仅是单一行动。通常，交易所首先会想到的是两件事：信息披露和产品创新。信息披露包含两层含义：一是要求上市公司 ESG 信息披露，譬如港交所《ESG 报告指引》；二是交易所自身的信息披露，譬如上交所每年都会发布交易所的企业社会责任报告，介绍了上交所的绿色金融规划。产品创新方面，常见的有绿色债券、ESG 指数等。

如果要用一个相对完整的框架来描述，我认为可以参照联合国可持续证券交易所行动在 2018 年发布的一份研究报告《证券交易所如何促进绿色金融增长》，我当时是这个研究工作小组的顾问。这份报告提出了交易所促进绿色金融的政策框架，包括促进绿色产品和服务、培育绿色金融市场、加强环境信息披露和开展绿色对话四个方面。交易所可以对照这个框架布局 ESG。

这四个方面，起步不难，做深不易。这两天查询纳斯达克的一些信息才发现，在有的交易所还在讨论要不要发布强制 ESG 信息披露时，纳斯达克在 ESG 数据、ESG 绩效测算方面已先行一步。2020 年 2 月，纳斯达克宣布收购 OneReport 公司。OneReport 是 2003 年成立的，为客户提供 ESG 数据采集、报送和披露的服务。纳斯达克收购这家公司无疑是为了提升交易所对 ESG 数据披露、报送的效率，这是上市公司和投资者两头都想要的服务。不出所料，三个月之后（5 月），纳斯达克宣布推出“纳斯达克 ESG 足迹”（Nasdaq ESG Footprint）服务，可以为投资者提供个股或投资组合的 ESG 足迹（绩效）。这个工具应用的想象空间还是挺大的。

国际证监会组织（International Organization of Securities Commissions，IOSCO）近期发布了一份政策报告《可持续金融和证监会及 IOSCO 的角色》，总结了 IOSCO 可持续金融网络工作组过去两年的主要成果。中国证监会也是这个工作组的成员。

IOSCO 指出，证监会的核心目标是保护投资者，维护市场公平、高效和透明，减少系统风险。可持续发展因素，特别是气候变化因素对上述目标正提出新的挑战。因此，IOSCO 和各地证监会应重视绿色金融和 ESG。下一步，IOSCO 将成立理事会级别的可持续金融工作组，推动三项工作：上市公司与资管机构的信息披露、与国际组织和各地证监会加强监管协同、组织案例研究和分析。可以预见，各地证监会都会提升对绿色金融和 ESG 的要求。这必然会传导到证券交易所，再通过交易所传导到上市公司。

上市公司如何应对

今年和未来几年，市场将充满不确定性，但 ESG 这个趋势是确实无疑的。交易所都笃信这一趋势，上市公司还怀疑什么呢？

应对 ESG 挑战将会是未来几年上市公司的“必修课”。在此，我重申此前一篇文章的观点：上市公司要熟悉一把新的尺子、一类新的投资者、一份新的报告。

第一，一把新的尺子。以往，度量上市公司的尺子，“刻度”都是财务维度的，如股价、市值、市盈率、市净率等。在 ESG 时代，市场出现了一把新的尺子，“刻度”都是非财务维度的，如公司治理、污染排放、能源效率、劳工关系、社区关系等。上市公司应学会用这把新尺子衡量自己，提升 ESG 管理、提高 ESG 绩效、练好 ESG 内功，以实现更长期可持续的发展。

第二，一类新的投资者。ESG 投资者关心的问题相对长线：公司治理如何？中长期战略如何？是否存在重大的环境或劳工风险？有无应对气候变化的策略与措施？上市公司高管要站在社会价值角度思考问题，建立与 ESG 投资者沟通的能力，适应 ESG 投资者沟通的思路。不怕有问题，最怕没反应。

第三，一份新的报告。上市公司对 CSR/ESG 报告要予以充分重视，要更加关注实质性原则，即重点披露那些与公司长期价值密切相关的议题；要更加关注可靠、完整、可比的数字，因为这样才便于读者特别是评级机构进行有效分析。过于强调公益慈善、故事感十足的 CSR 报告并非理想的 ESG 报告，给投资者传递的有效信息有限。

（本文首次发表于 2020 年 7 月 8 日“郭沛源说 ESG”公众号）

从某电商事件看 ESG 投资的商业逻辑

上周，某知名电商一名员工加班后猝死，引发网上关于“996”的新一轮争议。2019 年 4 月，在 996.ICU 项目出来的时候，互联网公司的超时工作问题就引起了很大关注。此次事件，除了涉及“996”外，还因为第三方供应商用了企业账户在某平台上回应称“底层的人民，哪一个不是用命换钱”，激起更多不满。

不少人认为，这说明该电商的企业社会责任存在重大问题，预期其美股价格会下挫。但数据显示，事件发生首日其股价下跌 6.13%，但次日暴涨 12.24%，周五收盘 180.77 美元，比周一还涨了 1.74%。自 2018 年上市以来，公司股价已经涨了 8 倍。

有人质疑，不是说越来越多的资金采纳 ESG 投资理念，将上市公司环境、社会和公司治理绩效纳入投资决策么？既然美国 ESG 市场规模从 2018 年的 11 万亿美元增长至 2020 年的 17 万亿美元（US SIF 数据），为什么这家电商企业价格不跌反涨呢？这是个非常好的问题，本文试图作一探询。

要搞清楚这个问题，关键是要认识投资者采纳 ESG 的动机是什么？加拿大负责任投资协会（Canada Responsible Investment Association，RIA）最新报告分析了投资者考虑上市公司 ESG 绩效的原因，从高到低依次为：减少风险、增加收益、尽责管理、忠于使命、满足客户需求、追求环境与社会效益、满足监管要求。欧洲、美国及中国都有相关分析，结论总体类似：减少风险、增加收益等财务考虑是主要的，忠于使命、追求环境与社会效益等与价值观相关的考虑是次要的。

现实的资本市场的确如此：多数 ESG 投资者主要考虑风险收益，其次考虑价值观的匹配；只有极少数 ESG 投资者会主要考虑价值观的匹配，再兼顾考虑风险收益。后者我们一般称之为伦理投资者（Ethical Investors）。在 ESG 主流化前的很长一段时间，伦理投资者曾是责任投资的主要力量，他们主要包括一些宗教基金、慈善基金和专门的社会责任基金。这些资金的市场规模并不算大。以美国市场为例，从 20 世纪 90 年代后期到 2005 年 ESG 概念提出前，责任投资市场规模长期徘徊在 2 万亿美元的水平。但 ESG 概念提出后，大量非伦理投资者涌入，近十多年来市场规模快速攀升至 17 万亿美元。这多出来的 15 万亿美元资金，主要是因为财富效应而非伦理考量而采纳 ESG 投资理念。

因此，我们可以粗略地认为，市场中大约有 10% 的伦理投资者（17 万亿美元中的 2 万亿美元，欧洲市场的比例要略高于美国市场），他们比较在意伦理因素及价值观的匹配，可能会因为某个公司的做法和他们价值观不符，就不再持有该公司股票。但市场中还有 90% 的 ESG 投资者，更在意风险收益因素，不会仅仅因为价值观的因素就抛售股票。这个结构符合我们对世俗社会的认知：多数人认同在商言商，不会去区分两根金条中的一条比另一条更高尚，但确实也有“不为五斗米折腰”的高风亮节之士。

分析至此，问题就比较清楚了。如果上市公司 ESG 因素会导致公司经营出现严重风险，全部 ESG 投资者就会做出反应，并通过股价走势表现出来；如果没有严重影响，则可能只有少数以价值观为优先考量的伦理投资者会做出反应，市场波动有限。

许多过往案例能说明这一逻辑。譬如 2010 年 5 月，某知名制造企业发生多起员工自杀事件，导致股价在一个月内下跌 20%，因为对该企业来说，劳工关系会从实质上影响到和苹果等公司的订单。2016 年 5 月，魏则西事件导致某企业股价在半个月内下跌 20%，因为魏则西事件引起的监管关注直接影响到企业最核心的商业模式。

同理，这家电商企业股价涨跌，短期主要看员工加班猝死事件是否会导致公司经营出现严重问题。我个人认为不会，原因我在 2019 年专栏文章《996.ICU 行动能否终结 996》中已经分析过，我悲观地预计关于抵制“996”的呼吁最近两三年并不会有实质性变化。原因有三个：劳动部门缺乏足够积极性介入；自愿加班者仍不在少数；经济下行压力较大，这会进一步强化前两个因素。因此，资本市场对此次事件不会做出激烈反应。

但这并不意味着这家电商企业就可以高枕无忧。如果持续发生类似事件，必然会激起更大范围的关注，倘若监管部门强力介入，或是消费者激烈抗议，或是 10% 的伦理投资者高调呼吁抛售，那么形势就会逆转。并且，如果企业对此事处理不当导致事件持续发酵，或继续发生类似事件，投资者对员工管理问题的质疑就会转化为投资者对公司治理和管理效能的质疑，市场会对公司的长期稳健经营能力产生怀疑。

有人会说，如果 ESG 投资者也和普通投资者一样趋利避害，那要他们何用？我认为，ESG 投资者和普通投资者还是有差别的，他们的价值是可以从更长期的时间维度分析风险收益。对同样一个问题，从短期视角和长期视角分析得到结论很可能是不同的。应对气候变化便是如此，短期看意义不大，长期看意义重大。因此，ESG 投资者会引导市场和上市公司关注长期因素，减少短期市场动荡风险。此外，长期因素往往与公共利益密切相关，因此 ESG 可促进资本向善，减少金融与社会之间的摩擦，反过来也有利于金融市场的稳定。套用当下最时髦的话，ESG 可以降低市场和社会发生内卷的概率。

（本文首次发表于 2021 年 1 月 11 日“郭沛源说 ESG”公众号）

十年磨一砺，国产 ESG 评级数据首现彭博终端

“融绿”亮相

6 月 22 日，商道融绿 ESG 评级数据正式登陆 BLOOMBERG（彭博终端），成为首家登陆彭博终端的中国本土 ESG 评级数据提供商。彭博终端对数据要求很高，包括评估方法、数据来源、呈现方式等，商道融绿的数据质量经受住了检验。目前，彭博终端 Bloomberg Intelligence ESG Dashboard（BI BESGG）>Data Library>Other Scores 收录了 8 家机构的 ESG 评级数据，商道融绿（SynTaoGF-ESG）是唯一的国产 ESG 评级数据。

这背后凝聚的是商道融绿超过 12 年的 ESG 研究经验。商道融绿的团队自 2009 年就开始为海外金融机构和数据服务商提供 ESG 数据。2015 年，商道融绿推出自有 ESG 评级方法体系（STGF ESG Rating Methodology），该评级方法融合国际 ESG 标准与中国环境和社会宏观发展情况，尽可能纳入全面的 ESG 信息，旨在对企业建立一个有较好区分度的 ESG 综合评价。投资机构可通过商道融绿 ESG 评级数据，清晰地了解到目标企业的 ESG 管理及风险暴露情况。在此基础上，投资机构可根据对 ESG 事项实质性的判断，建立自己的分析框架。

目前，商道融绿 ESG 评级数据库覆盖全 A 股及港股通 H 股，还有非上市发债主体，总共超过 7000 家公司。商道融绿通过 SaaS 为全球资产所有机构和资产管理机构提供专业 ESG 数据服务，并支持多家海内外机构推出了多只 ESG 指数以及 ESG 主题投资产品。

数据江湖

差不多 20 年前，我刚开始做 ESG 研究（准确说是 SRI 研究，当时还没有 ESG 的提法）时，数据提供商就扮演着重要的角色。原因很简单，没有数据，怎么选股呢?

所以，市场自从有了责任投资，就有了评级数据提供商。只是，现在大家常说

的 MSCI、Sustainalytics 等，都不是最早的评级数据提供商的品牌。

最老牌的一批 ESG 评级数据提供商包括 EIRIS、KLD、INNOVEST 和 ISS。EIRIS 由英国 EIRIS 基金会在 1983 年设立，目的就是为英国的慈善和宗教团体的责任投资提供分析支持。2006 年时，我与 EIRIS 谈过数据合作，后来因为各种原因作罢。KLD 源自美国，成立于 1988 年，KLD 是三个发起人的姓氏缩写，分别是 Peter Kinder、Steve Lydenberg 和 Amy Domini。Steve Lydenberg 后来去了哈佛搞研究，2014 年来北京参加过 China SIF 的活动。Amy Domini 在 1991 年发起了社会责任基金 Domini Funds，她的书《责任投资改变世界》被兴全基金翻译引进，并在 2009 年来中国做过几场活动。INNOVEST 的创办人叫 Matthew Kiernan，20 世纪 90 年代做过 KPMG 合伙人，也当过世界可持续发展工商理事会（WBCSD）主管，1995 年发起 INNOVEST，我和他见过很多次。ISS（Institutional Shareholder Services）全称是机构股东服务公司，1985 年成立，主要业务是为责任投资基金提供积极股东策略（Shareholder Activism）支持和代理投票权（Proxy Voting）服务。

在这四家机构中，EIRIS 和 KLD 用的是比较典型的利益相关方的分析框架，从公司对客户、员工、社区等维度来评判公司的责任绩效。INNOVEST 很不一样，他们擅长看战略，从竞争视角去分析公司在可持续发展背景下的真实价值，因此个股评级报告可读性较强。ISS 并不是传统的数据服务商，因此与前述三家的可比性不大。

后来，这四家机构都陆续被并购。2006 年 11 月，RiskMetrics 收购了 ISS，2009 年 2 月再收购了 INNOVEST，同年 11 月又把 KLD 收归囊中。正当市场还没完全搞懂这一系列操作，转过年来，2010 年 3 月，MSCI 宣布收购 RiskMetrics，MSCI 的 ESG 评级由此开启。后来，2014 年，MSCI 卖掉了 ISS，2020 年 ISS 再次易手，现在成为德意志交易所集团（德交所）旗下机构。

2009 年 RiskMetrics 手法凌厉的两次收购，让市场吃惊。好消息是这预示市场前景良好，坏消息是对小机构来说，要考虑抱团取暖还是艰难竞争。这时候，远在加拿大的 Jantzi Research 先出手了。Jantzi Research 由 Michael Jantzi 在 1992 年创办，那时 Michael 还是小年青，对责任投资一见钟情。1999 年，Jantzi Research 和一些欧洲的小研究机构发起了 SiRi 集团，这是一个相对松散的研究网络。以这两者为基础，2009 年 Sustainalytics 组建成立，Michael Jantzi 任 CEO，开启了一个新的市场格局。2012 年时，我和 Michael 签了个合作协议，由商道融绿团队为 Sustainalytics 提供中资公司数据，合作了两年。此后，Sustainalytics 陆续收购了一些小团队，包括 2012 年收购了新加坡的 Responsible

Research，2018 年收购了印度的 Solaron，2019 年收购了 GES International，2020 年收购了 OMX。到今天，Sustainalytics 的规模已经比较大了，自己也成为被收购的对象。2017 年，晨星评级（Morningstars）收购了 Sustainalytics 的 40% 股权；2020 年，晨星评级又把余下的 60% 也收购了。所以，现在的 Sustainalytics 已经成为晨星评级的全资子公司。

当年最老牌的 EIRIS 也要寻求抱团。2015 年，EIRIS 与法国 ESG 评级数据提供商 VIGEO 联姻，组建 VIGEO-EIRIS(简称 V.E.)；2019 年，V.E. 被穆迪收购。

以上大体是最早期一批 ESG 评级数据提供商的变迁史。还有一些比较特殊的机构没有被纳入，譬如主要对内服务的，如 Calvert Funds 的研究团队（Calvert 已经成建制地被 Morgan Stanley 收购），还有 RobecoSAM 的研究团队（从 1999 年开始就一直为道琼斯可持续发展指数服务，2019 年被标普收购）；又如一些方法比较特别的机构，如 RepRisk（专注 IT 舆情监控）、TRUCOST（专注环境成本测算）、Arabesque（专注数据技术）等。随着 ESG 市场快速兴起，近年来 ESG 评级数据领域的并购更加频繁，市场格局仍充满变数。

展望未来

毫无疑问，ESG 评级数据仍是 ESG 投资的重要基础设施。没有评级等量化数据，ESG 投资就成了无源之水、无本之木。因此，ESG 投资的大发展也必然会带动评级数据的大发展。展望未来三到五年，我认为 ESG 评级数据市场会有如下一些趋势。

首先，数据需求多元化。这主要体现在：①对新议题的数据需求，譬如气候变化相关的数据。目前，商道融绿已经推出气候风险评估、个股碳排放测算等数据服务。②对数据类型的新需求，譬如有的投资者希望看到更具有预测性的数据，以更好预见风险。③对提供形式的新需求，如通过 SaaS 等形式提供数据查询和管理。

其次，数据技术智能化。在 KLD 那个时代，能用到的 IT 工具就是电脑和互联网，如今已大不一样。AI、大数据等技术可以帮助提升效率、拓展应用场景。近年来，商道融绿在深厚的专家经验基础上，通过知识图谱等 NLP 人工智能技术的运用，不断拓展 ESG 数据范围。

最后，方法标准差异化。从数据来源端来看，ESG 信披标准越来越多，一份 ESG 报告往往有三四个标准索引表；从评级端来看，各家评级机构的方法论不尽相同，特别是在一些细节的把握方面。这些会导致一些新问题：以前是没有标准，现在是标准太多。我个人认为我们还是处在发展初期，因此，方法标准差异化是很难避免的；或许 5~10 年后，市场格局相对稳定，主要机构可以就方法标准达成一致，

这个问题才可能得到一定缓解。

此外，方法和标准也有一个本土化的问题。影响一家公司长期价值的 ESG 因素，有一些是具有本土化特征的。从技术上解释，即可持续发展背景（Sustainability Context）与实质性（Materiality）存在关联。因此，发达国家通用的评估指标在发展中国家不一定同等可用。如果照搬，容易闹笑话。去年我写过一篇文章《阿里巴巴 ESG 被评 0 分为哪般》，说的是 Gartner 全球供应链 25 强榜单（2020 年）中，阿里巴巴 ESG 得分为 0（10 分满分）。我在文中做了一些分析，推测是评估方法出了问题。今年榜单也已经发布了，阿里巴巴的 ESG 得分为 1（10 分满分）。我想，如果 Gartner 能采信中国 ESG 评级机构的结果，阿里巴巴的 ESG 得分不至于那么低。顺手查了一下，商道融绿 2020 年对阿里巴巴给出的 ESG 评分是 46.5 分（100 分满分）。

从这个角度看，商道融绿作为国内首家 ESG 评级数据在彭博终端展示，在国际 ESG 舞台发出中国声音，还是很有意义的。

（本文首次发表于 2021 年 6 月 26 日“郭沛源说 ESG”公众号）

军工与 ESG：有人看到和平，有人看到杀戮

俄乌战事与 ESG

俄乌战事已经持续十余天，短时间也看不到停战的可能。随着西方大国纷纷出台制裁措施，企业也夹杂其中。首先是各类实体企业，包括苹果公司暂停在俄罗斯产品销售并限制 Apple Pay，英国石油、挪威国家石油公司宣布撤出在俄罗斯的合资企业，连游戏公司 EA 都说要在 FIFA 游戏中移除俄罗斯国家队和俱乐部。

多家金融机构开始跟进，包括主权基金和养老金。不过这些机构在俄罗斯的资产敞口不算太大。粗略统计了一下，宣布从俄罗斯撤资的主权基金和养老金有挪威主权基金（13000 亿美元的 0.2%）、加州公务员养老金 Calpers（4730 亿美元的 0.2%）、加州教师养老金 Calstrs（3190 亿美元的 1.7 亿）、瑞典 AP7 养老金（916 亿欧元的 0.13%）。荷兰也有多家养老金撤资，荷兰中央银行（De Nederlandsche Bank，DNB）披露，整个荷兰养老金体系大约只持有 0.3% 的俄罗斯资产。

在 ESG 领域，MSCI 在 2 月 28 日下调俄罗斯的国别 ESG 评级，从 BBB 降为 B，展望为负面；白俄罗斯的国别 ESG 评级从 BB 降为 B，展望为负面；乌克兰的国别 ESG 评级维持 BB，但展望也为负面。MSCI 的国别 ESG 评级（ESG Government Rating）主要是评价国家所面临的 ESG 风险及国家层面的管理能力，等级从 AAA（最高）到 CCC（最低）。

负责任投资原则组织（PRI）在 3 月 3 日就乌克兰局势发表一份声明。声明称，PRI 将从两个方面评估俄乌战事可能造成的影响。一是有关制裁措施将会对 PRI 成员造成潜在影响；二是事件将对责任投资和 ESG 进程造成冲击，特别是气候与能源转型等。作为联合国支持设立的机构，PRI 将会依联合国决议行事。

军工是不是 ESG?

战事之下，军工行业也开始谈 ESG 概念了。

上周几个朋友都转发了彭博社的一篇报道“*Weapons group points to Ukraine*

in bid to shape ESG rulebook”，提到德国军工行业的游说集团借俄乌战事之机，游说政府部门将军工行业也纳入 ESG 投资范围。报道援引德国安全与国防工业联盟（Bundesverband der Deutschen Sicherheits-und Verteidigungsindustrie，BDSV）负责人的观点，他说，“俄乌战事说明，拥有强大国防至关重要”。

除了彭博社外，最近英国《金融时报》也有几篇报道在讨论此事。譬如，2 月 2 日刊发报道，题为《乌局势紧张，军工与 ESG 争议升级》。在这篇报道中，拉脱维亚副总理说，（军工）公司保护我们的安全，现在不是抛弃他们的时候。他之所以这么说，是因为在 ESG 发展的大背景下，军工行业的融资确实受到了影响。此前不久，瑞典的银行以“伦理标准”为由，拒绝了给拉脱维亚军工企业的贷款。

如果你认为这个讨论完全是由乌克兰局势引发的，那就错了。过去半年，欧洲已经开启了这个话题的争论。其背景是因为欧盟准备推出社会责任投资分类标准（Social Taxonomy），参照可持续金融分类标准的方法做出一套标准体系，以识别出对社会有积极贡献的资产。

2021 年 7 月，欧盟的工作组发布了方法论初稿，里面专门说了分类标准要排除“有害活动”，譬如（such as）“军工、赌博和烟草”。军工行业当然坐不住了，开始不断游说。游说的努力看起来是发挥了作用，欧盟的工作组在 2 月公布的终稿中，军工和赌博都不在列举范围，只余下烟草作为“for example”（举例）了。看起来，烟草是在 ESG 鄙视链的最底端了。不过烟草公司可能也无所谓——不差钱，不怎么用融资。

军工是不是 ESG，是个哲学问题。

猫有国界，天然气没有

这次对俄罗斯的制裁真是五花八门，不仅涉及政治和经济，还波及体育圈、艺术圈，甚至动物界。唯独有一样免于制裁，那就是石油和天然气。俄罗斯部分银行被排除出 SWIFT[①] 系统，但通过 SWIFT 购买俄罗斯天然气的通道仍然开着。更搞笑的是，尽管壳牌石油公司在 2 月 28 日宣布对俄罗斯发起制裁，但在 3 月 5 日，壳牌石油公司说因“别无选择”所以购买了一批俄罗斯的原油。

在能源问题上，美国不腰疼，德国很受伤。因为国内各种压力，德国一边退“核”，一边还要减“煤”。留给德国的能源选项很少：天然气和可再生能源。但德国一半以上的天然气来自俄罗斯。这样一来，德国的能源安全就很成问题。目前看

① SWIFT（Society for Worldwide Interbank Financial Telecommunication，环球银行金融电信协会）系统是一个全球性的金融通信网络，旨在为银行和其他金融机构提供安全、标准化的通信服务，支持跨境支付、清算和结算等金融交易。

来，延长“退煤”时间表是一个不得不启用的选项。几天前，德国副总理兼经济和能源部部长罗伯特·哈贝克已经说，燃煤电厂可能会运行到 2030 年之后。长久来看，这或许也会延后德国碳中和的时间表。

德国最开始计划在 2038 年“退煤”，2050 年碳中和；2021 年，德国将时间表提前至 2030 年“退煤”，2045 年碳中和。俄乌战事的进展将会直接影响德国碳中和的时间表，甚至可能是欧洲、全球碳中和的时间表。

如果战事延续或扩大，恐怕连 2030 可持续发展目标的实现也会岌岌可危。须知，乌克兰是农业大国，被誉为“欧洲面包篮”。3 月 6 日，乌克兰宣布暂停出口几种农产品。

结尾

此次俄乌战事，感觉许多人的“全球观”都崩塌了：说好的“×× 无国界”，看起来也只是童话。连富人们都要重新想想：钱存在美国、瑞士就安全吗？

从 ESG 角度看，发展具有本国特色的 ESG 评价的重要性也会凸显。试想，如果俄罗斯也有自己的 ESG 评级公司和评级方法，估计被下调的就不是俄罗斯的国别 ESG 评级，而是一大片欧美国家的国别 ESG 评级。

有个老朋友前几天接受了彭博社的采访，他的观点很激烈，说如果 ESG 投资者不把国家行为纳入考量，那么 ESG 就失败了。好在，彭博社的文章也展示了采访中的不同观点，有的 ESG 投资人说：应该将 ESG 和伦理分开来看，伦理因素只是 ESG 的一种；公司行为和公司所在国行为也不能等同。

这个问题，我比较赞同后者。大家都知道刻舟求剑的故事。我们可以把 ESG 比喻为在船上划刻度，船不动，刻度是准的；船一动，刻度就没有意义了，因为刻度变化的幅度和船动的幅度完全不是一个数量级。

愿战争早日结束。

（本文首次发表于 2022 年 3 月 8 日“郭沛源说 ESG”公众号）

ESG 评级是垃圾吗？
——对马斯克的回应

最近马斯克炮轰了 ESG 和 ESG 评级。他说：ESG 是魔鬼的化身（ESG is the Devil Incarnate），然后又说 ESG 评级是垃圾（ESG ratings make no sense）。上周国内媒体报道此事，有朋友就转给我，问我意见。我的意见很简单：ESG 评级不完美，但不可缺。

我到英文网站看了看，发现马斯克这句话是 4 月时说的，但为什么隔了一个月才发酵呢？原来是特斯拉（TESLA）在 5 月初的时候发布了年度影响力报告（impact report，可以理解为 ESG report 的一种）。TESLA 向来特立独行。一般公司 ESG 报告的序言都是公司高管的高大上陈述，但 TELSA 这份报告的序言却是火力十足。

序言观点旗帜鲜明。TESLA 认为时下的 ESG 评估方法有重大缺陷，更多是评估风险，而不是衡量公司创造了多少社会价值（Company Impact）。因此，传统燃油车公司只要做出些微努力，减少碳排放，ESG 评级就能显著提升。这样的评级方法让 TESLA 很受伤，以致连石油公司的 ESG 评级都比 TESLA 要高。因此，TESLA 主张要重塑 ESG 的评价方法。

这份报告出来之后就引起关注，人们又挖出了马斯克 4 月对 ESG 这个评论，很多新闻便拿马斯克的话当了标题。

那么，序言的观点有没有道理呢？我觉得是有一些道理的，但如果据此就全盘否定当下的 ESG 评级，就太以偏概全了。我赞同日本政府养老投资基金（GPIF）的原首席投资官 Hiro Mizuno 的观点，他认为：TESLA 不是声讨 ESG 投资，而是敦促 ESG 评级机制能更公平对待公司的积极影响和消极影响，当下的评级机制对降低消极影响的权重较大，而对创造积极影响的权重较小。

要理解这一点，就要回溯 ESG 评级的发展历史。为什么要有 ESG 评级？ESG 评级的方法论在 ESG 这个词还没有出现的时候就已经存在，那时候 ESG 还叫社会责任投资（SRI）或伦理投资（Ethical Investment）。ESG 评级之所以存在，是市场需求的结果。因为投资者不太愿意看长篇大论的 ESG 报告和不够结构化的原始信息，所以 ESG 评级机构将公开信息做二次加工之后，形成结构化的数据，给投资者特别是 ESG 投资者参考。因此，ESG 评级存在有合理性，可以有效降低 ESG 投资的信息成本。TESLA 的影响力报告有 144 页英文，有多少人愿意从头读到尾呢？大概只有两类：一是写这份报告的人；二是 ESG 分析师。

主流的 ESG 评级通常是指标权重法，即对环境、社会和公司治理三个一级指标细分若干二级指标和三级指标，ESG 分析师根据一定的评分方法对指标赋值，然后结合指标权重计算出一个得分，就对应一个评级。譬如，商道融绿的 ESG 评级分为 A+、A、A−、B+、B、B−、C+、C、C−、D 共十个等级。这类方法也是从 SRI 时代就流传下来的，比较通用，也易于理解。ESG 评级强调全面性，即评估指标要涵盖方方面面。可能有的投资者关心气候变化，但也可能有的投资者关心劳工问题，ESG 评级都要覆盖到。这样做有合理性，但随之而来的问题是每个指标能分配到的权重很小，譬如气候变化这类指标，可能在 100 分中只能占几分。这就是 TESLA 鸣不平的一个重要原因：即便碳排放这个指标的评分 TESLA 远超其他公司，但如果其他指标不够好，综合得分也不能排第一。MSCI 给 TESLA 的 ESG 评级是 A，其实也不低了（估计马斯克的预期是 AAA 吧）。从网上公开的数据看，拉 TESLA 后腿的两个指标是产品安全与质量、劳工管理。

ESG 评级方法的另一个常见特征是普适性，即评估指标要照顾到行业内多数公司的情况。TESLA 是被归到汽车行业的，这里自然包括传统车企和造车新势力，评估指标要兼顾两者，且传统车企占比更多，所以可以认为指标设置对传统车企会更友好一些。普适性还带来另一个问题，即要考虑到行业中优良中差各种表现的公司，既不能只照顾优等生，也不能只照顾差等生。在现实世界中，从平均意义来看，不管是早期的 SRI 还是现在的 ESG，对上市公司的 ESG 评估重点确实是先管控好负面，再来看正面（社会价值）。为什么？还记得 Google 的口号吗？“不作恶（don’t be evil）”。先管控好负面，再来看正面，这是世界的现实。这也是 TESLA 所抱怨的问题，但这个问题不容易解决。我们可以假想，如果 ESG 评级方法显著增加积极影响的权重，可能的结果是很多传统公司的得分就拉不开差距了，因为他们的 ESG 差异主要体现在对负面影响的管控之中，这样就会有更多公司批评 ESG 评级 make no sense 了。

综上，ESG 评级不完美，但不可缺。我的观点很明确：ESG 信息披露及 ESG 评级是 ESG 投资发展的重要基础设施。在中国，两者都还要大力发展。

马斯克的抱怨不无道理。但就如同我们说高考，高考不完美，但高考的作用也不可置疑。不能因为某人高考综合成绩不好，就对高考全盘否定。

不过，这也不能作为 ESG 评级机构不求进取的借口。事实上，ESG 评级也在不断演进，以在一定程度上缓解前述问题。譬如，为了突出积极影响，有的评级机构会列出公司的绿色收入的占比。商道融绿的 ESG 评级也增加了“ 友好型产品”的数据。此外，我们也会与 ESG 投资者沟通，更灵活、有效地运用 ESG 评级数据。譬如有的投资者很关注气候变化，完全可以划定一个 ESG 评级的门槛（最低线），超过门槛的上市公司可以进入股票池，然后投资者可以对进入股票池的公司重点分析气候变化甚至碳排放这一个指标。这样做便也可以在一定程度上解决 TESLA 提出的问题。

这不是和高考录取很像吗？过了分数线，考生可以投档。高校也有一定灵活性，可以根据自己的偏好录取学生，甚至有些偏科的学生也可以被破格录取。而且，有的高校还通过提前的夏令营来评估学生，在录取时予以优先。在 ESG 领域，这叫 Engagement。

总之，高考只能照顾多数人，不能照顾天才。对天才公平，反而会造成对多数人不公平。ESG 评级亦然。

（本文首次发表于 2022 年 5 月 14 日“郭沛源说 ESG”公众号）

ESG 评级如何应用到专精特新企业

ESG 和专精特新是当下两个热点，发展迅速。ESG 投资这些年都在持续增长，越来越多大型金融机构践行 ESG 投资理念；专精特新企业的数量也在快速增长，逐渐形成创新型中小企业、专精特新中小企业、小巨人企业和冠军企业的序列。

近日，我参加了由工业和信息化部主办、专精特新冠军服务平台承办的“2023 中国专精特新冠军国际论坛”，以“中小企业 ESG 评级助力专精特新持续发展”为主题做了发言，主要介绍了中小企业的 ESG 评级该如何评的问题。本文根据发言内容整理，有增删。

ESG 与专精特新

所谓“专精特新”，即专业化、精细化、特色化、新颖化。专精特新企业往往专注在产业链某个环节，聚焦主业，创新能力较强。相对来说，专精特新强调硬技术更多一些，以此来解决我们国家发展中一些“卡脖子”的关键问题。ESG 则偏软管理更多一些，可以给专精特新企业一个可持续发展的视角，促使他们在经营中不仅关注当期的利润，还注重长期的可持续发展。因此，专精特新和 ESG 可以被视为互相促进的两个方面，支持中小企业的可持续发展。具体地说，ESG 对专精特新中小企业产生的价值主要有三方面。

1. 多利益相关方视角

ESG 鼓励企业与各利益相关方进行积极的沟通和合作。在专精特新企业的经营过程中，不仅要对股东负责，还应对供应商、客户、员工和社区等利益相关方负责。通过与多利益相关方的积极互动，企业可以更好地了解和满足各方的需求，还可以加强风险管理和应急预案，预防和减少潜在的“黑天鹅”事件给企业造成的损失，提升企业韧性。

2. 满足客户 ESG 要求

专精特新企业服务对接的客户都是比较大的企业，而目前越来越多的大企业都开始重视 ESG，并发布企业的 ESG 报告，因此能够在 ESG 方面表现出色的中小企业通常更容易获得合作机会。中小企业如果在 ESG 方面表现出色，如能够提供符合 ESG 法规和准则的产品或服务，并能提供相关的 ESG 报告和数据，则更有可能与大企业特别是上市公司、国有企业、跨国公司建立合作关系。

3. 满足上市 ESG 要求

现在境内外很多证券交易所都十分重视 ESG。专精特新企业如果能提前做好 ESG 的管理工作，可以更好地满足证券交易所对 IPO 企业的 ESG 要求，吸引 ESG 投资者的关注。

中小企业 ESG 评级

传统的 ESG 评级主要是面对上市公司的，非上市公司特别是中小企业被 ESG 评级覆盖的数量较少。原因是投资者的需求不多；二是信息可获得性较弱，评级方法不能照搬上市公司的。目前商道融绿正在研发适用于中小企业的 ESG 评级体系，对传统的、面向上市公司的 ESG 评级方法做简化，结合中小企业发展阶段和行业特点，抓关键指标、找替代指标、优化评估流程、提升智能化水平。简述如下：

1. 抓关键指标

考虑到中小企业的数据收集和报告能力有限，没有那么完备的 ESG 体系和数据，评级方法可以采用简化的指标体系，着重关注关键的 ESG 指标，如环境影响、员工福利、治理结构等。简化的指标体系有助于减少评级过程中的数据收集和报告负担。

2. 找替代指标

对于中小企业缺乏某些关键指标数据的情况，可以考虑使用替代指标来评估其 ESG 表现。例如，可使用行业平均数据作为替代指标，或者使用可获得的非财务数据，如员工培训小时数、产品质量认证等。

3. 优化评估流程

为了降低评级过程的复杂性和负担，应该采用简化的评估流程，尽量避免烦琐的步骤和要求，以便中小企业能够更轻松地参与和完成评级过程。优化评估流程时，可以鼓励中小企业利用已有的数据，如财务报表、员工培训记录、环保合规文件等，以减少数据收集的负担。

4. 提升智能化水平

中小企业数量数以万计，比上市公司要多得多，因此 ESG 评级的工作量也要大得多。通过自动化系统和数据算法，可以减少人工工作量，还可以提高数据的准确性和可靠性。

下一步工作建议

中小企业是我国经济的重要组成部分，贡献了 50% 的税收、60% 的 GDP、70% 的技术创新、80% 的就业。因此，促进中小企业 ESG 发展有重要意义。专精特新中小企业是优质企业，预计今年全国各级各类专精特新中小企业数量将超过 8 万家。中小企业的 ESG 工作可以从专精特新企业这个群体开始。具体建议如下：

1. 设定标准：建立完善中小企业 ESG 评级方法和评级体系

监管部门可以推动制定针对中小企业的 ESG 评价标准，以确保评级的一致性和可比性。目前需要去探索研发中小企业包括专精特新企业的 ESG 评级方法和体系，并在行业内部形成共识，以建立一个广泛认可的标准框架。

2. 试点评估：对专精特新企业特别是冠军企业进行 ESG 评估

通过在一些中小企业开展试点评估，可以评估不同评级方法的可行性和效果，并根据试点结果不断完善和调整评估方法。试点评估还可以帮助中小企业了解其 ESG 表现的现状和改进方向，并引导其在 ESG 领域的进一步发展。

3. 激励机制：配套相关激励政策，鼓励专精特新企业提升 ESG 绩效

政府可以出台激励政策，鼓励中小企业积极参与 ESG 评级，并给予一定的奖励和支持。资本市场和大型企业作为价值链中的“链主企业”，也可以将 ESG 评级作为合作的重要考量因素。商业银行则可以通过贷款利率和额度等方面的优惠，激励中小企业提升 ESG。

4. 能力建设：组织专精特新企业学习 ESG

政府、行业协会和专业机构可以开展针对中小企业的 ESG 培训和能力建设活动，提供 ESG 知识和实践经验分享，帮助中小企业理解和应用 ESG。此外，咨询机构也可以通过提供专门咨询服务，协助中小企业建立完善 ESG 信息披露和管理体系。

（本文首次发表于 2023 年 6 月 12 日“郭沛源说 ESG”公众号）

资本温柔：贝莱德从 Proxy Voting 到 Engagement

每年 1 月，通常都能读到贝莱德集团（BlackRock）首席执行官 Larry Fink 给上市公司（被投企业）CEO 的一封公开信。过去几年，这封信的内容都与 ESG 有关。

今年还没看到这封信。BlackRock 网站上刊登的是 Larry Fink 在去年 11 月写的一封关于股东投票权的公开信。我认真读了一遍，内容也与 ESG 相关，刚好以此为题写本周的评论。

Proxy Voting

Larry Fink 这封信题为“Proxy Voting：The Transformative Power of Choice”，意即“代理投票：选择权的变革”。代理投票，也称委托投票，指股东将自己在公司股东大会上的投票权委托给他人代表自己行使投票权的一种方式。在欧美资本市场，股东行使投票权发出自己的声音，运用代理投票收集足够委托投票权实现自己的意图，是很常见的操作。在同股同权的情况下，股东投票也可以认为是股东民主的表现：一人一票来共同决定公司的重大决策。

以往，基金公司等资管机构往往会代表出资人行使投票权，因为购买基金的散户乃至机构都很难直接参与到基金公司所持有的上市公司的投票活动中。另外，一般来说，行使投票权的往往被认为是积极投资者，他们比较愿意参与所持有的上市公司的公司治理；被动投资者是很少甚至很难参与投票的，因为诸如 ETF 指数基金这样的投资者，持股极其分散，从难度和效果看，参与上市公司的股东投票活动不太现实。而且，即便指数投资者对指数某个成份股不满，也无法随心所欲地将其从指数中剔除。

Larry Fink 信中所说的“变革”就是针对这两个问题。BlackRock 在一年多之前推出了 Voting Choice（投票选择）工具，BlackRock 的资管客户可以通过这个工具直接参与代理投票权的选择。通过技术改进，Voting Choice 也可以让指数股票的资管客户参与投票，发表自己对所持有股票的公司治理的看法，这在以往是很难的。按照 BlackRock 披露数据，到 2022 年 11 月，几乎一半的指数股票客户有资格选择 Voting Choice 行使股东权力，其中 25% 的客户已经加入，代表 18 万亿美元的资产。Larry Fink 指出，Voting Choice 的努力方向是扩大适用范围，尤其是让个人投资者也能参与其中，目前正在英国试点。

Larry Fink 对 Voting Choice 这一工具寄予重望，认为可以让投资者（指真正的资产所有者，而非资管机构）更深入、更直接地与所投资的公司产生连接，并就公司治理的问题发表看法。他认为，上市公司与股东之间的沟通是现代资本市场的基础要素之一。诸如 Voting Choice 这样的技术革新，可以强化双方的沟通。虽然这场股东民主的变革可能要耗时多年，但一旦实现，便可加强资本市场的根基。

ESG & Proxy Voting

在责任投资中，代理投票一直扮演重要角色。在 ESG 一词还没出现之前，欧美的社会责任投资（SRI）一般有“三大法宝”，即筛选（包括正面筛选和负面剔除）、积极股东主义（Shareholder Activism）和社区投资。这里所说的积极股东主义，就是投资者通过行使代理投票权向上市公司董事会和管理层施加压力，促进上市公司关注特定的环境议题和社会议题。2011 年，我在《上海证券报》发表过一篇文章，提到美国社会责任投资基金 Calvert 曾专门成立了名为 SAGE（以沟通促持续）的基金产品，尝试以股东身份与公司董事会及管理层进行对话，引导其走向可持续发展。这只基金在 2016 年被并入 Calvert 其他基金了，所以查询不到其历史业绩。

这几年 ESG 风头正劲，ESG 议题也越来越多地出现在股东大会中。譬如，过去两年巴菲特股东大会上就都有关于 ESG 的议题，只不过结果都以失败告终。根据美国大企业协会（Conference Board）与 ESGAUGE 等机构的统计，以 Russell 3000 成份股为样本，过去两年，社会和环境类的议题显著增加，但在股东大会中获得的支持水平出现下降。美国大企业协会分析认为，这与多重因素相关，特别是 ESG 提案质量及与公司业务的相关性（也就是我们常说的实质性）；与之相对，与高管薪酬相关的提案数量不多，但很容易获得股东支持。他们预期，2023 年的情况也差不多，反 ESG 的提案会有零星出现，而气候相关的提案则会增加。

从 Proxy Voting 到 Engagement

近年来，代理投票的实践也发生了一些变化。头部资管机构越来越多地采取股东参与（Shareholder Engagement）这种形式与上市公司董事会和管理层沟通。这也被称为投后督导和尽责管理（Stewardship），商道融绿和 China SIF 发布的《中国责任投资十大趋势 2023》将之纳入为趋势之一，不少市场的监管机构或行业协会已经出台了尽责管理指引（Stewardship Code），中国保险资产管理业协会去年发布了《ESG 尽责管理倡议书》。

BlackRock 也将 Engagement、Stewardship 和 Proxy Voting 糅合在一起。其专门针对中国市场发布了《中国上市公司股东大会投票指引》，主标题为《贝莱德尽责管理》。

这份文件写道：

> 贝莱德认为与投资公司进行沟通是一项重要的活动……这种沟通使我们有机会进一步了解公司的商业运营情况，以及与其经营有实质性相关的风险和机遇……是我们针对公司相关做法和信息披露提供反馈的一个重要机制……也为我们提供了一个可以直接听取公司董事会和管理层意见的机会……我们通常投票支持管理层和董事会与为股东创造持久的长期价值相一致的决策方案。如果我们对公司的做法有疑虑，我们可能会选择向公司董事会和管理层解释我们的期望。在与被投资公司进行沟通之后，我们可能会通过投票表示我们对尚未解决的问题的疑虑，通常是投票反对我们认为对某个问题负有责任董事的连任。

这段文字很清楚地解释了 Engagement 的意义以及 Engagement 和 Proxy Voting 之间的关系。简单地说，Engagement 是一种双向式的沟通，可以增进互信，资管机构希望很多问题可以通过沟通来解决，特别是让公司董事会和管理层能有效回应资管机构的关切；当有些问题无法通过沟通解决之时，那就通过投票来表达意愿。文件没有提及，如果投票失败怎么办。我认为，如果涉及核心关切却无法改变，主动投资者有可能会沽清离场，也即所谓的“用脚投票”。

与“用脚投票”相比，Proxy Voting 要略温柔一些，可以称之为“用手投票”；而 Engagement 则比 Proxy Voting 的“用手投票”更温柔，可以称之为“用口协商”。不难看出，从 Engagement 到 Proxy Voting，有点“先礼后兵”的味道，有事先协商，协商不成再兵戎相见。看上去，资本变得温柔了。

这与近些年来指数投资者迅速增长有关。据统计，美国积极管理的基金公司持有一只股票的平均时长为 18 个月，而指数投资者持有的平均时长为 20 年。因此，既然不能“说分手就分手”，那最好“有事多商量”。

中外差异

在国际上，Proxy Voting 已经发展了数十年，甚至已经细分出专门给机构投资者提供投票建议的数据和咨询机构；Engagement 的发展也有十来年，头部资管机构大多都会应用这一方法。在境内市场，不管是 Proxy Voting 还是 Engagement，市场实践不多，对不少投资者来说这些方法都是陌生的。

去年底，商道融绿、China SIF 和南方基金开展了一项资产所有者的 ESG 调查，形成《资产所有者责任投资调查报告》。结果发现（见下图），境内外资产所有者在运用 ESG 投资方法方面，差异最大的就是 Engagement，即与被投对象进行沟通，要求其提升 ESG 管理水平。

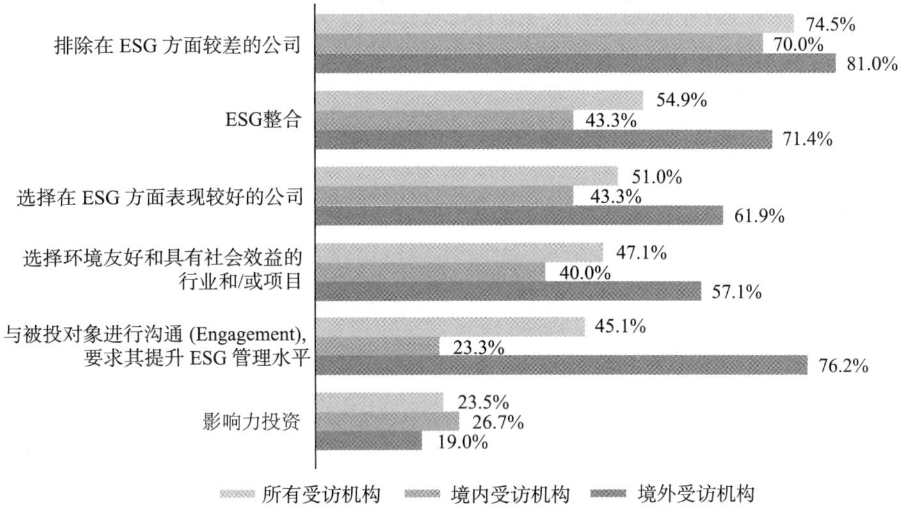

图　在中国投资中常用的责任投资方法

形成这一差异的因素比较复杂，既有文化层面的因素，即我们更习惯单向说教，而不擅长双向沟通；也有市场结构的因素，不少大型上市公司的控制权集中，无论是协商还是投票，都不一定有用。

但伴随着资本市场开放的步伐，这个差距是要弥合的。我们的机构投资者应该积极了解如何运用 Engagement 的方法来做 ESG 投资；我们的上市公司也应该积极了解如何回应外资机构投资者的 Engagement 的沟通问询，特别是关于 ESG 方面的，这是投资者关系管理的一个新课题。

（本文首次发表于 2023 年 2 月 26 日“郭沛源说 ESG”公众号）

《罗刹海市》恰似美国的 ESG 市场

最近刀郎的新歌《罗刹海市》(收录在专辑《山歌寥哉》中)引爆乐坛，单曲播放次数据说已经达到百亿次，创下历史纪录。

我对歌词的八卦没什么兴趣，倒是想起这首歌所说的聊斋故事。小时候看过《聊斋》，比起《画皮》《促织》这些脍炙人口的故事，《罗刹海市》这个故事给我留下的印象不深。不由得复习了一遍《罗刹海市》原文。

《罗刹海市》大意是讲一个叫马骥的生意人，长得俊俏。书上说的是“美丰姿，少倜傥，喜歌舞”。马骥意外流落到大罗刹国。这个地方很特别，以丑为美，越丑越能当领导。后来马骥把自己抹成张飞模样，竟然得到国王重用。再后来，马骥到海市游玩，机缘巧合到了水国，水国的审美回归常态，水国领导“龙君”把女儿许配给俊俏的马骥，之后马骥在老婆的帮助下回到中国。

和其他聊斋故事一样，《罗刹海市》这个故事也充满了各种隐喻。罗刹国和水国，代表了两种审美观，一种以丑为美，一种以美为美。这个美，其实是以蒲松龄的审美观为参照的。主人公马骥，长得俊俏，在水国受欢迎，而在罗刹国被当成妖怪，不得不把自己打扮得面目狰狞，以博取好感。蒲松龄谓之“花面逢迎”。

无论是聊斋的故事还是刀郎的歌，都是对社会现实的讽刺。社会应该对何为美、何为丑有高度共识，否则就会出现美丑不分、是非混乱的状况。这听起来容易，做起来很难。所以蒲松龄说，“嗜痂之癖，举世一辙”，意即“颠倒美丑、曲意逢迎的怪癖，天下都有”；刀郎的歌词最后也写了一句“那马户又鸟是我们人类的根本问题”。

这让我想起最近看到美国 ESG 市场的撕裂。此前我已经写过关于美国市场的评论，包括《拜登首次行使否决权，支持 ESG 规定》《美国 ESG 之争正沦为两党之争》。最近，这种情况有愈演愈烈之势。上月底，美共和党人通过美国众议院金融服务委员会提出一系列立法建议，目的是阻止 ESG 的发展，包括降低对上市公司气候相关信息披露的要求等。

在美国各州，ESG 争议也是此起彼伏。根据摩根路易斯律所统计，截至 7 月中旬，美国有 20 个州采取了反对 ESG 的政策法规；有 8 个州采取了支持 ESG 的政策法规。另外还有 75 项反对或支持 ESG 的政策法规仍在流程之中，分布在 41 个州。在有的州（如得克萨斯和纽约），是既有支持 ESG 的政策法规，也有反对 ESG 的政策法规，相当撕裂。

同样是美国市场，同样是 ESG，一边认为 ESG 扭曲自由市场，另一边则认为不让 ESG 发展才是干预自由市场。这真是很魔幻。

乱局之中，机构投资者可谓左右为难。在《罗刹海市》里，马骥可以在罗刹国和水国采取完全不同的策略，在罗刹国打扮为丑人，到了水国再变回原来面目。但美国的机构投资者没办法在一个州力挺 ESG，却在另一个州抨击 ESG。怎么办？恐怕只能闭口不谈了。所以，贝莱德的 CEO 芬克说，将不再使用 ESG 这个词，因为它已经被“武器化”。贝莱德并非个例，根据研究机构统计，在标普 500 公司中，只有 74 家在 2023 年第一季度业绩会上提及 ESG，而在 2021 年第四季度这个数字是 156 家，下滑明显。

本质上，美国市场的 ESG 争议是党派之争，是由党派立场来决定 ESG 立场的。可以预见，这场争议至少会持续到 2024 年的大选。

必须看到，美国市场的 ESG 争议和世界其他市场出现的争议有着本质差异。因此，即便近邻如加拿大，也不太会被“传染”。所以，总部不在美国的机构投资者可以松一口气。

（本文首次发表于 2023 年 8 月 7 日“郭沛源说 ESG”公众号）

ESG 变成脏话?

前些天,《华尔街日报》刊发了一篇文章,标题是《ESG 已经变成一句最新的脏话》,不少人转发。我也仔细读了该文章,内容并无太多新意,无非是说 ESG 在美国不香了。类似的争议从马斯特批判 ESG 之后就没有停过(详见《ESG 评级是垃圾吗?——对马斯克的回应》)。我觉得这篇文章有“标题党”之嫌,所以我也特意起一个“标题党”的题目(尽管不是我喜欢的风格),要“用魔法来打败魔法”。

深究起来,ESG 变成脏话也会产生歧义:变成脏话之后,是越来越少人说,还是越来越多人说?要知道,脏话往往是最最激烈情绪的表达。当一个词语变成脏话,表面上看是在正式场合消失了,实则是更深入了人心了,特别是茶余饭后之时,毕竟“成年人谁不说几句脏话呢?”从这个角度上说,ESG 变成脏话也不一定就是坏事。《华尔街日报》的文章也隐晦地说:企业高管改用诸如“负责任商业”之类的词来描述企业此类行为(ESG 行为),因为“你可以反对 ESG”,但“你不能反对责任”。国内媒体转述的时候常常忽略了这一点。

言归正传。

本文旨在重申几个观点,以便读者客观了解 ESG 的形势与走势。

第一,ESG 投资在美国确实是争议不断、规模缩水。

根据 GSIA 最新统计,美国市场的相关资产规模从 2020 年的近 12 万亿美元跌至 2022 年的 8.4 万亿美元,与 2016 年的规模(8.7 万亿美元)相当。从本质上说,这是美国市场 ESG 政治化和武器化的结果。民主党支持的,共和党必然反对;交锋最激烈之时,还迫使美国总统动用了第一次否决权。关于这些问题,我已写过多篇评论,不再赘述。这个局面暂时无解,2024 年这种两极分化的情形只会愈演愈烈。

第二,除美国外的主要发达国家市场总体保持增长。

同样也是根据 GSIA 的统计数据,除美国外的主要发达国家市场(欧洲、加拿大、澳大利亚、新加坡、日本)的相关资产规模保持增长。2016 年、2018 年、2020 年、2022 年的规模总和分别为 14.1 万亿美元、18.7 万亿美元、18.2 万亿美元、21.9 万亿美元。这主要得益于欧洲市场的回暖。2019 年,欧盟推行 SFDR 指令、打击“漂绿”，市场应声缩水，2020 年欧洲市场的相关资产规模从 2018 年的 14 万亿美元跌至 12 万亿美元。但两年之后的 2022 年，欧洲市场止跌回升至 14 万亿美元。这说明欧洲的金融机构已逐步熟悉 SFDR 规则，把“漂绿”的法律和声誉风险降低到可控水平。

第三，中国金融市场与欧美市场存在结构性差异，在中国市场谈 ESG 不能脱离绿色信贷这个大背景，中国的 ESG 发展总体还处在上升阶段。

从最新发布的统计数据看，中国绿色信贷的规模还在延续快速增长态势：中国人民银行数据显示，2023 年末，本外币绿色贷款余额 30.08 万亿元，同比增长 36.5%；国家金融监管总局数据表明，2023 年末，21 家主要银行绿色信贷余额达到 27.2 万亿元，同比增长 31.7%。

当然，信贷市场和资本市场是两个市场，风险属性迥异。因此，信贷市场的规模和增速不会以 1∶1 的比例传递到资本市场。然而，两个市场规模差异实在太大：绿色信贷 30 万亿元、绿色债券 2 万亿元、泛 ESG 基金 5000 亿元。只要绿色信贷市场产生一点“外溢效应”，对 ESG 就是重大利好。实践中已经实现了绿色信贷资产的证券化（即绿色 ABS），打通了绿色信贷和绿色债券，央行 2021 年的《银行业金融机构绿色金融评价方案》也将银行发放绿色信贷和投资绿色债券等权重处理，这些措施对促进绿色债券市场有很积极影响；往后或许可以考虑如何在风险可控的前提下打通更多的跨市场通道。

第四，关于 ESG 财富效应的问题，要改变的不是 ESG 理念，而是 ESG 的投资方法。

正如股价波动受到多重因素影响，ESG 投资回报也是如此。过去二十年，学界和业界有非常多的研究，分析 ESG 和 CFP（公司财务绩效）之间的相关性，有正相关，也有负相关，还有不相关；总体上看是正相关多、负相关少。如果按“先有观点再找论据”的逻辑，总是能找到支持的数据的。譬如，摩根士丹利还发布了一份研报，指出 2023 年上半年，可持续投资基金的回报率（6.9%）要高于传统的投资基金的回报率（3.8%）。

因此，我认为还是要回归到问题的原点：ESG 对企业、商业、投资意味着什么？我的看法是，最底层的逻辑是在当前的社会、经济环境下，非财务因素对企业经营的影响已经不可忽视。因此，全面判断一家企业的价值，务必把财务因素和非财务因素综合起来判断。但如何“综合”、如何“判断”，就既有科学成分，也有艺术成分了。所以，如果 ESG 没有产生足够好的财务效应，应当做的不是丢掉 ESG 理念，而是寻求改进 ESG 投资方法的有效性。

上周，每日经济新闻举办 ESG 传播的活动，我去领了个“年度贡献个人奖”，也参加了圆桌对话。对话主题是关于 ESG 传播的，我呼吁大家在讨论和传播 ESG 的时候要注意科学性和建设性。ESG 包含的内容很多，我们要科学、理性分析，要透过现象看本质，不要人云亦云。ESG 是新生事物，必然存在各种问题，我们可以多从建设性角度出发，而不是一味批判。

（本文首次发表于 2024 年 1 月 29 日“郭沛源说 ESG”公众号）

为何 ESG 在特朗普 1.0 时代不降反升？

特朗普与拜登的 ESG 态度

毫无疑问，特朗普和拜登在 ESG 问题上的立场截然不同，这反映了美国民主党和共和党在这一问题上的深刻分歧。共和党普遍反对 ESG，而民主党则持支持态度。这种分歧在美国各州间也有所体现，一半的州支持ESG，另一半则持反对态度。

过去几年，这种矛盾已经非常显性化，突出表现为美国劳工部和证券交易委员会的法规争端。2022 年 11 月，美国劳工部拟允许养老金管理人在投资决策中考虑 ESG 因素，但 2023 年 2 月，美国参议院推翻此规定，主张在养老金管理中禁止考虑 ESG。2023 年 3 月，拜登行使了总统任期内首次否决权，支持美国劳工部的 ESG 规定。在资本市场，美国证券交易委员会（Securities and Exchange Commission，SEC）2022 年发布上市公司气候信息披露草案，历时两年才在 2024 年 3 月获得通过。据美联社报道，SEC 的 3 名美国民主党委员投出赞成票，2 名美国共和党委员投出反对票。即便如此，因多州提出诉讼，SEC 不到一个月就被迫暂停新规。

总之，ESG 在美国已不再是科学问题，而是政治问题。科学问题有客观准确的答案，但政治问题就不一定了，往往是立场决定答案。

特朗普 2.0 时代的可能行动

特朗普当选美国总统后，预计将采取一系列行动，包括退出《巴黎协定》、削减气候法规等。这些行动将影响全球 ESG 的发展和应对气候变化的进程，特别是导致全球碳排放增加。有机构碳简报（Carbon Brief）预测，特朗普 2.0 时代开启将会为全球带来 4 万亿吨的碳排放增量，这是一个巨大的数字（有夸大之嫌，毕竟全球每年碳排放量也就 400 亿吨）。

已宣布任命的内阁成员也反映出特朗普的态度。例如，他提名的能源部部长是化石能源的支持者，是美国页岩革命的先行者之一；环境署署长则主张在保护环境的同时，确保企业不受影响；还有教育部长麦克马洪，主张家长应该拥有对子女教育的最终决定权，学校和教师不能在未经家长同意的情况下，向孩子灌输暗示他们可能属于错误的性别。这也意味着，多元包容（Diversity，Equity，and Inclusion，DEI）的问题在特朗普 2.0 时代将承受较大的政策压力，不会有大的发展。这一点马斯克是绝对的支持者。

关于对新能源行业的补贴，即拜登政府推出的通胀削减法案（Inflation Reduction Act，IRA），则要具体措施具体分析。一方面，特朗普是倾向于取消补贴的，以资助其减税计划。另一方面，IRA 也为共和党支持者较多的州带来实惠，若取消 IRA，则这些州的共和党议员可能会提出反对意见。

潜在影响及市场反应

毋庸讳言，特朗普 2.0 时代对 ESG 的总体影响是不利的。美国国内 ESG 的两党对立必将加剧，政治和法律风险也会上升。但是，美国的 ESG 争端主要局限在国内，外溢效应有限。从过往的历史数据看，美国两党之争并未影响到邻近的加拿大，更不用说欧洲和中国。中国 ESG 发展的主要影响因素仍是中国的绿色金融政策。

在此政策环境下，美国资管机构会对 ESG 更加小心谨慎。这不意味着资管机构的 ESG 投资策略会有本质变化，但他们往往会选择换一种表述方式，或者宁愿不说。贝莱德在官网上已经不提 ESG 了，取而代之的是可持续发展和低碳转型。澳大利亚负责任投资协会（Responsible Investment Association Australasia，RIAA）也认为，美国的投资者在谈论更广泛的风险分析时使用了稍微不同的语言；他们不再称之为 ESG 或设立 ESG 团队，因为在某些领域这个缩写似乎已经不受欢迎。

投资银行 Jefferies 还提出颇具风险意识的建议：所有 ESG 基金经理都应在团队中配备一名律师，或者确保随时可以联系到律师。该机构认为，ESG 领域的资产管理公司仍面临较高的反垄断风险，随着一些州实施反 ESG 法律，关于受托责任的法律风险将持续存在。

不过，特朗普 2.0 时代也会刺激欧洲国家政府和国际 NGO 加大对 ESG 和气候变化的投入，以弥补美国政府后撤腾出的空间。这在特朗普 1.0 时代曾经出现过。

为何 ESG 在特朗普 1.0 时代不降反升

在直播课中，我提出了一个很值得思考的问题：为何 ESG 在特朗普 1.0 时代不降反升？

大家普遍认为，因为特朗普反对 ESG、反对应对气候变化，所以 ESG 投资规模会下降、碳排放会上升。但市场数据却给出了完全相反的结果。

根据美国 US SIF 的数据，美国的责任投资（ESG）规模在特朗普 1.0 时代前夕（2016 年）是 8.7 万亿美元，到任期结束时（2020 年），规模猛增 1 倍至 17 万亿美元，达美国 ESG 史上最高。类似地，根据英国石油公司的数据，美国的碳排放量从 2017 年到 2020 年分别为 50.0 亿吨、51.7 亿吨、50.3 亿吨、44.6 亿吨，四年合计排放 196.6 亿吨，较上一个四年下了降约 11.2 亿吨，降幅为 5.4%。

显然，特朗普是不会主动扶持 ESG 和主动减碳的，但为何会出现这样的结果呢？

所以，世事无绝对。虽然特朗普不爱 ESG，但美国 ESG 会如何走，还可以再耐心观察观察。

（本文首次发表于 2024 年 12 月 1 日“郭沛源说 ESG”公众号）

特朗普 2.0 引发的退群现象及影响

1 月 20 日，特朗普一上班就努力工作，签批了一堆文件，包括退出《巴黎协定》和世界卫生组织（World Health Organization，WHO）。八年前，特朗普第一次入主白宫，已经退过一次，世人已经见怪不怪；而且，特朗普早就预告过要退群，所以这也不算意外。

不过，这只是特朗普 2.0 引发的退群现象的最新一例。近一个月，不少美国机构退出了绿色金融的朋友圈，包括：高盛银行、富国银行、花旗银行、美国银行、摩根士丹利、摩根大通退出净零银行联盟（Net-Zero Banking Alliance，NZBA），贝莱德退出净零排放资产管理者联盟（Net Zero Asset Managers，NZAM），美联储退出中央银行与监管机构绿色金融网络（Network for Greening the Financial System，NGFS）。

· 2025 年 1 月 20 日，美国退出《巴黎协定》；
· 2025 年 1 月 17 日，美联储退出 NGFS；
· 2025 年 1 月 10 日，贝莱德退出 NZAM；
· 2025 年 1 月 7 日，摩根大通退出 NZBA；
· 2025 年 1 月 2 日，摩根士丹利退出 NZBA；
· 2024 年 12 月 31 日，美国银行退出 NZBA；
· 2024 年 12 月 31 日，花旗银行退出 NZBA；
· 2024 年 12 月 20 日，富国银行退出 NZBA；
· 2024 年 12 月 6 日，高盛银行退出 NZBA。

究其原因，我认为这些机构并不是要向特朗普示好，而是极为担心在美国做 ESG 可能引起的法律诉讼风险。去年 12 月 13 日，美国众议院司法委员会发布了一份调查报告，指责支持气候变化的机构投资者重组埃克森美孚公司的董事会，迫使其承诺应对气候变化。这估计让机构投资者闻到了火药味。据媒体报道，贝莱德提到他们因为 NZAM 成员资格导致外界对其业务产生困扰，使其遭到各种公职人员的法律询问。

客观地说，这些大型机构退群必然会产生不好影响，净零联盟纷纷表示遗憾和失望。这些联盟都是以做出净零承诺的金融机构作为成员单位，所以他们比较担心美资金融机构的负面情绪会蔓延开来，因此已经开始采取措施应对（如下文）。比如 NZAM 和 GFANZ（Glasgow Financial Alliance for Net Zero，格拉斯哥净零金融联盟）正在考虑调整机构的运作方式。

Recent developments in the U.S. and different regulatory and client expectations in investors' respective jurisdictions have led to NZAM launching a review of the initiative to ensure NZAM remains fit for purpose in the new global context.

（美国近期的动态以及各地监管机构和客户在不同司法管辖区的期望，促使 NZAM 启动了对该倡议的审查，以确保 NZAM 在新的全球背景下仍然符合其目标。）

GFANZ will transition to an independent Principals Group, led by CEOs and leaders from financial institutions acting to address barriers faced in mobilizing capital for the transition around the world–including sovereign wealth funds, financial institutions, and market participants in countries with longer transition pathways.

（GFANZ 将过渡为一个独立的首席执行官小组，由金融机构的首席执行官和领导者主导，致力于解决全球范围内在动员资本以支持过渡过程中所面临的障碍，包括主权财富基金、金融机构以及处于较长过渡路径的国家的市场参与者。）

NGFS 则对美联储退群表现淡定，虽有遗憾，但认为不会造成重大影响。因为美联储既不是指导委员会成员，也没有领导工作组。简言之，美联储只是群友一名，退群不影响群运作。

The NGFS takes note of the withdrawal of the US Federal Reserve Board from its membership. The NGFS regrets but respects this decision to leave its "coalition of the willing". The Fed was the 96th member to join the Network, three years after the NGFS was established. The Fed was not a member of the NGFS Steering Committee, nor leading any workstream.

（NGFS 注意到美联储的退出。NGFS 对此决定表示遗憾，但尊重其"自愿联盟"成员的离开。美联储是 NGFS 成立三年后加入的第 96 个成员。美联储既不是 NGFS 指导委员会的成员，也没有领导任何工作组。）

特朗普 2.0 时代刚刚开启，客观上会对全球 ESG 和绿色金融的格局产生影响，我在商道融绿最新发布的中国责任投资十大趋势中已经有过分析。结合近期退群的现象，我再补充几点分析，供读者参考（仅代表个人观点）。

第一，美国市场 ESG 将在未来四年开启"地下党"模式。如前文所述，考虑到法律风险，多数在美机构不敢讲 ESG，绿色缄默的风险会高于“漂绿”的风险。金融机构会用其他词语来替换，如可持续金融、转型金融、影响力投资等。离开北美市场，美资金融机构大概率仍会用 ESG，毕竟在欧洲很多主权基金和养老金还要做 ESG 的，这是生意。

第二，欧盟和中国的重要性凸显，否则联合国 SDG 目标和《巴黎协定》的温控目标都将岌岌可危。这也很好理解。打个比方：全村人在推一辆车上坡，爬到半坡，有个家伙撒手跑了，结果是其他人只能更使劲了，不然车永远爬不上坡。那么，车退回来不爬坡行不行？估计不行，万一过几天村子被水全淹了呢？！美国退群，客观上扩大了中欧之间的可持续金融交流合作。或许，国内资管可以积极跑一跑欧洲的养老金机构，拉拉生意。

第三，ESG 转向务实主义（也可以说是实用主义），风险、合规、贸易等短期因素的影响权重加大。气候风险仍实实在在存在，金融机构特别是保险机构是不得不面对的。金融机构将更强调转型这个过程而非净零这个结果，强调转型的路径规划而非净零的时间承诺。从某种意义上说，这就是更强调“财务重要性”（Financial Materiality）。

第四，ESG 与信托 / 信义责任（Fiduciary Duty）会陷入新一轮的争议。在美国，不管是支持 ESG 还是反对 ESG，论证逻辑都是一样的，即 ESG（或反 ESG）是否有违信义责任。支持者说，不考虑 ESG，无视气候风险，长期看资产是损失的，所以资产管理者有违信义责任；反对者说，考虑 ESG，人为制造各种约束，不利于资产保值增值，所以资产管理者有违信义责任。多年前，我们花了很多时间来论证 ESG 是信义责任的要求，这在 G20 把气候风险纳入系统性金融风险的时候达到高潮。现在，美国的一些州和司法部门试图论证相反的结果且形成法例。今后一段时间，仍然会是公说公有理、婆说婆有理的状况。

（本文首次发表于 2025 年 1 月 21 日“郭沛源说 ESG”公众号）

二、新手上路，各显神通

——商业可持续发展

关于天价药,《我不是药神》没说的那些事

这几天，我想很多人的朋友圈都被《我不是药神》这部电影刷屏了。三四天工夫，票房轻松破十亿元，这部电影可谓是现象级的，我觉得打破《战狼 2》记录也是有可能的。

电影之所以火爆，最主要是因为选了一个跟每个人都息息相关的现实题材：看病贵和天价药。电影里的很多台词直抵人心。如同那位得了白血病的老奶奶说：谁家没有个病人呢……我不想死，我想活着。电影情节安排将男主角程勇推入各种矛盾的漩涡，时时在情与法、义与利中摇摆与挣扎。

电影大获成功，不仅在票房，也在现实社会掀起波澜。有消息称，国家医疗保障局要开展（医保目录）准入谈判，推动抗癌药加快降价。虽说这事可能本也在计划中，但我想这部电影也加快了这个进程。此外，片方还宣布了公益捐赠计划，首先一次性捐赠 200 万元，给影片原型人物陆勇指定的白血病相关机构；其次票房每增加 1 亿元，捐赠额就追加 30 万元，捐赠给以白血病资助为主的专业公益机构北京新阳光慈善基金会。这可能是国产电影与票房挂钩的“公益营销”第一单，非常值得点赞。总之，这部电影戏里戏外都是满满的情怀。

电影提出的天价药问题值得深入探讨。电影将天价药问题主要归因到药商身上。正版药一盒 30000 元，印度仿制药 500 元，60 倍差价！在电影中，诺瓦公司的经理人上蹿下跳，逼着警察抓人，逼着印度关闭工厂，完全被塑造到观众的对立面。我想，电影呈现的都是现实；只是，现实问题要比电影复杂。关于天价药，还有以下几个问题值得去思考。

第一，医药渠道的问题。药物从出厂到病人手上，有很多渠道环节。流通渠道层层加价，也是买药贵的一个主要原因。经常看到新闻，说某某药片，出厂只要几毛钱一盒，到了药店就变成十多块钱，不少利润被渠道拿走了。最近，癌症药零关税，这个福利能不能被病人最终享受到，也要看渠道。

第二，以药养医的问题。这是个老大难问题。医生的收入，不管明的暗的，有一部分就是药物分成，因此医生更有动力去用贵的药。病人在医生面前处于完全的信息劣势，多数都会遵从医嘱。长久下来，便宜的好药就失去了医院的市场。

第三，药物研发的问题。电影中诺瓦的格列宁，真实世界里是某药企的格列卫。据癌症专家说，格列卫是划时代的药物，是最早且效果最好的靶向药。在这种药面世之前，慢粒性白血病患者（就是电影里的病人）只能等死；有了这种药，这些病人可以控制病情、带病生存。我查了一下相关资料，说这种药物的研发历史已有二三十年，投入不菲。如果我们剥夺了药商对这类药的专利权，药商可能就会丧失对研发新药的动力。

以上这些问题都是推高药价的原因。非专利药的价格和第一、第二个问题关系更大一点，专利药的价格和第三个问题关系更大一点。在电影中，这些问题是没有被提及的。这也很正常，电影不是《焦点访谈》，更不是 MBA 案例教学。越是前者越追求矛盾冲突和冲击力，越是后者越讲究全面分析、理性决策。

我谈及这些问题，是因为工作上接触到的一些药商，并非电影里所塑造的形象。如果一味把药商推到病人的对立面，并不妥当。不是所有药商都是天使，但同样，也不是所有药商都是魔鬼。

天使还是魔鬼，这条线如何界定？比较难，涉及社会成本和社会福利的计算，但冥冥中应该有些“无形的手”来“校正”这条线。这并非完全是“唯心论”。几年前，美国对冲基金经理史克雷利成立了一家医药公司，名为“图灵制药”，专收缺少替代品但价格便宜的专利药。2015 年，他买断了 Daraprim 这种药物的生产权，然后将定价调高了 55 倍，原价每粒 13.5 美元，现价 750 美元！这事引起极大公愤，但这哥们说：“你把阿斯顿跑车以自行车的价格出售，我们买过来以丰田车的价格出售，有错吗？”结局是：2015 年 12 月，这哥们被 FBI（Federal Bureau of Investigation，美国联邦调查局）抓了，罪名是证券欺诈（和卖药没关系）。几个月前，判决出来了，入狱 7 年。新闻说，这傲娇的年青人终于泪洒法庭。踩线太狠，总是要被收拾的。

理性分析都是讲给别人听的；摊到自己身上，一切理性都会归零。愿大家远离癌症。

（本文首次发表于 2018 年 7 月 10 日“郭沛源说 ESG”公众号）

安南的 CSR 遗产：万家企业与 80 万亿美元资产的可持续发展

8 月 18 日，联合国前秘书长科菲·安南在瑞士逝世，享年 80 岁。各国政府和民众纷纷悼念。安南在 1997 年到 2006 年担任联合国秘书长，被视为“最具有革新精神的联合国秘书长”。他在任内推行了多项改革，强化了联合国在国际事务中的角色。这不仅影响了国际政治，也影响了全球商业的可持续发展进程。后者可以算作安南在企业社会责任（CSR）方面的遗产。直到现在，安南在任期所推动的 CSR 行动还在发挥作用，引领万家企业与 80 万亿美元资产的可持续发展。

在过去的很长一段时间，人们将商业与社会的问题分得比较开，即所谓“在商言商（Business’s business is business）”。联合国追求的是世界和平，这和以追求股东利益最大化的商业是截然不同的。因此，以往联合国和商业之间的联系是比较少的。这个情况在 20 世纪 90 年代之后发生了一些变化，表面的原因是全球企业社会责任运动（特别是反“血汗工厂”运动）的蓬勃兴起，背后更深层次的原因，是商业崛起的速度之快前所未见，财富 500 强排在前列的公司富可敌国，按照能力越大责任越大的逻辑，这些公司在社会事务（包括和平、贫困、教育等）中也应扮演更重要的角色。

这些趋势性的变化被安南察觉，并引入联合国的议程之中。1999 年 1 月，安南在达沃斯世界经济论坛上对工商界领袖发言，提出了联合国与工商领袖联手发起 Global Compact 的设想。他说：

“I want to challenge you to join me in taking our relationship to a still higher level. I propose that you, the business leaders gathered in Davos, and we, the United Nations, initiate a global compact of shared values and principles, which will give a human face to the global market.”

（我想邀请各位与我一道，将我们的关系推向更高层次。我提议：在座的达沃斯商界领袖们与联合国共同发起一项关于共同价值观和原则的全球契约，从而为全球市场注入人性化的面貌。）

这一设想在一年后变为现实，2000年，联合国全球契约（UN Global Compact）正式成立。这里的Compact，翻译成契约，指的是一系列的具有普适意义的原则（Shared Values and Principles），在操作中演变成联合国全球契约的十项原则，具体如下。

原则1：对于国际公认的人权的保护，企业应当给予支持和尊重。

原则2：确保企业之间不会沆瀣一气，伤害人权。

原则3：企业应当维护劳工结社的自由，以及对集体谈判权利的有效认可。

原则4：根除一切形式的强制性劳动。

原则5：有效废止童工。

原则6：根除就业和职业歧视。

原则7：针对环境的挑战，企业应当支持预防性方法。

原则8：采取措施去承担更大的环境责任。

原则9：鼓励环境友好型技术的开发和扩散。

原则10：企业应当反对各种形式的腐败，包括敲诈勒索和行贿受贿。

但凡认同上述原则的企业，可以申请加入联合国全球契约，承诺自愿履行上述原则。后来，为了加强成员自律，全球契约引入了"Communication on Progress"机制（进展报告，简称COP），要求全球契约成员定期（每两年）报告企业在这些方面的进展，并在全球契约的网站上公布，以提高透明度和接受社会监督。做不到这一点的企业会被除名。

全球契约应该是联合国历史上最大规模的与工商界的互动机制。时至今日，已有9000多家来自世界不同国家的企业加入了全球契约。安南去世消息传来，联合国全球契约官方网站也刊载了一篇悼念文章。全球契约的首任领导人Georg Kell在福布斯网站刊文悼念，文章标题就直接说明了Georg对安南的推崇：*In Memory of Kofi Annan：Father of the Modern Corporate Sustainability Movement*（《追忆安南：现代企业可持续发展运动之父》）。

在安南的大力支持下，全球契约的蓬勃发展不仅体现在成员数量的增加，也体现在策略的升级。大约在2004年和2005年间，全球契约逐步发现金融机构特别是资产管理公司是一个特殊的商业类别，它们是工商企业的股东，对工商企业的战略和管理起到举足轻重的作用。于是，联合国开始将全球契约对工商企业的"套路"用到了资管行业。

2006年4月，全球契约与联合国框架下另一个有金融色彩的行动组织（UNEP FI，联合国环境署金融倡议）联手发起了责任投资原则（Principles for

Responsible Investment，PRI），呼吁全球金融机构，特别是资产所有者（如养老金等）和资产管理机构（如基金公司）将可持续发展理念融入投资实践之中。具体地说，是要遵照如下六项原则：

原则 1：将 ESG 议题纳入投资分析和决策过程。

原则 2：成为积极的所有者，将 ESG 议题整合至所有权政策与实践。

原则 3：要求投资机构适当披露 ESG 资讯。

原则 4：促进投资行业接受并实施 PRI 原则。

原则 5：建立合作机制，提升 PRI 原则实施的效能。

原则 6：汇报 PRI 原则实施的活动与进程。

当时即将卸任秘书长的安南出席了在纽约证券交易所举行的启动仪式。他在仪式上致辞，热情邀约机构投资者采纳这些原则。他说：

"Developed by leading institutional investors, the Principles provide a framework for achieving better long-term investment returns and more sustainable markets. I invite institutional investors and their financial partners everywhere to adopt these Principles."

（这些原则由领先的机构投资者制定，为实现更高的长期投资回报和更具可持续性的市场提供了框架。我呼吁全球范围内的机构投资者及其金融合作伙伴共同采纳这些原则。）

最早发起 PRI 的资管机构来自 16 个国家，掌管着 2 万亿美元资产。至今，全球已有 370 多家资产所有者和近 2000 家资产管理机构加入 PRI，影响力所覆盖的资产规模达到 80 多万亿美元。

安南发起的这两个行动，成为他最重要的 CSR 遗产，对世界范围内企业社会责任与可持续发展的发展格局发挥了巨大、积极的作用。他的继任者潘基文先生也继承了这些遗产，促进商界可持续发展，包括在 2009 年发起联合国可持续证券交易所行动等。这些努力，重塑了联合国与商界的关系，奠定了联合国在企业社会责任领域举足轻重的地位。

（本文首次发表于 2018 年 8 月 24 日"郭沛源说 ESG"公众号）

行动派扶贫学者，除了诺贝尔奖得主，中国也有几位

今天是中国第 6 个扶贫日（从 2014 年开始），国际上叫消除贫困日（从 1992 年开始）。所以本周的评论谈一下贫困问题。

诺贝尔奖发给扶贫学者

首先想到的是前几天颁发的诺贝尔经济学奖。今年获奖者有三人：MIT 教授巴纳吉（Abhijit Banerjee）、迪弗洛（Esther Duflo）和哈佛教授克雷默（Michael Kremer）。他们在扶贫方面做出了杰出贡献，都喜欢采取随机对照实验的办法，将扶贫问题分解成更小、更精确的问题，然后通过实地实验来寻找答案。譬如研究人员给每个学生 5 美元，然后让他们看两张海报，一张列举关于贫困的统计数据，另一张叙述一个穷孩子的故事，最后让学生将 5 美元捐出去。研究人员由此可以判别人们在什么样的情况下更愿意帮助穷人。

诺贝尔经济学奖三位获奖者

巴纳吉和迪弗洛是一对夫妇，合著了《贫穷的本质》。书不长，很快读完，内容很有趣。核心是告诉大家不要想当然，扶贫问题很复杂，有时候是供给出了问题，有时候是需求出了问题。官员和学者不是穷人，不一定能设身处地想出穷人想要的方案。因此，要做大量实地调查，特别是随机对照实验，才可以准确判断扶贫工作的可行性和有效性。

> 如果我们拒绝懒惰和公式化的思考模式，如果我们倾听穷人的心声，理解他们的逻辑，那么我们就能制定一套有效的政策，也能更理解穷人的生活方式。基于这种理解，我们可以发现贫穷的原因，并找到解决的办法。
>
> ——《贫穷的本质》

书的最后总结了几条重要结论：第一，穷人通常缺少信息来源，容易相信那些错误的事情。第二，穷人肩负着生活中的多种压力，越穷越难做出正确的决定。第

三，一些服务于穷人的市场正在消失，或是在这些市场中穷人处于不利地位。这些对我们分析造成贫穷的原因和寻找减少贫困的方法都很有价值。

中国的行动派扶贫学者

巴纳吉、迪弗洛和克雷默都是行动派扶贫学者，他们是真心促进贫困问题的解决，而不是只发表学术论文。这样的学者令人尊敬。

中国也有不少这样的学者。我想到了三位。

第一位是中国发展研究基金会（China Development Research Foundation，CDRF）前秘书长卢迈。他从 1998 年开始就担任 CDRF 秘书长，直到最近卸任。我经常在会议上碰到他，他经常会谈及儿童发展问题，从最开始推动免费午餐到更低年龄段的儿童早期教育，卢迈老师说起来如数家珍。与麻省理工学院（MIT）和哈佛大学（Harvard University）的教授一样，卢迈老师的研究不仅是写报告，还搞实验。这些年，CDRF 开展了诸如营养干预和学前教育试点、一村一园计划、母乳喂养提升计划等多个项目，从项目中总结经验和提炼政策建议。2018 年，一村一园计划获得卡塔尔教育科学与社会发展基金会颁发的 WISE 世界教育创新项目奖。

第二位是国务院参事、友成企业家扶贫基金会副理事长汤敏老师。我刚认识他的时候，他还是亚洲开发银行中国代表处首席经济学家，2007 年到 2010 年担任 CDRF 副秘书长，2010 年后加入友成企业家扶贫基金会。这几年，汤敏老师做了两个重要项目，一是支持贫困地区教育的“双师”教育，通过互联网的方式，把人大附中的课程送到贫困地区，这个经验已经在全国铺开。二是支持青年返乡创业的“领头雁”培训项目，这个项目由友成基金会、中国慈善联合会、清华大学、沪江网发起，通过网络教育平台，请专家来讲农村电商、乡村旅游、新型种植养殖、乡村工业、社区发展、农村金融等各种返乡青年需要的知识。

第三位是中国农业大学教授李小云。他是研究发展的学者，做了大量扶贫、公益的研究，2001 年开发了《参与式村级扶贫开发规划方法》。2014 年冬天，李小云老师到云南省勐腊县做了一场实地考察，第二年他决定自己来做一场扶贫实验，于是 2015 年 3 月，他在云南省勐腊县注册成立了勐腊小云助贫中心。从 2015 年到 2019 年，李小云老师从复合型产业发展、提高农户经营能力、基础设施建设改造、人居环境建设、改善社区治理五个维度对河边村进行了综合改造，打造了河边村模式。2017 年，李小云老师获得全国扶贫攻坚创新奖，2019 年河边村脱贫。

关于上述三位老师，网上报道数不胜数。我只是寥寥数语做一介绍，有兴趣的伙伴可以很容易在网上读到更丰富的资料。除了他们三位，还有一些我不知道的学者，都是中国本土的行动派扶贫学者，同样值得尊敬。

企业扶贫行动

商道纵横是为企业提供社会责任咨询服务的，所以我们很自然会想到企业如何参与扶贫的问题，这也是我们过去几年在思考、研究和实践的问题。我们也曾经就精准扶贫、乡村振兴的主题，邀请李小云老师和汤敏老师做客我们的 CRO 私董会，做过交流。总体上说，我们认为企业参与扶贫要抓特点和抓特色。

抓特点就是产业扶贫，即企业要结合主业，在贫困地区开展业务，授人以渔，为当地带去就业机会、商业模式。很多与农业、农民相关的产业都适合做此类项目。去年我去内蒙古伊利集团参观，就听他们介绍过产业扶贫模式。模式很简单，就是“建工厂、促就业、保收入”。最近，伊利在宁夏吴忠市投产液态奶基地，是全球最大的液态奶基地。该项目将解决就业岗位 1000 个，精准帮扶当地至少 6000 家养殖户。

抓特色就是用企业捐赠与公益组织做试点、探索模式，搞出成熟模式之后再由政府部门配备更多资源来推广。譬如，前文提到的中国发展研究基金会，在他们的学前儿童营养改善计划中，就有一个名为“为 5 加油”项目，资助方是安利公益基金会；前文提及的“领头雁”培训项目，第二期是由 SAP 公司资助。这样做有什么好处呢？企业捐赠额不大，但可以承担比较高的失败风险；政府扶贫资金规模巨大，但有低风险偏好。企业捐赠做试点，政府资金做规模，两类资金可形成有效协同。

（本文首次发表于 2019 年 10 月 17 日“郭沛源说 ESG”公众号）

“双十一”，有人在买买买，他们却为了地球改吃素食

商道学堂“四个相信”的办学理念，第一条就是相信商业的力量。看看近十年来的“双十一”，便能深切感受到商业的力量。我读书时，“11 · 11”还是光棍节；今时今日，可能很多人只知道“11 · 11”是购物节。中国的电商，凭借一己之力，生生造出个购物节。

据统计，在“双十一”开始后的 10 小时 4 分 49 秒，天猫“双十一”的交易额就突破了 1682 亿元！打破了 2017 年天猫“双十一”全天交易额纪录。可以想见，从今天开始，快递小哥又要没日没夜加班送货了。昨天，我还看到一个信息，这几年电商还通过花呗、白条等分期付款的方式，努力鼓励年青人提前消费。“双十一”前，有电商已经很“贴心”地给年轻人主动升级额度……估计，一年之后，又会有不少人想起来，去年“双十一”抢的手纸都还没有用完……

按理说，自由经济，买卖自由。哪怕过度消费、超前（负债）消费，也是个人自己的事情。但从可持续发展的角度看，情况可能会略有不同。

剁手党们可以来认识一下联合国可持续发展目标 12（SDG12）：负责任的消费和生产。联合国是这么说的：可持续的消费和生产是指促进资源和能源的高效利用，建造可持续的基础设施，以及让所有人有机会获得基本公共服务、从事绿色和体面的工作与改善生活质量。它的落实有助于实现总体发展规划，减少未来的经济、环境和社会成本，以及加强经济竞争力和减少贫困。

目前，对自然资源的材料消费一直在增加，各国要持续解决空气、水和土地的污染问题。

可持续的消费和生产旨在实现“生产更多、更好、更节省”，在提升生活质量的同时，通过减少整个生命周期的资源消耗、退化和污染，来增加经济活动的净福利收益。

可持续消费和生产也要求从生产到最终消费这个供应链中各行为体的系统参与和合作，包括通过教育让消费者接受可持续的消费和生活方式，通过标准和标签为消费者提供充分的信息等。

据测算，如果到 2050 年全球人口达到 96 亿，要维持现有的生活习惯，需要几

乎相当于三个地球的面积。这么说来，“剁手党”的过度消费、超前消费行为就会产生一定的“外部性”，可能的结果是地球不堪重负……挂了。所以，可持续消费，哪怕只是适度消费，还是有意义的。

可持续消费，正成为席卷全球的浪潮。最近，人造肉很火爆。如果你上 Beyond Meat的官网，可持续发展已经成为他们营销的关键词，排在健康之后、动物福利之前。

此处谈的可持续发展更多是指资源效率（耕地占用、化肥消耗等）及温室气体排放的问题。据《科学》杂志报道，肉类特别是牛肉生产造成的碳排放是最多的。每 100 克蛋白质牛肉产生 105 公斤碳排放，豆腐只产生 3.5 公斤碳排放。

因此，有科学家认为，吃素食可以减少温室气体排放、应对气候变化；如果你不愿意放弃肉食，那么可以吃人造肉，也比真的肉排放少。对此，怀疑者、反对者当然也有。但数据显示，在美国，有 16% 的消费者因为环境原因改吃素了［CNBC 报道的英敏特公司（Mintel）的调查数据，且 18~34 岁年轻人比例最高］；法国生活情况研究与观察中心（Crédoc）一项调查也显示，出于环保意识以及价格因素的考量，最近十年来，法国民众对肉类食品的消费降低了 12%。

我知道，要那些吃肉的人改吃素，还是挺难的。我就在这群人当中。

不过，即使不吃素，也有不少做法可以为保护地球做出点贡献。联合国 SDG 官网上给出了个人支持可持续消费的两种主要方式。

第一，减少废物。采取多种方式减少废物，从确保不丢弃食物到减少对塑料的消费不等。你还可以携带可重复使用的袋子、拒绝使用塑料吸管以及回收利用塑料瓶。

第二，只要可能，对于要买什么和选择一种可持续选项三思而后行。首先当然是减少过度消费，经济学有边际效用的概念，简单说就是吃第二个馒头比第一个馒头的效用要小，等吃到第五个馒头，估计你已经完全没有幸福感了。其次是可以选择更环保的产品，譬如选择带有绿色认证标志的产品。这里我推荐大家浏览公众环境研究中心（IPE）的绿色供应链网站，选择那些生产过程更环保的品牌。

在中国，除了以上两条建议外，考虑到电商发达，我们在网上购物、点外卖的时候也可以多注意一点环保细节。譬如有的电商已经开始提供可重复利用的包装，外卖公司可以提供不附带一次性筷子和勺子的选项。不以善小而不为，比喊什么口号都好。

大家在提到可持续消费时，还能想到什么？

（本文首次发表于 2019 年 11 月 11 日“郭沛源说 ESG”公众号）

提供瑞德西韦的药厂，ESG 绩效也很优秀

抗击新冠疫情牵动人心，全国上下都动起来了，各类企业的捐资捐物每天都在不断增长。根据商道纵横统计，截至 2020 年 2 月 9 日，企业捐赠资金总额达 173 亿元，可统计的捐赠物资总额达 54 亿元（可统计的物资捐赠是指捐赠人在新闻消息中估算了物资价值，数据纳入统计），捐资捐物合计超过 227 亿元。

人们每日除了关心新增确诊病例数外，最关心的就是药物和疫苗的进展。几天前，瑞德西韦（Remdesivir）这个陌生名词进入公众视野。这是由美国制药公司吉利德（Gilead）研发的在研药物，据媒体报道，该药是为抗击埃博拉病毒研发的，对冠状病毒有较好的抗病毒活性。1 月底，《科学》和《新英格兰医学杂志》先后报道该药可能对新型冠状病毒（Novel Coronavirus Pneumonia，NCP）有疗效，迅速引起关注。中国的卫生部门很快与吉利德达成开展两项临床试验的协议，以确定瑞德西韦的安全性和有效性。根据协议，吉利德将无偿提供研究所需的药物，并为研究的设计和开展提供支持。受此影响，多家 A 股公司因与吉利德有合作关系，股票涨停。

与此同时，中国科学院武汉病毒研究所披露已于 1 月 21 日对药物瑞德西韦申报了中国发明专利，引发巨大争议，不少人认为该专利申请可能会侵犯药厂知识产权。在后续报道中，知识产权专家澄清吉利德拥有瑞德西韦的化合物结构与治疗冠状病毒的用途专利，武汉病毒研究所申请的是此次新型冠状病毒的用途专利，不完全一样。但民众质疑仍未平息。

对此，吉利德方面的回应十分得体：“吉利德无权干涉专利局是否向中国研究人员授予专利……我们无法对研究人员专利申请的细节发表评论……目前，我们关注的重点是尽快确定瑞德西韦治疗 2019-nCoV（2019 新型冠状病毒）感染者的潜在安全性和有效性，并为应对未来潜在的供应需求加快生产进度……我们认为，现阶段讨论任何强制许可或其他类型许可还为时过早。我们并未与监管部门就吉利德的生产供应成本或财务回报进行过任何的讨论。”

此前，网上流传一段吉利德首席执行官（Chief Executive Officer，CEO）与员工的对话视频。CEO 说：“我只想在这里非常清楚、毫不含糊地强调，我们的责

任是患者。我们的责任是：首先，寻找并推行合适的临床试验，以确定这款药物是否会对患者有效，然后我们将以科学和临床证据为基础开展下一步行动。同时，如果真有效，加快生产，以便我们能够把这款药物提供给全球尽可能多的患者。”

吉利德的回应可谓是满满的正能量，令人肃然起敬。治病救人，的确应该是制药企业一切决策的优先考虑。只是，知易行难，并不是全部制药企业都能做到。

回溯历史，吉利德是一家具有传奇色彩的制药公司，历史不长（30 年出头），但已跻身全球十大制药公司之列。吉利德专注研发抗病毒药物，成绩卓著：它的药物把艾滋病变成慢性病，患者可与普通人一样生活，不影响寿命；还有两款药物，可以治愈丙型肝炎，被誉为神药；此外，吉利德还有药物可以控制乙肝，并正在研发能实现乙肝治愈的基因疗法。

在资本市场上，吉利德的表现也十分抢眼。1992 年上市，如今市值已达 900 亿美元。这归功于专利药物给吉利德带来的不菲收入，特别是 2013 年和 2014 年先后上市的两款丙肝药物，在 2014 年和 2015 年分别为吉利德创造了 102 亿美元和 191 亿美元的销售额。吉利德的股价由此一路攀升，在 2015 年达到每股 117 美元的历史高点。

有趣的是，因为药太好了，好到没有（丙肝）病人，以致后来吉利德的丙肝药物销量开始下滑，2018 年的两款丙肝药物的销售额仅为 2015 年的 20%，股价也由此下跌。

高盛在 2018 年 4 月的研究报告《基因革命：抓住基因医疗的机会》中还以吉利德为例，发出灵魂之问：治愈病人是一种可持续的商业模式吗？研究报告指出，基因疗法、转基因细胞疗法、基因编辑疗法最有吸引力之处是具有“一次痊愈（one shot cures）”的优点，这给病人和社会都创造了巨大价值，但也对研发者现金流的可持续性造成巨大挑战。对此，高盛提出了制药公司的三条出路：找病患数量大的病种；找发病概率高的病种；持续创新以扩大品种。

显然，吉利德选择了第三条路径，大力研发新药物。据报道，吉利德 2019 年的研发投入是 90 亿美元，约占全年收入的 40%。并且，从丙肝药物的推出时间来看，如果吉利德想最大化新药收入的话，完全可以拉长两款药物的上市时间，但它并没有这么做。

吉利德在企业使命中写道：吉利德的使命是在需求未被满足的医疗领域，发现、开发创新疗法并将其商业化。从过去三十年的实践看，吉利德确实也这么做了。这样的企业不仅值得尊敬，也值得投资人长期持有，因为它是价值驱动型的，将会带来长期稳健收益。

由此推断，吉利德的 ESG 绩效应该是不错的。查询了一下，MSCI 在 2018 年和 2019 年都对吉利德给出了 AA 级的评分，在所处的生物科技行业中，吉利德是 ESG 表现最优的前 12%，处于领先地位。

吉利德每年都会发布《可持续发展报告》。最新一期是 2018 年的，主题是“我们相信（We Believe）”。报告系统地阐述了吉利德对可持续发展的态度、措施和实效，包括：我们相信一切皆有可能（介绍公司宗旨）、我们相信创新永不停歇（介绍研发创新）、我们相信员工（介绍员工情况）、我们相信无人可独战（介绍对社区的关怀）、我们相信商业是绿色的（介绍企业环境管理）。

值得一提的是，尽管美国政府退出《巴黎协定》，但是这家美国公司在 2018 年提出了减碳目标：以 2016 年温室气体排放为基线，2025 年要缩减 25%。吉利德的官网上不仅披露了温室气体排放的信息，还提供了各类危险废弃物的产生量等信息。

罗马不是一天建成的。吉利德的商业成功有价值观的深厚积淀，它的商业成功也能创造巨大的社会福祉。但愿瑞德西韦临床试验成功，终结这场疫情。

（本文首次发表于 2020 年 2 月 10 日“郭沛源说 ESG”公众号）

ESG 投资能不能用做空策略？

世纪之战

2021 年 1 月底，美股上演“散户与机构的世纪之战”。缘起很简单，剧情很曲折。

数月之前，WSB 网站有散户发文指出 GameStop（中文译为游戏驿站，股票代码 GME）公司的价值被低估，呼吁网站的散户买入该股票，但响应者寥寥。今年 1 月，人们发现 GME 的空头头寸比流动股还多（通俗地说，就是总有一些卖空 GME 股票的人无法平仓，结果必然推高股价），引发争相买入，使 GME 股价短短数日翻了几倍，形成所谓“逼空”行情。

Melvin Capital 等空头机构损失惨重。其间，因为财经媒体 CNBC 为机构发声、Robinhood 不对等限制散户交易（所谓“拔网线”）等行为，激起散户更大反弹情绪和抱团决心，拼死持有 GME 股票，继续推高 GME 股价，还引发了美国 SEC 和参众议院的关注。

1 月 29 日，著名做空机构香橼率先“缴械投降”，宣布从此之后停止做空研究，专注做多机会。美国散户取得里程碑意义的胜利。受此鼓舞，美国散户又去找那些被低估且被大量做空的股票和资产，譬如 AMC、白银 ETF 等。

不过，美好时光总是短暂的。GME 股价用一周时间从 60 多美元涨到 300 多美元，然后又用了一周时间从 300 多美元跌落回 60 多美元。散户与机构之战，也从“血洗”华尔街变成“血溅”华尔街。昨天看到新闻，美国佛州有人因投资 GME 损失 18.7 万美元而自杀身亡。

空头原罪

散户向机构发起进攻，除了这次是看准了“轧空”的赚钱机会外，更重要的原因是散户认为做空是一股邪恶力量。

WSB 网站一封传播甚广的散户给空头们的公开信道出了缘由：

“我十几岁的时候正赶上 2008 年金融危机。我清楚地记得，华尔街那帮人毫无顾忌的行动给我个人和我身边人的生活带来了多大的影响……

“对于对冲基金 Melvin Capital，我要说，你代表金融危机期间我仇恨的一切……你明目张胆地罔顾法律，不论是几个月前赤裸裸的非法卖空（告诉你的律师这是指控），还是最近无耻的市场操纵，都显示出，2008 以来，你没有吸取任何教训。

“为什么会针对你？因为你们那些华尔街的家伙做了可怕的非法金融决策，改变了几百万人的生活，带来恶劣后果，却得到救助和奖赏。几天前我买了股票，我把积蓄掏出来买了游戏驿站（GME）的股票……你可以几小时内把 GME 的股价打压到 120 美元，我不会逃的……我要尽一切能力让你痛苦。”

特斯拉老板马斯克的话更直白一些：你不能卖不属于你的房子，你不能卖不属于你的车子，但是，你“可以”卖不属于你的股票！？这太离谱了——做空就是一场骗局。

特斯拉经常被空头光顾，所以马斯克这么同仇敌忾不奇怪啦！

ESG 做空吗

看上去，空头是有点原罪的感觉。但这和我当年学“金融工程”课讲的不太一样，课上说，做空和做多都只是策略的一种。于是，我开始思考一个问题：ESG 做空吗？因为 ESG 往往被认为是资本市场的“正能量”，如果做空真是邪恶的，ESG 就不应该做空。

经过一番调研，发现传统 ESG 投资者确实以做多为主，因为很多 ESG 投资者奉行长期持有、长期回报的理念，多数选股方法也是选取 ESG 绩效较好的股票。近几年，越来越多的长期投资人如养老金、主权基金等，更多是在讨论负责任的持有者（Responsible Ownership）、股东参与（Engagement）、投后督导（Stewardship）等概念，这些都是做多不做空的。

最典型的案例当数 2019 年 12 月，全球最大养老基金日本政府养老基金（GPIF）宣布，将暂停从海外股票组合中借出股票。GPIF 认为，出借股票会导致所有权向借款人临时转移，形成断层，与负责任投资理念不一致。另外，出借过程往往缺乏透明度，GPIF 不知道谁是最终的借款人，也不知道借股票的目的是什么，因此，GPIF 做出暂停借出股票的决定。这相当于让很多空头“断粮”，少了一个能融券的金主。

马斯克对此拍手叫好，但专做融券生意的机构和对冲基金就坐不住了。2020 年 2 月底，国际证券借贷协会（International Securities Lending Association,

ICSF）可持续金融委员会迅速发布了《可持续证券借贷原则》(*Principles for Sustainable Securities Lending, PSSL*)，提出了一致性、透明度、税收合规、投票权、抵押、做空、利益相关方参与、创新等八项原则，对 GPIF 这类投资者关心的问题做出回应。2020 年 4 月，亚洲证券借贷协会（Pan Asian Securities Lending Association，PASLA）也发布了一份研究报告，指出 ESG 投资和做空策略并不矛盾。报告还以投资者调查的方式提到，89% 的受访者认为 ESG 投资和证券借贷是可以兼容的。另类投资管理协会（Alternative Investment Management Association，AIMA）发布报告《做空策略与责任投资》，也提出做空可以是责任投资的策略，譬如对冲基金经理可以做空高碳股，既可以降低资产风险，也可以通过抬升高碳融资成本为应对气候变化做贡献。

这一时期，市场确实也出了不少关于做空策略与 ESG 的研究，提出做空也可以"有意义"。我读到的比较有意思的是对冲基金英仕曼（Man Group）写的一篇研报，题为《绿色大空头》(*the big green short*)，副标题是：责任投资怎样才能真正成熟？做空！研报做了一些数据分析，结论是做空坏公司（bad ESG companies）可以增加 ESG 因子暴露（ESG exposure）和收益率，因此多空组合的策略可以提升收益率。

2020 年 5 月，负责任投资原则（PRI）发布了一份指引性文件《ESG 整合到对冲基金的技术指引》，我觉得算是 ESG 领域对对冲基金做空策略的一个整体回应。PRI 首席执行官 Fiona Reynolds 说，与做多的投资人相比，做空的投资人（对冲基金）往往躲在暗处，面临的监管要求也很不一样，因此有必要提高透明度和治理标准。指引文件对这些内容做了详细探讨。

有意义的做空

综上，如果说做空有原罪，我觉得有失偏颇。讨论做空是不是有原罪，就如同讨论生产刀具是不是有原罪一样。刀具本无罪，在好人手里，可以成为生产工具，在坏人手里，可以成为犯罪工具。做空亦然。

如此说来，做空也是可以有意义的。如同前述 AIMA 报告所说，如果市场做空高碳资产，确实是可以起到打压高碳资产的作用。高盛集团前风险管理专家李特曼（Robert Litterman）退休后担任 WWF（美国）的投资委员会主席，他帮 WWF（美国）设计了一个"搁浅资产总收益互换"的衍生品工具，下注搁浅资产（即传统化石能源）会长期看跌。WWF（美国）与交易对手方德意志银行约定，以 3/4 的北美煤炭收益指数和 1/4 的北美油砂收益指数为基准。如果基准收益高于市场收益（标普 500），则 WWF（美国）向德意志银行付款，反之则德意志银行向 WWF

（美国）付款。每三个月结算一次。在最近（2019 年 12 月）新加坡政府投资公司（Government of Singapore Investment Corporation，GIC）对李特曼的访谈中，李特曼表示这个衍生品工具自 2014 年以来帮助 WWF（美国）取得了 13% 的年化收益率。

对市场监管者来说，不宜一概而论做空就是坏人、做多就是好人；监管者能做的是防止做空策略被滥用的概率。但是，这就像政府要防止刀具被滥用一样，很不容易做到。

所以，诸如 GPIF 这些“洁身自好”者，退出证券借贷业务，主要是为了自保。在 2020 年，这样的自保无疑是明智且必要的，因为市场本就因为疫情出现下跌，如果再来一批做空者，无疑只会加快下跌的速度。因此，澳大利亚的大学养老金（Unisuper）在 2020 年 3 月的时候，就以此为由暂停了证券借贷业务。同期，马来西亚、泰国、法国、西班牙、意大利、韩国等多个国家的监管部门也出台临时禁令，禁止做空行为。虽然很多国家不久之后就放开了，韩国的禁令却一直延续至今，最新消息是到 2021 年 5 月 2 日。

美国散户在反对什么？

回到文章开头的一幕，在 GME 事件中，美国散户到底在反对什么？真的是空头吗？深想一下，其实并不尽然。空头只是他们能够真真切切找到的可以反击且立即按在地上摩擦的机构。

背后的问题，我觉得应该是桥水基金创始人瑞·达里奥说的：“我更担心的是民众普遍的愤怒，甚至可以说是仇恨，以及现在几乎遍布全国各领域的想要把人拉下马的观点。”另一个基金行业的大佬贝莱德的 CEO 劳伦斯·芬克在 2021 年致企业首席执行官函中也提到：我们需要更快速地采取行动，创造更多的就业机会、实现更大的繁荣和建立更包容性的社会。我深信企业能够帮助我们摆脱危机，实现包容性资本主义（Inclusive Capitalism）。

与之对照，乐施会（Oxfam）在 2021 年 1 月发布报告指出，2020 年 3 月至 12 月，全球亿万富翁的总财富增加了 3.9 万亿美元，包括贝索斯、马斯克、比尔·盖茨、马克·扎克伯格在内的富豪在上述时间段净资产增加了 5400 亿美元。全球最有钱的 1000 名富豪所持资产，在疫情后 9 个月就恢复至疫情前水平；然而，贫困群体可能要用超过 10 年时间。

这才是问题所在。当土壤肥分太不均匀时，韭菜都长不出来。

（本文首次发表于 2021 年 2 月 8 日“郭沛源说 ESG”公众号）

曾引领脱碳的主权基金，如今要求女董事至少占 30%

在 ESG 领域，挪威主权基金是很有影响力的。一方面是因为它很有钱，拥有超过万亿美元资产，占全球股票市值约 1.5%。另一方面是因为它在 ESG 方面要求比较严格，很多做法是走在前面的。

应对气候变化是一个例证。挪威主权基金虽然最早的钱都是卖石油积攒的，但在应对气候变化方面毫不含糊。早在 2015 年，挪威主权基金就要求，如果上市公司收入超过 30% 来自煤炭业务，就会被剔出投资组合。2019 年，这个措施又进一步加强，从煤炭开采量超过 2000 万吨或煤炭发电量超过 1000 万千瓦的上市公司撤资。这些措施在全球 ESG 领域的脱碳（Decarbonization）潮流中无疑是引领性的。

本文介绍挪威主权基金最新的一个政策——要求女性在上市公司董事会占比不低于 30%，并分析一下这会不会引领潮流。

挪威主权基金的女董事新政

今年 2 月 15 日，挪威主权基金发布一项关于董事会性别多元化的政策声明（Position Paper）。声明提出三项要求：

第一，董事会应确保在决策流程中具备广泛的视角和方法。董事会构成在能力和背景的多元化方面要有代表性。

第二，董事会的性别构成应适度平衡。如果任一性别的比例低于 30%，董事会应考虑设定性别多元化的目标并披露进展。

第三，董事会应识别能促进董事会多元化的董事人选，并将之纳入提名的正规流程。这一流程应包含在不同背景群体中大范围物色合适人选的努力。

三项要求，简言之就是：多元化很重要，董事会要努力做到性别平衡，任一性别不低于 30%，做不到就要“写检讨”（设定目标、披露进展）。考虑到目前全世界范围内董事会成员都是男性比例远高于女性比例，所以这一新政的实质是提高女性在上市公司董事会中的比例。

此事我们听起来很新鲜，但在挪威已经有了长达十多年的发展历程。据新华网 2008 年报道，早在 2002 年，挪威媒体发表文章《厌倦了老男人俱乐部》指出，挪威 611 家大企业中，470 家没有一名女董事成员，女性在董事会的比例只略高于 6%。时任挪威贸易和工业部部长决心改变现状，掀起一场“董事会革命”（据说这篇文章也是部长有意爆料）。通过立法，最终挪威在 2008 年实现企业女性董事比例达 40% 的目标。

近两年，这场董事会革命在世界各地有蔓延之势。2018 年，美国加利福尼亚州通过法案，要求在 2019 年底，总部设在加州的上市公司董事会中至少要有一名女性成员；2021 年底，五人董事会至少有两名女性、六人或以上董事会至少有三名女性。违者将面临 10 万 ~30 万美元罚款。今年 1 月，德国联邦内阁会议通过法律草案，要求三人以上董事会至少有一名女性；对联邦占多数股份的企业，两人以上董事会至少有一名女性。

女董事新政的意义

女董事新政有没有价值？众说纷纭。我同事搜集了一些国内文献，研究 A 股上市公司女性董事占比对公司财务绩效的影响，发现绝大多数研究验证了两者的正相关关系（黄志忠等，2015；胡琦等，2016；付兴梅等，2019；邱晨，2020），也有部分研究表明两者呈负相关关系（张梅等，2016；江少波等，2017）。国外的研究结果也是正负都有，正面的更多。

挪威主权基金的政策声明很客观，把正方和反方的意见都充分表达了。正方观点认为：有女性加入的董事会，在讨论决策时视角更完整，可提高决策水平；董事会能提名女董事，也说明提名流程强力有效，有认真物色合适的董事候选人；董事会多元化有助于提升董事会的社会“合法性”，容易得到社会各方认可。

反方观点则认为：没有清楚证据说明董事会多元化可以提升公司业绩，因此提升女董事比例不一定符合股东利益；董事物色和提名流程往往考虑了能力、经验等各种因素，强加性别要求可能会“挤出”其他指标；很多公司女性高管比例已在逐年上升，单独要求董事会女董事比例是多此一举。

挪威主权基金综合考虑了两方观点后，指出：董事会多元化确实可以带入更全面的视角和方法，优化公司决策流程；且当前董事会女性比例低是较为突出的问题，说明公司并未穷尽其力物色合适人选，因此加大女董事聘任力度是合理的。

我个人比较赞同挪威主权基金的观点。抛开定量学术分析不谈，从系统科学的角度来看，一个系统的多样性越丰富往往越稳定。既然地球上的男女比例是 1∶1，那么理论上，上市公司人员构成的平均比例也应该是 1∶1。目前，世界各国距离这个基准还差得太远。根据瑞典 – 德国奥尔布莱特基金会 2020 年 9 月的一项调查，在德国 DAX 指数里 30 家最大公司的董事会中，女性占 12.8%；美国为 28.6%，英国为 24.5%，法国为 22.2%。在中国 A 股，国务院参事室金融研究中心研究员何杰指出，女性在董事会中占比为 10.7%，女性担任董事会主席的占 5.4%。

可见，无论国外还是国内，女性在董事会中的比例提高是有必要的。相关顾虑不无道理，但多属“矫枉过正”的担忧。目前主要矛盾是“矫枉”，还远不必担心“过正”。

女性议题在中国

女性议题近几年来有愈来愈热的趋势。近几个月，国内就接连出现一些营销翻车事件，值得引起关注和反思。按时间顺序罗列如下：

2020 年 11 月，某超市被指羞辱女性身材，在商场海报里写“S 对应瘦，M 对应美，L 对应烂”，媒体都忍不住说“这个梗真烂”。

2021 年 1 月，某卫生巾品牌发布一则广告，一女子深夜回家遇黑衣人尾随，女子急中生智，用其湿巾卸妆，卸妆后变丑并成功自保。丑化女性的所谓“创意”引发大面积吐槽，此后品牌方还出了个“自夸式道歉”，网民也很不买账。

2021 年 1 月，某视频网站上线日本动画《无职转生 ~ 到了异世界就拿出真本事 ~》，剧情桥段引起争议。有网友指出，该网站还存在大量物化女性、消费女性的内容。多品牌终止与该网站的合作。

2021 年 2 月，某艺人为某品牌女性内衣带货，说了一句“让女性轻松躺赢职场”引发争议。涉事品牌官方发布致歉声明。

此外，贺岁电影《唐人街探案 3》中出现了暴打女护士、36D、东京热等情节和台词，也引起了一些观众的非议，但还没有演变为大的争端。

上述案例的问题核心，其实并不是我们传统所说的男女平等或女性保护，而是女性视角的问题，即是否考虑了女性受众的感受。我想，上述多数广告、桥段，很可能在创意、决策和制作过程中是缺乏女性视角的，尤其是某超市的这个海报。

这一点也可以呼应文章开头挪威主权基金关于董事会多元化的立场：增加女董事人数，促进董事会多元化，可以让董事会决策有更全面的视角和方法。

2016 年，我参加瑞典驻华大使的一场对话活动，主题就是“性别平等和企业社会责任”。谈话中提到的一个例子，我至今印象深刻：曾有一个国际援建项目修一条路，社区调查发现总体支持率很高，但按性别细分后，发现男的都支持，女的很多反对；仔细调查之后发现，原因是规划中的路落在村落与市集中间，女的经常去市集，以后就要绕路，很不方便，故此反对，男的多外出务工，修路后出行方便，故此支持。后来，项目规划做了一些调整，让男的女的都能满意。由此，或许我们可以看到性别视角的价值和意义。

作为专业 CSR 咨询公司，商道在公司管理和客户服务中，都比较注意性别视角。不久前，商道纵横还加入了联合国妇女赋权原则（Women's Empowerment Principles，WEPs），承诺为实现联合国 2030 可持续发展目标中的“目标 5：性别平等”作出努力。

（本文首次发表于 2021 年 3 月 8 日“郭沛源说 ESG”公众号）

海洋不是日本的垃圾桶，环保榜样要跌落神坛

日本排污贻害无穷

近日，日本政府决定把福岛核电站过去这些年产生的137万吨核废水排入大海。消息一出，舆论炸锅。毕竟，这在人类历史上还从来没有过。20世纪40年代到90年代这50年间，十多个国家曾往太平洋、大西洋倒过核废料，但和137万吨还是差了一个数量级，且1994年就被禁止了。这次日本政府居然要向大海“放毒”30年，所造成的影响难以估量。

首先，受到影响的必然是排放海域的海洋渔业、旅游业。这些产业都将遭到毁灭性的打击。试想，谁还敢购买这个海域出产的海鲜，谁还会到这个海域旅游？其次，整个海域的生态系统会遭受严重破坏，海域内居民健康也会遭受严重威胁。最后，随着洋流作用，相关污染必然会威胁太平洋沿岸国家，特别是邻近的中国、韩国、朝鲜和俄罗斯，即便是大洋彼岸的美国，也不会幸免。

海洋生态是地球生态体系的重要组成部分，联合国2030可持续发展目标中的目标14提出：保护和可持续利用海洋和海洋资源以促进可持续发展；包括渔业、旅游业等海洋经济创造了巨大财富和就业机会，海洋经济总量相当于全球第七大经济体的GDP。

在联合国高举可持续发展旗帜、距离实现2030可持续发展目标还有十年的关键时刻，日本政府这样的决策实在是太不负责任了。这就像一家化工厂堆积了很多有毒废料，厂区装不下，董事会做出个决议就准许化工厂向大街上放毒，既不合理，也不合法。

各方反应强烈

日本政府决定一出，日本民众首先坐不住了，纷纷抗议。据媒体报道，日本全国渔业协会联合会对日本政府这一决定感到“难以容忍”，并强烈抗议。多个团体向日本经济产业省提交了共计约6.4万人的抗议签名。

中国、韩国、朝鲜、俄罗斯也都明确表态反对、抗议、谴责。中国外交部发言人敦促日方认清自身责任，秉持科学态度，履行国际义务。韩国政府对此决定表示强烈遗憾。朝鲜也反对，认为此举将造成人道灾难，要求日本政府撤回决定。俄罗斯则表示强烈关切。

4 月 15 日，联合国官网也刊发文章，表示联合国专家对日本将核废水排入大海的决定深感失望。因为上百万吨核废水流入大海后可能会对许多人的生命和整个环境造成严重影响，对有关人权的保障构成极大威胁。

国际原子能机构（IAEA）的表态有点暧昧，只是说应努力避免福岛核废水排海造成的危害，但总干事在 4 月 13 日的视频讲话中提到：日本所选的办法（排海）是技术可行且与国际实践一致（Japan’s chosen water disposal method is both technically feasible and in line with international practice）。美国的说法与此相似，认为日本采取了一种全球公认的核安全标准，只是期待日本政府继续监督和沟通。

关于上述标准问题，我是存疑的。我倾向于相信绿色和平的观点：日本政府所说“合格”的废水、符合“环保要求”的核废水，国际上并无相关排放标准。因为福岛核灾是自 1986 年苏联切尔诺贝利核事故以来，人类遭遇过的最严重的核泄漏事故，也是前所未有的核灾难。日本政府所说的“合格”的废水，是按照日本自行订立的排放标准（绿色和平日本办公室资深核能专家 Shaun Burnie）确定的。中国外交部发言人说得好：海洋不是日本的垃圾桶，太平洋也不是日本的下水道。日方处理核废水，不应让全世界买单。至于日本个别官员称这些水喝了也没事，那请他喝了再说。

环保榜样跌落神坛

日本在过去几十年的世界环保史上留下过浓重的印记。最早，日本在工业化阶段也饱受环境公害之苦，譬如水俣病（汞污染）、痛痛病（镉污染），都是各类环保科普读物经常提及的案例。之后，日本痛定思痛，实现了环保方面的华丽转身。日本公司环保管理、环境信息披露是全球领先的，日本的垃圾分类经验更是为我们所津津乐道。

当年，我读过日本学者写的《环境经济学新论》一书，书中总结了很多日本治理环境公害的经验，特别是提出了环境公害治理会经过定损救助、环境净化、社会修复、经济重建四个阶段。该书以水俣病为例，讲述了患水俣病的当地居民如何历时数十年才走出污染阴霾的过程。

水俣病刚出现的时候，被谣传为传染病，给患者和水俣地区的居民都带来很多苦恼，据说严重到“只要一听说是水俣出生的人，婚事就会告吹，聘用就被取消”的程度，水俣产的农产品和水产品更无人问津。结果，未患病市民迁怒于患病市民，导致市民之间、患者之间、患者同政府之间产生了许多激烈的矛盾……取得突破的是1994年上任的水俣市长，他认识到消除对立是地区重建的开端，上任伊始就举办水俣病牺牲者追悼会，公开承认以往市政府的水俣病对策是错误的……水俣市在1996年制定了第三次综合计划，把“实现环境重建和产业重建的产业文化城市”作为城市重建的目标，2001年获得经济产业省和环境省颁发的“生态城市”称号。

——引自郭沛源《〈环境经济学新论〉的启示》

但这一次，日本这个环保榜样恐怕要跌落神坛了。特别是，这次污染威胁的不仅是日本国民，还有邻国居民以及全球的海洋生态。毕竟，全球各个大洋都是相连的。

讽刺的是，1993年俄罗斯在日本海域倾倒了约900吨液体放射性废料，结果，日本政府反应强烈，外务省当即召见了俄罗斯驻日大使对俄在日本海倾倒核废料表示抗议并要求立即停止倾倒。中国有句古话：己所不欲，勿施于人。不知道日本有没有类似的俗语。

碳中和与核电站

日本排放核废水的事情，让已经过去十年（但影响一直还在）的福岛核电站泄漏事故重现在世人面前。从大气污染控制的角度来看，核电无疑是有巨大优势的；但从容错的角度来看，核电的劣势也很明显，一旦出现风险，后果是可怕的。

在碳达峰、碳中和的目标约束之下，核电也同样面临一个两难的抉择。一方面，核电是低碳能源，可以非常高效地替代化石能源。IAEA总干事说，一些发达国家和发展中国家正在考虑扩大或引进核电来帮助实现气候变化和可持续发展目标，他认为核电是“当前解决方案”，提供了世界近三分之一低碳电力，同时也是“未来替代方案”和“调节器”。

另一方面，核电站也面临着服役期与2050年碳中和时间表之间的矛盾。文献显示，商用反应堆的设计寿命大约40年，但目前全世界反应堆的平均年龄已经30年。这就意味着，一些反应堆要在2030年前后退役。这就涉及两个新增成本：安全退役的成本，以及新建反应堆的成本。从成本和竞争压力角度考虑，一些发达国家正在延长核电站的许可证年限，从40~50年延长到80年，甚至有人提出可以到100年。如果这样，经济账是划算了，但代价必然是增加了潜在事故风险。

这些争论，正反方都有各自道理，我想争论还会一直持续下去。只是希望，一方面，核电技术能不断进步，从技术上缓解这些问题；另一方面，在建造的时候，充分考虑风险成本，合理纳入事故处置和安全闭堆的成本，不要像日本一样，账算不过来了，就把核废水倒入太平洋。

（本文首次发表于 2021 年 4 月 16 日“郭沛源说 ESG”公众号）

盖茨新书谈如何破解气候危机

上周五是世界读书日，参加读书会活动讨论的是近期热议的一本书，世界首富比尔·盖茨所写的《气候经济与人类未来》。英文原名为*How to Avoid a Climate Disaster*（《怎样避免气候灾难》），相比之下，中文译名要含蓄多了。

中信出版社此前已送给我一本书，放了几天没读。趁着读书会的机会，正好抓紧时间快速读了一下。一口气读下来，总体感觉很不错。

首先，从写法上说，这本书比较通俗易懂。盖茨是用第一人称的方式来叙述的，读起来很容易有代入感，好像世界首富在和你聊天，极度舒适。书中艰深的道理不多，有趣的故事不少。譬如，书中写到，巴菲特问盖茨，为什么飞机不能用电池替代燃油？盖茨回答说，因为电池自重大，燃油往往占飞机重量的20%~40%，如果换成同等燃值的电池，重量是燃油的35倍，飞机负担不了。听到这些解释，或许你也会和巴菲特一样，哈哈一笑，恍然大悟。

盖茨擅长用类比讲解应对气候变化的原理。当谈到为什么我们必须净零碳才可以避免气候灾难时，他举了水漫浴缸的例子。如果浴缸的水越来越多，快要漫出浴缸，而我们要避免水漫浴缸的悲剧，那么单纯把水龙头拧小是不够的。因为只要水龙头不断出水，哪怕水量再小，都不能避免水漫浴缸的最终结果。因此，一定要将水龙头拧紧了，不能再注水（相当于碳排放净值为零）。如果我们希望更安全一些，那么还要把浴缸的出水阀门打开，让水流出来（相当于负碳技术）。这样一解释，确实很好懂。

其次，从内容上说，这本书基本涵盖了气候变化领域的大部分议题。盖茨先从能源讲起。他说，最开始时，他关注的是全球健康、发展和教育的问题，而不是气候变化。但他发现，稳定、可负担的能源供应和发展问题关系密切，如果贫困地区的穷人不用每天花那么多时间捡柴火，如果孩子们晚上有照明可以学习，一些发展问题就能迎刃而解。他就是这样一步一步切入气候变化议题的。这本书从能源生产、能源消耗（水泥、钢铁等制造、建筑行业能耗）、能源存储开始讲起，然后讲到农业、交通、供热供冷。这些行业大多与气候变化密切相关。读罢此书，你大概可以了解气候变化对各行业的影响。

最后，从导向上看，这本书是问题解决（Solutions）导向的，盖茨在书中不仅指出问题，也在思考解决问题的方向和路径。他将之归结为自己是个“技术狂”，凡是看到问题首先想到的是怎样用技术去解决，这也是他看待气候变化的思路。因此，整本书通篇都是关于应对气候变化的解决方案的思考，有些是他看到的，有些是他听别人讲到的，也有一些是他自己思考的。大概也是因为这个原因，这本书英文版的副标题就是“我们已有的解决方案和我们要实现的突破”。

解决方案不仅和技术有关，也和市场有关。很多时候，即便技术可行，但因为经济不可行（太贵了），也没有办法实施。关于这一点，盖茨创造了一个新概念：绿色溢价（Green Premium）。简单地说，绿色溢价就是从传统方案到零碳方案所要多支付的成本。譬如，在美国，如果要实现电力系统零碳，则每度电的成本要增加1.3~1.7美分，增幅约15%。折算成美国家庭每个月的电费单，大约要增加18美元，这（18美元/月）对美国人来说，就是零碳电力的绿色溢价。并不是所有人都愿意支付这一溢价，因此电力零碳不会自动发生。

大多数情况下，绿色溢价是正数，即零碳方案比传统方案成本更高。在市场这只“看不见的手”的指挥下，人们会选择更廉价的传统方案，拒绝零碳方案。

解决办法很清楚，就是尽量削平绿色溢价，直到绿色溢价为零或为负。怎样才能做到这一点？盖茨认为，一是技术，二是政策。技术革新，可能会在很大程度上降低成本。光伏就是很典型的例子，书中指出，太阳能板的成本在2010年到2020年十年间，降低到原来的1/10，仅2019年就降低了11%，这使得在一些地区光伏发电可以和火电平价竞争。政策也可以发挥很大作用，譬如可以通过征税等办法让传统方案成本上升，也可以通过补贴等办法让零碳方案成本下降。此消彼长，绿色溢价便可减少、趋零，甚至为负。此外，在一些初期投入大、风险大的领域，政府可以先期投入，再吸引其他社会资本。盖茨说，这一招在当年微机和互联网发展早期都起到了巨大的作用，不然的话，我们就不会有如今计算机和互联网的繁荣。

在书的结尾，盖茨落脚到个人的责任上。他说，面对诸如气候变化这类大问题，个体很容易产生无力感。但事实上个体也是有力量的，每个人都可以发挥他/她作为民众、作为消费者、作为员工或作为企业主的力量，为应对气候变化做一点贡献。譬如，民众可以发出呼吁，消费者可以购买新能源车，员工或企业主可以推动/引领企业尽早实施零碳行动。

对盖茨的呼吁，有人可能会质疑：自己住豪宅，开私人飞机，却让别人减排，合适吗？盖茨没有回避这个问题。他说，自己已经意识到这一点，所以他2020年开始购买可持续航油，计划中和掉他们全家2021年的航空排放。此外，他还投资一些有利于碳中和的创业公司和非营利组织，累计已超过 10 亿美元。他认为，虽然这些投资并不能抵消他家的碳足迹，但如果其中有一些模式成功了，那么产生的价值要远大于减少他家自己的碳排放。这一点我是赞同的。从技术上说，前者针对的是他家的范畴一、范畴二排放（自身排放），后者针对的是范畴三排放（自身以外的与自己相关的排放），对他家而言，范畴三减碳的价值远大于范畴一和范畴二减碳的价值。

总之，对很多读者来说，这本书可以作为学习气候变化、思考应对之道的入门书。除了这本书，我还推荐大家阅读盖茨和他夫人每年初发表的《盖茨年信》。盖茨这些对当今社会问题的思考，值得那些已然实现财富自由的人们特别是各类财富榜单上的富豪们参考、借鉴。

（本文首次发表于 2021 年 4 月 30 日“郭沛源说 ESG”公众号）

双面气候风险：郑州强降雨和西安退煤电

上周，郑州强降雨引发全国关注。在遥远的西安，政府决定五年内完全退出煤电。两座城，两件事，看似无关，实则都指向气候变化。两件事放在一起分析，可以看到气候风险的双面特征。

实体风险：郑州强降雨

人们常说的气候变化，是指因为人类活动将封存在地下的碳元素以气体的形态释放到空气中，导致空气中二氧化碳浓度上升，产生温室效应，造成地球表层温度上升，俗称全球变暖。全球变暖会引致严重后果，其中一个便是极端天气事件增多。郑州此次强降雨，三天之内把一年的雨水都降下来了，很可能就是气候变化导致极端天气事件频发的一个缩影。

不仅中国河南郑州，远在欧洲的德国也正遭遇洪水侵袭。据德国政府披露的数字，洪水已经造成德国西部约 180 人死亡、约 150 人失踪。地球另一侧，北美地区进入极端高温模式，美国西部 12 个州出现至少 71 场山火。

这些气候变化造成的风险，是实实在在看得到的，所以通常被称为物理风险或实体风险（Physical Risk）。一些行业对气候变化实体风险特别敏感。以郑州强降雨为例，交通运输（包括道路等基础设施和车辆的损毁）、电力通信、农业、房地产（有房子出现开裂）等行业都会遭受明显损失。不仅如此，这些行业的损失还会通过经济链条传递到其他行业，譬如因为人身意外险、车险理赔量会增加，保险公司也会因此赔钱。

穆迪曾做过测算，如果我们不采取行动遏制气候变化，那么到 2100 年全球就有可能因为气候变化遭受 69 万亿美元经济损失。

转型风险：西安退煤电

人们必须采取行动自救。2015 年达成的《巴黎协定》便是近年来全球应对气候变化所取得的最重大成果。《巴黎协定》明确了全球应对气候变化的目标，要把地球温升控制在 2 摄氏度内，并努力达到 1.5 摄氏度内。

签署《巴黎协定》的各国政府都要承诺为此做出贡献并拟订具体计划，这些计划往往围绕二氧化碳减排、气候适应、促进转型这三方面展开。中国也是如此。2020 年 9 月，中国承诺争取 2030 年前实现碳达峰、2060 年前实现碳中和（即双碳目标）。2020 年 12 月，中国进一步承诺：到 2030 年单位 GDP 碳排放将比 2005 年下降 65% 以上，非化石能源占一次能源消费比重将达到 25% 左右，风电、太阳能发电总装机容量将达到 12 亿千瓦以上。

在双碳目标下，碳排放高的资产将无法逃脱逐步被淘汰的命运。6 月 25 日，西安市人民代表大会常务委员会通过了《关于优化调整产业结构能源结构交通运输结构推动大气环境质量持续改善的决定》，提出“十四五”末退出煤电的目标，即 2025 年前大唐灞桥热电厂、西安热电有限责任公司等燃煤热电企业全部要关停、搬迁。这个决定一经报道就引发广泛讨论。舆论一方面是感慨其行动速度之快、力度之强，另一方面也担忧是否能找到足够的替代能源。专家推测，西安很可能会以气代煤，天然气没有污染，但仍有碳排放（约为煤电碳排放的 50%），算是一种折中的技术方案。

可以预见，全国范围内会有更多的煤电资产加速淘汰，由此产生的问题是资产的加速折旧和价值贬损。这对资金融出方（可能是权益投资者，也可能是债权人）来说，不是什么好消息，可能会引发财务损失，产生金融风险。这些风险是由因应对气候变化的结构转型引起的，因此也称为转型风险（Transition Risk）。

TCFD：气候风险分析框架

郑州强降雨和西安退煤电，两座城两件事看似毫不相关，但其实它们有一个共同点，那就是都指向气候变化：因为气候变化，导致极端天气事件频发，可能引发了此次郑州强降雨事件；为了避免更频繁的极端天气事件，政府要采取措施应对气候变化，关键是减少碳排放，推动经济低碳转型；要实现转型，煤电资产会面临加速淘汰，所以有了西安退煤电的决策。一言蔽之，类似西安退煤电的决策，是为了避免未来多次发生类似郑州强降雨的灾害。

这充分说明了气候风险的两面性，既造成实体风险，也造成转型风险。政府和市场都要重视这种双面风险特征，以在通往碳中和的道路上保持平衡和稳健。这对银行、保险和资管等金融机构尤为重要，因为这些金融机构广泛持有各类资产，会同时受到双面风险、双重夹击，要全面审慎评估。

国际金融领域很早就关注到这一问题。2015 年，G20 金融稳定理事会（FSB）发起成立气候相关财务信息披露工作小组（TCFD），对此做了专门研究。2017 年，

TCFD 发布政策建议，提出气候风险的分析框架。这个框架把气候风险分为实体风险和转型风险两方面，实体风险包括急性风险和慢性风险两类，转型风险包括政策法律风险、技术风险、市场风险和声誉风险四类。目前，TCFD 框架已经被广泛认可，来自 70 多个国家和地区的 2000 多家机构对 TCFD 的框架和建议公开表示支持。

中国也积极参与 TCFD 工作。2015 年，中国工商银行派代表担任工作小组成员。2017 年，中国和英国成立 TCFD 试点工作小组（中英绿色金融工作组）。最近，中国人民银行行长易纲在国际清算银行（BIS）组织的 2021 年 Green Swan（绿天鹅）会议中表示，中国人民银行正在与 FSB 密切合作，鼓励国内银行与机构加入 TCFD。

信息披露：应对气候风险的关键一步

TCFD 框架建议从治理、战略、风险管理、指标和目标四方面应对气候风险。里面提到的情景分析、目标设定都涉及定量数据。因此，如何采集、测算碳排放量，就变得十分重要。生产型企业可以根据经营数据参照成熟标准测算，相对容易；金融机构常常要依靠企业披露数据，难度很大。

在这个领域，国内外的政策趋势都是“两手抓”。一手抓企业特别是上市公司的气候信息披露；一手抓金融机构的气候信息披露，借此驱动企业信息披露。今年 6 月 28 日，中国证监会发布修订后的上市公司年度报告和半年度报告格式准则，要求上市公司在年报、半年报中增设“第五节　环境和社会责任”，鼓励上市公司自愿披露为减少碳排放所采取的措施及效果。中国人民银行也提出要推动国内主要商业银行披露气候变化相关信息，并研究推广至上市公司等市场主体，未来将建立统一的信息披露标准。

这项工作已经在局部地区先行先试，包括六省九地的绿色金融改革创新试验区和粤港澳大湾区。7 月 14 日，兴业银行深圳分行发布《2020 年环境信息披露报告》，成为首个公开发布环境信息披露报告的全国性银行重点区域分支机构。这份报告依据中国人民银行金融标准化技术委员会的《金融机构环境信息披露指南（试行）》要求编制，报告披露了部分投融资活动碳足迹信息，这在国内商业银行中还是首次出现。

当然，在气候信息披露水平和质量达到一定程度之前，金融机构完全依靠企业端披露数据是不现实的，必须通过其他方法获取碳排放数据。在 2021 中国责任投资论坛（China SIF）夏季峰会上，商道融绿发布了 PANDA 碳中和数据平台。该平台包括对上市公司的物理风险、转型风险、机遇、碳足迹和碳中和管理方面的评估数据，可以为金融机构环境信息披露、测算投资组合碳强度、开展气候压力测试、评估气候风险、开发碳中和金融产品、制定碳中和战略等提供基础数据支持。不妨试用一下。

（本文首次发表于2021年7月26日“郭沛源说ESG”公众号）

Patagonia，顶级的公司，最后把自己变成了地球的“打工仔”

在地球上，什么才是顶级的公司？是以最快速度 IPO，还是发射火箭探索未知太空？昨天我看到的答案，是做到最后把自己全捐出去、变成地球“打工仔”的公司。

昨天（9 月 15 日），微信朋友圈和 LinkedIn 都被同一条消息刷爆了：美国户外运动品牌巴塔哥尼亚（Patagonia）创始人 Yvon Chouinard，在经营这家公司 50 年之后，宣布为 Patagonia 翻开下一篇章。他说：

嘿，朋友们

我们刚刚把公司交还给了地球母亲

他是怎么做到的呢？ Yvon 把 Patagonia 公司的股权分为两部分：一部分是没有投票权的股权，占公司股权的 98%，这部分赠予非营利组织 Holdfast Collective；另一部分是有投票权的股权，占公司股权的 2%，这部分转让给信托基金 Patagonia Purpose Trust。

这样一来，信托基金所持有的 2% 的股权实际上拥有公司 100% 的投票权，可以就重大决策发挥决定作用，特别是公司战略和高管任免等；非营利组织所持有的股权，则只要“坐享其成”等着每年分红（每年盈利扣除再投资的钱就可以拿来分红），然后用来保护环境。Patagonia 公司的 CEO 和经营团队及全体员工会在信托基金治下做好公司的经营管理。

这样一个有趣的制度安排，很大程度上实现了经营权与收益权的分割：信托基金只有 2% 的所有权，却拥有全部经营权；非营利组织无权干涉公司管理，却拿走几乎所有的分红。通俗地说，这个公司变成了地球的“打工仔”，因为大部分利润都拿去保护地球了。

从传统公司治理角度看，这真是不可思议，完全不符合经济学进里面所说的“理性（自私）人假设”及“有恒产者有恒心”的管理理念。但 Patagonia 做到了。

朋友圈里对这则消息，多数是惊叹“了不起”，却不惊讶 Yvon 的举动。因为 Yvon 和 Patagonia 公司都有长久的保护地球的传统。

早在2001年，Patagonia公司就发起了1%捐赠倡议，捐出当年营收总额的1%用于地球环境保护。改制之后，这1%捐赠仍然继续执行。

遍寻世界企业史，Patagonia公司的做法无疑是极其少见的。然而，Patagonia公司并非唯一，这么做的企业家还不止Yvon一人。

在我了解的企业中，德国博世的做法如出一辙。这是一家由德国人罗伯特·博世在1886年创办的企业，从事汽车与智能交通技术、工业技术、消费品业务，位居财富500强的前100名。

这家公司也是把经营权与收益权分割。就收益权看，博世基金会拥有94%，博世家族拥有5%，博世公司自己还拥有1%。就投票权看，博世信托基金拥有93%，博世家族拥有余下的7%，博世基金会没有投票权。因此，和Patagonia公司的安排类似，信托基金承担公司的重大决策，非营利的基金会只需要“坐享其成”。从财务报表看，博世基金会在2020年和2021年分别得到1亿欧元和近6000万欧元的分红收入，这些钱都拿去资助各种公益活动了。

Patagonia公司和博世，不管是从商业还是从社会的维度，都可以称为成功的企业。博世已经活了130多年，Patagonia公司也已经活了50年。

两家公司的特别制度安排，很值得去研究，也让我想起早年的一本畅销书《基业长青》。这本书研究了那些长命百岁的公司的共同点。我记得，其中一点便是长命百岁的公司都有“超越利润的追求”。

很多公司把这句话写在企业价值观里（也已经很不错了），但Patagonia公司和博世则通过制度安排把这句话刻在了公司基因里。

（本文首次发表于2022年9月16日“郭沛源说ESG”公众号）

ESG 报告都不够先进？这些公司在发布 Impact 报告

ESG 报告都不够先进吗？答案是否定的，很多公司仍在前往 ESG 报告的路上。然而，一些公司确实开始编制一种新的报告，名为 Impact 报告。上周，联想集团发布首份社会价值报告，我在报告发布会之后的研讨会中简要介绍了 Impact 报告这一趋势。本文根据演讲内容整理，略有修改。

《联想集团 2022 社会价值报告》主要阐述了联想集团以科技创新赋能的解决方案，为社会、环境、治理问题的解决所做的努力及成效。报告涵盖绿色工厂、产业链低碳转型、智慧医疗等内容。

这些内容，在企业社会责任的传统理论框架下，通常称为创造共享价值或价值共创，即公司在创造经济价值的同时，也创造社会价值。现在，国外也有人将之称为积极影响（Positive Impact，也可译为积极影响力），即公司对其他利益相关方产生的正面影响。

我认为两者其实并无本质区别，最大差别是用词不同：一个是价值（Value），另一个是影响（Impact）。但这无疑凸显出“影响”一词的影响力确实在提升。这种变化最近几年才悄然出现。在 GRI 标准（2021 年版）中，GRI 提出了四个重要概念：影响、实质性议题、利益相关方、尽职调查。“影响”这个概念居于首位，足见其重要性。

在英语中，Impact 是个中性词，可能是负面（消极）的影响（Negative Impact），也可能是正面（积极）的影响（Positive Impact）。GRI 在标准中是这样表述的：影响可能是实际或潜在的、正面或负面的、短期或长期的、有意或无意的、可逆或不可逆的。但在实际应用中，当一家公司在谈论自己的影响时，主要指积极影响。

特斯拉就是一个例子。去年 4—5 月，特斯拉的老板马斯克炮轰 ESG，引起轩然大波。他认为 ESG 是垃圾，Impact 才是对的，于是特斯拉在 5 月发布的报告名称就是影响力报告（TESLA Impact Report）。报告序言也旗帜鲜明，认为时下的 ESG 评估方法更多是评估风险，而不是衡量公司创造了多少社会价值（Company Impact）。因此，传统燃油车公司只要做出些微努力，减少碳排放，ESG 评级就能显著提升，以致连石油公司的 ESG 评级都比特斯拉要高，这样的评级方法让特斯拉很受伤。因此，特斯拉主张重塑 ESG 的评价方法，重塑的方向就是衡量公司产生的积极影响。

马斯克的观点有逻辑缺陷。这个问题，我在《ESG 评级是垃圾吗？——对马斯克的回应》及《再议马斯克炮轰 ESG 评级》两篇文章中已经讲过，不再赘述。但即便如此，马斯克的观点仍值得引起重视，即对特斯拉此类公司，倘若产品和服务本身可以带来很大的正的外部性，我们是不是应该用另外一种尺度去衡量？

因此，如何识别、测算公司的积极影响力，已经成为 ESG 领域发展的重要趋势。这一点我们在《中国责任投资十大趋势 2023》中已指出过。

国际上最早探索量化影响力的是早期搞影响力投资（Impact Investment）的群体。全球影响力投资网络（GIIN）很早就开发了一套指标目录 IRIS，即影响力报告和投资标准（Impact Reporting and Investment Standards）。这套标准很详细，包含组织描述、产品描述、财务绩效、运营影响力、产品影响力等方面的 700 多个细分指标，每个指标都可以对照到联合国可持续发展目标。

但 700 多个指标，看着都觉得太多了，于是 2008 年全球 20 家开发性金融机构合作推出私营部门业务统一指标（HIPSO），减轻公司的信息披露压力，并增强影响力数据的可比性。HIPSO 覆盖主要行业，但只有 38 个指标，用起来要简单一些。

这些指标具体怎样用呢？举个例子。如果你的公司要发行一只社会责任债券，最好界定一个或多个可量化测算的指标，描述债券募集资金投向的预期效益。那么，这些指标就可以从 GIIN 或 HIPSO 的指标库中选取，指标库对指标的含义、测算的方法都做了详细的说明。类似地，公司也可以用这一方法界定一个或多个可量化测算的指标，描述公司经营业务产生的社会效益和环境效益。强调这些内容的报告，就可以成为 Impact 报告。

国际上已经有不少公司通过发布 Impact 报告的方式，强调自身产生的积极影响力，塑造企业本身可以成为“可持续发展解决方案提供商（solution provider）”的积极形象。除了特斯拉外，近期看到的还有 IBM 和耐克等的 Impact 报告。耐克的 Impact 报告的绩效数据，更多是突出耐克在环境和社会方面取得的进展，譬如他们让 37.5 万名女生参与到他们的运动项目中，通过耐克培训工具培训了 1.7 万名教练员。

在《联想集团 2022 社会价值报告》中，我们也能找到此类绩效数据。譬如，联想的零碳解决方案在汽车制造、石油石化、能源电力、电子制造等行业落地，助力国内企业零碳转型。通过联想提供的绿色解决方案，潍坊特钢提升了企业管理效率与管理精度，每年节约 5 万多吨标准煤，减少约 13.5 万吨碳排放，直接经济效益接近 3000 万元人民币。从这个角度看，联想的这份社会价值报告，很像 Impact 报告；如果翻译成英文，用 Impact Report 的名称比用 Social Value Report 更容易被理解。

综上，ESG 报告还在增长，同时 Impact 报告已崭露头角。ESG 报告往往会依据 ESG 评估的框架和方法予以披露，方便投资者、分析师、评级机构等获取相关信息；Impact 报告则更多强调公司产生的积极影响力，特别是通过量化的指标和数据予以表述。ESG 报告的框架指引相对已经成熟，Impact 报告还缺乏完全统一的框架，甚至有的 Impact 报告写得和 ESG 报告没什么两样（除了名字不同外）。但 ESG 报告和 Impact 报告并非相互替代的关系，公司也可以同时发布两份报告，发挥不同的功用。

（本文首次发表于 2023 年 4 月 18 日“郭沛源说 ESG”公众号）

普惠金融新视角：关注个体的金融健康水平

普惠金融对多数人都不陌生，它更多强调的是金融服务的可达性（Accessibility），常体现为鼓励为小微企业和老百姓提供金融服务。

但是，万物皆有度。如果金融服务过度，即金融机构超过小微企业和老百姓的客观需求提供金融服务，则会引发负面问题，危及个体的金融健康水平。

这方面的案例和教训还是不少的。譬如，早几年的校园贷所引发的种种乱象，就引起了监管关注，最终采取监管措施整顿市场。当年以校园贷为主业的某店，市值从高峰的 100 亿美元跌落至 2 亿美元，且在放弃校园贷后至今还没有找到新的商业模式。

最新一期《中国金融》的封面报道是对联合国环境署金融计划（UNEP FI）负责人 Eric Usher 先生的采访，主题就是金融健康问题。Eric 在采访中指出，当前国际社会对金融健康（Financial Health）尚无统一定义。UNEP FI 和部分银行做了初步探讨，认为金融健康是一种状态，在这种状态下，每个个体都可以顺利地管理其当前的资产和负债，并对未来的财务状态充满信心。

具体地说，UNEP FI 定义的金融健康包括四要素：

· managing day-to-day finances to meet short term needs
（能够管理日常财务活动以满足短期需求）；

· capacity to absorb financial shocks（resilience）
（具有应对财务冲击的能力，即财务韧性）；

· capacity to reach future goals
（具备实现未来财务目标的能力）；

· feeling secure and in control of finances（confidence）
（能够掌控自己的财务状态并具有安全感 / 自信心）。

要实现金融健康，UNEP FI 认为有三个关键步骤。一是要更容易获得更适合的金融产品和服务；二是要正确地使用这些产品和服务（透明的顾问建议）；三是强化企业和个人的金融知识与技能，以作出明智的金融决策。更多内容可以参考 UNEP

FI 负责任银行原则组织编写的《普惠金融和金融健康目标设定指南（第 2 版）》。

我认为，普惠金融和金融健康可以理解为金融服务大众（小微企业和老百姓）的“一体两翼”：普惠金融强调增加可达、可负担的金融服务，为那些以往很难获得金融服务或者服务不足的个体提供支持；金融健康强调适度、有序，不要超出自身需求过度举债，避免陷入困境。一言蔽之，就是“有渠道可借，有能力可还”。

金融健康的主张和国内金融监管部门的立场一致。2021 年，原银保监会（即国家金融监管总局）消费者权益保护局发布风险提示，提醒广大消费者树立理性消费观，合理使用借贷产品，选择正规机构、正规渠道获取金融服务，警惕过度借贷营销。这不就是金融健康所强调的财务韧性和安全感吗？只是监管部门的措辞中没用到“金融健康”一词。

UNEP FI 把普惠金融和金融健康放在一起考虑是有一定道理的。所谓过犹不及，借太多钱和借不来钱的危害可能是相当的。而且，因为缺乏金融知识，普惠金融的对象在不良金融机构的诱导下产生的金融健康风险也可能是更大的。

在《普惠金融和金融健康目标设定指南（第 2 版）》中，UNEP FI 提出了一个关于金融健康与普惠金融的共同行动框架。这个框架不仅包括一些共性定义，还包括一张核心指标清单，可用于衡量金融机构在普惠金融和金融健康方面的表现，金融机构和监管部门均可借鉴。

（本文首次发表于 2023 年 7 月 26 日“郭沛源说 ESG”公众号）

诺贝尔奖给了女性经济学

昨天，诺贝尔经济学奖揭晓，哈佛大学教授克劳迪娅·戈尔丁（Claudia Goldin）因在女性经济学领域的突出贡献，成为2023年诺贝尔经济学奖得主。诺贝尔经济学奖委员会表示，戈尔丁的研究增进了人们对女性劳动力市场结果的理解，认识到未来可能需要消除的潜在因素和障碍。

戈尔丁的主要观点在她的书《职业与家庭：女性迈向平等的世纪历程》中有详细论述。在这本书中，戈尔丁把出生于19世纪末到20世纪80年代的女性大学生分为五组，比较她们在社会发展不同阶段所展现的不同的家庭、事业平衡模式。

她认为女性在就业市场中处于劣势，或者称为不平等。这种不平等往往是因为女性需要花更多时间照顾家庭、照顾孩子和老人，导致发展事业的时间减少。因此，戈尔丁指出，家庭内部的性别平等有助于职场工作的性别平等。

从工作端看，她认为社会和企业如果可以提供更灵活的工作安排，就可以帮助女性更好地平衡家庭和职业生活，从而促进女性在职场中的成功。

现实的障碍是“贪婪的工作（Greedy Work）”大行其道。戈尔丁在接受采访时说，“贪婪的工作”这个词并非她独创，而是早已出现在新闻评论和社会学研究中。这类工作的特点是需要耗费大量时间和精力，多花时间、随叫随到的员工可以获得更多的回报，而且时间多花一倍，收益却远远超过一倍。这类工作会让女性更加处于劣势。

戈尔丁的研究无疑具有很强的现实价值，特别是对当下中国。我们正在鼓励生育，但效果不佳，育儿负担是重要因素，特别是对渴望在职场上取得成功的女性而言。

我认为，在这个议题上，公共政策特别是社会保障政策能发挥更大作用，但企业和资本市场也是可以有所作为的。从企业角度来看，提供灵活工作安排，为员工提供一些托幼便利，都可以起到这个作用。例如携程就曾经开设亲子园，为员工提供托幼服务，新冠疫情期间又推出“3+2”混合办公制度。从资本市场角度看，通过践行ESG，也可以促进工作场所多元包容及促进女性迈入董事会。例如挪威主权基金要求，如果上市公司任一性别的比例低于30%，则董事会应考虑设定性别多元化的目标并披露进展（详见《曾引领脱碳的主权基金，如今要求女董事至少 30%》）；又如港交所修订《企业管治守则》，已不再接受董事会只有单一性别成员的上市申请人，而现有上市公司也须于 2024 年底前遵守相关规定。

最近几年，诺贝尔经济学奖加大了对环境、社会因素的关注，展现了经济学家的人文关怀。这包括：2015 年诺贝尔经济学奖得主安格斯·迪顿，研究消费、贫困和福利；2018 年诺贝尔经济学奖得主威廉·诺德豪斯和保罗·罗默，将技术创新和气候变化因素引入长期宏观经济模型分析框架；2019 年诺贝尔经济学奖得主阿比吉特·巴纳吉、埃丝特·迪弗洛和迈克尔·克雷默，运用实验方法研究贫困问题。这些都和 ESG 有密切关系。若干年后，ESG 或许也会在诺贝尔经济学奖中有一席之地。

（本文首次发表于 2023 年 10 月 10 日“郭沛源说 ESG”公众号）

科技赋能公益：互联网大厂要设“公益翻译官”

CCF 技术公益大会

中国计算机学会（China Computer Federation，CCF）是成立于 1962 年的全国性学会，也是国内计算机领域最具影响力的学术团体之一。2022 年，CCF 发起成立 CCF 公益工委，旨在推动公益领域的技术发展和突破。2023 年 4 月，CCF 公益工委召开了首届技术公益大会；今年是第二届，会议当天也是 CCF 首个公益日。

在大会上，CCF 理事长、中国工程院院士孙凝晖表示，公益事业的进步是社会经济发展与文明进步的标志之一，需要各界人士、各个企业的爱心、关心和热心，CCF 在此号召广大会员积极投身到这项美好的事业中来。

大会发布了几项重要行动：CCF 技术公益一小时倡议发布仪式、CCF 技术公益案例集（2024 年）启动仪式、第二届 CCF 技术公益马拉松发布仪式、CCF NOI-Pre 项目发布仪式、“朝矽公益”项目启动仪式。读者可以关注一下。

阿里云、腾讯 SSV、小米、字节跳动、智谱等科技圈代表和中国慈善家、基金会中心网、青悦、青赣等公益圈代表在会上做了交流。

科技与公益的“翻译官”

我参加了“技术公益进行时：破局与创新”的对话环节，讨论的核心问题是：科技赋能公益的“卡点”是什么？要如何解决？我把我当时的观点简要整理如下。

在企业社会责任领域，我们常讲“创造共享价值”，其核心是发挥企业的核心能力来解决（缓解）社会问题。公益组织通常对社会问题有更多的见解和经验，因此，在多数情况下，企业会和公益组织合作。常见的误区是企业认为其核心能力就是“有钱”，所以合作的方式就是“捐钱”。这是不对的。企业的核心能力是“赚钱的能力”，可能是产品技术，也可能是组织网络，如果能发挥这些独特的资源优势助力公益，产生的社会效益往往更大。很多经典的公益项目，如可口可乐净水 24 小时行动、蚂蚁森林等，都具备这样的特征。

不过，在 CCF 的会上，上述问题不是核心矛盾。因为科技企业特别是互联网大厂，在与公益组织合作的时候多数都比较重视与信息科技的结合。所以，对互联网大厂来说，科技赋能公益的关键是理解公益组织的真实需求。

这一点大家常常会有误区，认为企业一定要把最好的技术给公益组织，才是最好的。其实不然。如果对方要的只是面包，你给他牛排，他不仅吃不惯，可能还会消化不良。映射到真实场景中，如果一张 Excel 表格能解决的问题，非搞成一个系统，就把问题复杂化了。说到底，合适才是关键。

对互联网大厂来说，了解公益组织的需求，其实和了解企业客户的需求是一样的，要有产品经理来做沟通和设计。因此，有对话嘉宾提出，互联网公司中应该有公益产品经理这个角色。我认为这是非常好的建议。这个产品经理扮演的就是“翻译官”的角色，把公益需求转化为技术开发人员听得懂的语言，反过来再把公司的产品和技术优势转化为公益人能听得懂的语言。

更进一步说，我提出互联网大厂要考虑人、部门、场景这三个要素，促进与公益组织的合作。从人的角度说，最好是由熟悉企业情况的高管来牵头这部分的工作，这样更有利于调动内部资源。专门做这件事情的人多了，就可以设置为常设部门，如腾讯设立了 SSV 部门（可持续社会价值事业部）。但专门团队要求的投入较高，企业可以考虑创造各种场景，促进各条业务线更多思考公益、更容易参与公益，如阿里巴巴的 95 公益周和橙点公益榜。

“520 社会责任日”

科技赋能公益是个有意思、有意义的题目，还可以有很多问题值得深入讨论。除了科技行业外，其他很多行业也能赋能公益，譬如金融赋能公益，可以衍生出公益人身保险等新产品；艺术赋能公益，可以衍生出自闭症儿童的公益项目等。

这些创新的共同点，就是发挥企业的核心能力来解决（缓解）社会问题。为了倡导更多企业这样做，2017 年，我和其他 12 位可持续发展领域的专家和学者发起了“520 社会责任日”倡议，将 5 月 20 日定为社会责任日，推动责任成为一种流行文化。

今年的“520 社会责任日”也安排了丰富的活动，包括线上直播和优秀案例评选，设置“ESG 营销”“气候变化”“重塑”“关爱儿童”“生物多样性保护”“老龄友好”六大主题，敬请关注。

（本文首次发表于 2024 年 5 月 14 日“郭沛源说 ESG”公众号）

三、星星之火，可以燎原

——政策与标准

2060 年前实现碳中和，谁来建设“零碳国家”？

9 月 22 日，习近平主席在第七十五届联合国大会一般性辩论上的讲话中提出，中国将提高国家自主贡献力度，采取更加有力的政策和措施，二氧化碳排放力争于 2030 年前达到峰值，努力争取 2060 年前实现碳中和。这是中国首次提出碳中和目标，引起国内外广泛关注。

从“2020 目标”到“2060 目标”

多年以来，中国积极应对气候变化，中国政府也积极参与联合国框架下的气候变化谈判。习近平主席在第七十五届联合国大会一般性辩论上指出，应对气候变化《巴黎协定》代表了全球绿色低碳转型的大方向，是保护地球家园需要采取的最低限度行动，各国必须迈出决定性步伐。

过去十余年，中国先后三次提出了减碳目标。第一次是 2009 年提出的“2020 目标”，即到 2020 年单位国内生产总值二氧化碳排放比 2005 年下降 40%~45%，非化石能源占一次能源消费比重达到 15% 左右，森林面积比 2005 年增加 4000 万公顷，森林蓄积量比 2005 年增加 13 亿立方米。2019 年 11 月，生态环境部宣布提前一年完成减碳目标。

第二次是 2015 年提出的“2030 目标”，即二氧化碳排放 2030 年前后达到峰值并争取尽早达峰，单位国内生产总值二氧化碳排放比 2005 年下降 60%~65%，非化石能源占一次能源消费比重达到 20% 左右，森林蓄积量比 2005 年增加 45 亿立方米左右。上述目标呈现在《强化应对气候变化行动：中国国家自主贡献》（INDC）方案中。

第三次就是刚刚宣布的“2060 目标”，即努力争取 2060 年前实现碳中和。

从“2020 目标”到“2060 目标”，经历了三次飞跃。“2020 目标”实现从 0 到 1 的飞跃，是中国首次对国际社会作出的应对气候变化的承诺。“2030 目标”实现从碳排放强度到碳排放总量的飞跃，此后碳排放总量不再增长。“2060 目标”实现从总量控制到碳中和的飞跃，此后中国将做到“净零碳排放”，成为“零碳国家”。

碳中和与“零碳国家”

碳中和（Carbon Neutrality）是个技术概念，指的是释放的二氧化碳（准确说是温室气体）和吸收的二氧化碳相当，这样大气中二氧化碳含量就不会增加。因为碳排放被认为是气候变化的“罪魁祸首”，所以碳中和就成为“釜底抽薪”地应对气候变化的方法。

一般来说，碳中和也可以称为“零碳”，因为释放的碳与吸收的碳相抵了。在很多情况下，碳中和仍不可避免会释放一些二氧化碳，但可以通过植树造林或购买碳信用的方式抵偿（Carbon Offset）。这也被称为“净零碳（Net Zero Emission）”，因为这只是“碳收支”相抵的结果。更严格的“零碳”是“总零碳（Gross Zero Emission）”，即完全抛弃化石能源，只用太阳能、风能等可再生能源，这样系统内就不会有任何新增的碳排放。

当前，已有 20 多个国家和地区提出了“零碳国家”目标（见表 1），大多遵循的是“净零碳”的原则，和中国提出的碳中和一致。

表 1　提出“零碳国家”目标的主要国家和地区

承诺类型	国家和地区（承诺年）
已实现	苏里南、不丹
已立法	瑞典（2045）、英国（2050）、法国（2050）、丹麦（2050）、新西兰（2050）、匈牙利（2050）
立法中	欧盟（2050）、西班牙（2050）、智利（2050）、斐济（2050）
政策宣示	芬兰（2035）、奥地利（2040）、冰岛（2040）、德国（2050）、瑞士（2050）、挪威（2050）、爱尔兰（2050）、葡萄牙（2050）、哥斯达黎加（2050）、斯洛文尼亚（2050）、马绍尔群岛（2050）、南非（2050）、韩国（2050）、中国（2060）、日本（21 世纪下半叶尽早实现）

资料来源：Energy & Climate Intelligence Unit 及作者整理。

从地区看，欧洲国家和地区最多。芬兰、奥地利、冰岛、瑞典宣布在 2035—2045 年实现“零碳”，多个欧盟成员国、英国等宣布在 2050 年实现“零碳”（见表 2）。在东亚地区，韩国承诺 2050 年实现“零碳”，日本则承诺“在 21 世纪下半叶尽早实现零碳”，相比之下，中国 2060 年“零碳”目标更加清晰。如果考虑到经济发展阶段的因素，计算从达峰到“零碳”的年数，欧洲国家多在 50 年以上，中国只有 30 年，这也显示出中国的责任担当与巨大决心。

表 2　部分国家达峰和“零碳”年份

国家	达峰年份	“零碳”年份（承诺）	差值（年）
瑞典	1993	2045	52

续表

国家	达峰年份	“零碳”年份（承诺）	差值（年）
英国	1991	2050	59
法国	1991	2050	59
丹麦	1996	2050	54
中国	2030	2060	30

资料来源：作者整理。

如何建设“零碳国家”

建设“零碳国家”首先要调整能源结构，逐步减少使用甚至放弃化石能源。以往，当我们更关注空气污染防治的时候，主要是减少煤炭、石油在城市中的利用。但从应对气候变化角度看，天然气这样并不造成空气污染的化石能源，也是要弃用的，因为天然气燃烧同样会排放二氧化碳。因此，2060 年之前，逐步调整一次能源结构，大幅提升太阳能、风能、水电等不排放二氧化碳的可再生能源的使用就显得尤为关键。其次要提升各行各业的能源效率，特别是制造业的能源效率，这样可以实现用更少的能源创造更多的产出，同时满足经济增长和环境保护的诉求。最后是人们生活方式的转变，要引导公众绿色消费、绿色生活，如绿色出行、26 度空调行动等，这样一方面可以减少能源需求，另一方面也可以激励企业的绿色生产。当然，从碳的供给侧来看，持续植树造林，增加森林碳汇，也是必需的，毕竟还会有一些经济活动会产生碳排放，这要用碳汇来抵偿。

我们预计，和以往落实节能减排政策一样，“2060 目标”也会层层分解，各省市、各部委、各行业将会在不久的将来面临碳中和的政策目标约束。落实不力会有行政压力。不久前，内蒙古节能主管部门就因为能源消费大幅增长、非化石能源比重过低被国家发展改革委约谈。

企业将在建设“零碳国家”中承担主体责任，因为碳排放多与经济活动相关，即便居民生活消费排放，也往往是由企业提供服务的。因此，企业特别是高排放行业的企业和各行业的龙头企业，有必要未雨绸缪，及早采取行动。

数月前，我已撰文《全球正掀起新一轮企业减碳浪潮》，指出尽管联合国还没有就《巴黎协定》碳减排机制完全谈拢，但很多大企业已经等不及了，纷纷提出“零碳”目标，多数是欧美企业（见表 3）。预计，中国“2060 碳中和目标”的提出，会极大地激励中国企业。用不了多久，相信我们就会看到中国的大企业宣布早于 2060 年实现碳中和目标。

表 3　部分企业制定的减排目标

企业	减碳目标
博世	2020 年实现碳中和
埃克森美孚	2025 年零净增长
联合利华	2030 年实现碳中和
宜家	2030 年实现碳中和
亚马逊	2030 年一半运输实现零碳
欧莱雅	2025 年全部工厂实现碳中和
施耐德	2030 年运营层面净排放为零，2050 年供应链净排放为零
梅赛德斯 - 奔驰	2039 年实现车辆碳中和
大众	2050 年实现汽车零排放
达能	2050 年实现全产业链碳中和
雀巢	2050 年实现净零碳排放
壳牌	2050 年减碳 50%

资料来源：各企业官方网站。

金融机构的压力与机会

与《京都议定书》掀起的第一轮气候变化浪潮比较，这一轮气候变化浪潮会呈现出不一样的特点。核心区别是碳价格（或碳成本）的发现机制会大不一样。上一次浪潮是用碳市场来发现碳价格，这一次很可能是用金融市场来发现碳价格。

所谓用金融市场来发现碳价格，即通过资本市场体系和银行信贷体系将碳成本体现到融资成本中。具体体现为：一些资产所有者和资产管理公司开始计算资产组合的碳强度，更激进的投资者开始拒绝买入化石能源资产；一些商业银行也开始减少或退出与高碳企业的业务合作。这样一来，低碳业务占比较多的企业就更容易获得投资者和银行的青睐，融资成本也会相对下降。

在金融市场，这一进程已经开启。无论是世界银行、欧洲投资银行、亚洲基础设施投资银行等多边金融机构，还是汇丰银行、摩根大通等商业金融机构都已经调整与煤炭和化石能源相关的融资政策，调整的核心是有序撤离高碳资产。

这里面既有政策逻辑，也有商业逻辑，两个逻辑相互关联。譬如，政府为了实现零碳目标，必然会推出相应的政策举措，支持低碳转型，这样会导致对高碳资产需求下降，高碳资产出现资产贬损。又如，气候变化加剧会导致一些资产因为飓风等自然灾害增加出现大面积贬损，这些资产贬损会体现为金融机构的资产减值，从而可能引发系统性金融风险，由此，政府就有必要提前干预，防范风险。

上周六，中国人民银行副行长陈雨露在中国金融学会绿色金融专业委员会的年会中发言，重点强调了要引导金融机构加强对气候和环境风险的识别、分析和管理。他指出，气候变化和环境因素带来的风险具有长期性和不确定性，并可能通过多个渠道演化为金融风险，金融机构应该高度关注此类长期风险，参考央行与监管机构绿色金融网络（NGFS）近期发布的《金融机构环境风险分析概述》和《环境风险分析方法案例集》，加强对相关风险的前瞻性研判，并积极采取措施，防范环境与气候风险演化为金融机构风险和系统性风险。可以预见，中国“2060 碳中和目标”的提出，将会加速金融监管部门对金融机构气候风险的监管进程，金融机构会面临气候风险这一新的监管要求。我们建议，金融机构可以先做好两件事情：一是做好气候变化的风险评估工作，通过压力测试、情景分析等方法，量化评估气候变化造成的资产风险，中国“2060 碳中和目标”为情景分析提供了最新的参考依据；二是做好与气候相关的财务信息计算与披露，即通过气候相关财务信息披露工作组（Task Force on Climate-Related Financial Disclosure，TCFD）等方法，对底层资产的碳强度、碳排放予以测算、跟踪和披露，为未来信息披露要求做好准备。

金融机构也可以在中国“2060 碳中和目标”中挖掘巨大的机会，特别是在产品创新方面。绿色信贷、绿色债券、ESG 投资基金等有利于《巴黎协定》目标实现的产品，将更容易得到政策扶持和市场青睐。此外，全国范围碳中和目标的提出，对碳市场来说也是难得的机遇。在此之前，我们只有“碳强度”量化减碳目标，在“配额交易（Cap & Trade）”的交易制度下，不太好设计碳市场规则；碳中和目标的明确让“配额交易”更容易实现。并且，碳中和意味着一部分碳排放要通过碳信用或碳汇来中和，也会刺激碳市场的热情。

（本文首次发表于 2020 年 9 月 23 日“郭沛源说 ESG”公众号）

ESG 如何助力三次分配？

不久前我写过一篇文章《企业社会责任优化三次分配》，提出了一个理论框架，即企业社会责任的三个层次（合规、慈善和战略）可以对应三次分配中的一次或多次分配；企业社会责任是对全部三次分配的系统性优化；第一次分配是关键，第三次分配是补充，如果企业第一次、第二次分配都很糟糕，只顾宣传第三次分配，那是典型的“漂绿”行为。本文是前文的进阶版，探讨环境、社会和公司治理（ESG）投资理念如何助力三次分配。

ESG 优化三次分配

所谓 ESG 投资，是指在投资决策过程中，充分考虑环境、社会和公司治理等非财务因素，而不仅仅考虑财务因素。大量数据测算表明，ESG 投资比传统投资可以有更长期稳健的回报，投资期限越长，ESG 投资理念的重要性越突出。近十年来。国内外资本市场都对 ESG 投资理念特别青睐。根据全球可持续投资联盟（GSIA）的统计，发达国家的资产管理市场中，35.9% 的资金管理会纳入 ESG 的投资理念。

不难看出，和企业社会责任一样，ESG 也是可以系统优化全部三次分配的，因为 ESG 投资理念也会强调投资对象（通常是上市公司）要做到合规，且处理好与员工、社区的关系。譬如，旗下资产数万亿美元的贝莱德公司的 CEO Larry Fink 在 2018 年的公开信中说道：企业要想长期繁荣昌盛，不再只限于财务业绩表现，还要履行它对社会的贡献，各企业必须为包括股东、员工、客户和所在社区在内的所有利益相关者谋利。这与共同富裕所倡导的方向是相一致的。

在金融这个链条中，比资产管理更上游的是资产所有者（Asset Owner）。近几年，资产所有者也提出了同样的 ESG 要求。2020 年初，美国、英国和日本三大养老金（合计规模约 2 万亿美元）发出“携手共建可持续的资本市场”的联合倡议，指出：那些只看短期、只看财务指标的资产管理人，他们忽略了与可持续性相关的长期风险和机遇，对我们而言也不是有吸引力的合作伙伴。资产所有者的态度，进一步激发了资产管理机构纳入 ESG 投资理念的热情。

值得关注的 CEO 薪酬比率

如果从技术层面再深入分析，可以看到评价一家公司 ESG 表现好坏的指标中，有不少与三次分配直接关联。这些指标主要集中在社会（S）这个类别，与第一次分配相关的包括同工同酬、反强迫劳动、负责任的供应链管理等，与第三次分配相关的有企业的公益捐赠、社区贡献等。在公司治理（G）这个类别中，则涉及照章纳税等指标，与第二次分配相关。

在众多指标中，有一个指标值得特别关注，那就是 CEO 薪酬与员工平均薪酬的比率，简称 CEO 薪酬比率。这个比率可以直观反映公司内部“共同富裕”的情况。在美国，这个指标的披露自 2017 年已经被纳入证监会对上市公司的强制要求。德勤在 2018 年对标普 500 指数的数据分析表明，美国大公司的 CEO 薪酬比率差异巨大，从接近 0 到 5000 这个范围，中位数是 163 倍。

这个披露要求的出台与 2008 年金融危机不无关系，相关政策动议在 2010 年就写入多德弗兰克法案中了，只是拖了好几年才真正实施。当然，理想的 CEO 薪酬比率应该是多少，谁都不知道。但可以肯定的是，比率太低和太高都不应该成为常态。哈佛商学院的助理教授 Ethan Rouen 说得挺好，“没人要求和 CEO 一样的工资水平，他们期待的只是公平。”毫无疑问，披露这个指标，以及将这个指标绩效纳入一些决策考量，大体是有利于促进公司内部共同富裕的。目前，国内资本市场对此的讨论不多，不妨研究一下。

三次分配的再投资

ESG 和三次分配之间还有一重特殊的关系，那就是三次分配的再投资也要借力 ESG。何谓三次分配的再投资？顾名思义，就是三次分配形成的资金，有一些当期就会花掉（典型的如拿了工资应付日常支出），但有一些不会立即花掉，而会汇总起来做保值增值的管理。

养老金是典型的三次分配再投资。虽然各国情况不同，但归根到底，养老金无非是第一次分配和第二次分配的资金所形成的。养老金要进行保值增值管理，一部分资金会直接进入资本市场。主权基金和各种政府财政出资的引导基金，可以看作第二次分配形成的资金，同样也要做保值增值管理。慈善、宗教、大学性质的资产，多是自愿捐赠形成的，可以看作第三次分配形成的资金，在欧美市场，这些资产的规模庞大，也会直接进入资本市场做保值增值管理。

在 ESG 领域，养老金、主权基金和慈善资金都是很活跃的参与者。根据 2018 年数据，美国 ESG 投资者中有 54% 来自公共部门，养老金是大头；瑞士 ESG 投资者中有 29% 来自公共养老金，10% 来自企业年金。为什么？本文开头已经给出解释了，这些往往都是长期资金，考虑的回报周期不以年计，而以十年计，更要考虑那些“代际（generational）”的影响因素，包括人口结构、气候变化等。所以，出于自身资产稳健性的考虑，这些三次分配的再投资是会主动纳入 ESG 的。

从共同富裕的角度看，三次分配再投资的好处十分明显：钱不会一下子花掉，可以不断增值。典型例子如通过保本基金模式（endowment fund）设立的慈善机构，在获得本金捐赠后会用本金来做投资，慈善支出由投资收益覆盖，而不会动到本金。这样，由第三次分配形成的资金，就可以重新进入市场，参与一次分配，收益继续用于三次分配的用途。养老金、主权基金原理与之相似。在一个成熟市场，这些都可以也应该作为优化三次分配的手段。

在中国，养老金、主权基金的投资实践已经有一二十年的历史，摸索出一套经验，近两年也表态会积极支持 ESG。慈善组织的资产管理还处于早期阶段，有很大潜力可挖。

（本文首次发表于 2021 年 9 月 29 日“郭沛源说 ESG”公众号）

ESG 视角看二十大 | ESG 助力中国式现代化

过去一周，中国共产党第二十次全国代表大会胜利召开，举世瞩目。商道咨询推出“ESG 视角看二十大”系列文章，从多个维度解析二十大报告内容。本文重点分析“中国式现代化”这一提法，探讨 ESG 如何助力中国式现代化。

何为中国式现代化

党的二十大报告中，“中国式现代化”这个提法出现了 11 次。报告指出，中国式现代化，是中国共产党领导的社会主义现代化，既有各国现代化的共同特征，更有基于自己国情的中国特色。

中国式现代化是人口规模巨大的现代化，是全体人民共同富裕的现代化，是物质文明和精神文明相协调的现代化、是人与自然和谐共生的现代化，是走和平发展道路的现代化。

中国式现代化的本质要求是：坚持中国共产党领导，坚持中国特色社会主义，实现高质量发展，发展全过程人民民主，丰富人民精神世界，实现全体人民共同富裕，促进人与自然和谐共生，推动构建人类命运共同体，创造人类文明新形态。

党的二十大闭幕后，各部委传达学习二十大精神，也都提及了“中国式现代化”。中国人民银行党委指出，要深化金融体制改革，建设现代中央银行制度，着力构建高水平社会主义市场经济体制，全面推进中国式现代化。[①] 国务院国资委党委要求，在推进中国式现代化过程中展现国资央企新担当、新作为。

中国式现代化的出处

搜了一下文献，“中国式现代化”的提法，较早出处是习近平总书记 2020 年 10 月 29 日在党的十九届五中全会第二次全体会议上的重要讲话——《新发展阶段贯

① 来源：http://dangjian.people.com.cn/n1/2022/1101/c431693-32556359.html；http://camlmac.pbc.gov.cn/redianzhuanti/118742/4689047/4689133/4690599/index.html；http://www.sasac.gov.cn/n2588020/n2877938/n2879597/n2879599/c29770033/content.html.

彻新发展理念必然要求构建新发展格局》（2022 年第 17 期《求是》杂志刊发）。在这篇讲话中，习近平总书记明确提出要“以中国式现代化全面推进中华民族伟大复兴”，并概括了中国式现代化的 5 个重要特征。2021 年 7 月 1 日，在庆祝中国共产党成立 100 周年大会上，习近平总书记指出要“走自己的路”，即坚持和发展中国特色社会主义，推动物质文明、政治文明、精神文明、社会文明、生态文明协调发展，创造中国式现代化新道路，创造人类文明新形态。

中国关于现代化的提法则由来已久。前述《求是》杂志文章也回顾了 1964 年 12 月周恩来同志在《政府工作报告》中提出的目标：全面实现农业、工业、国防和科学技术的现代化，使我国经济走在世界的前列。这便是几十年前常说的“四个现代化”，简称“四化”。1979 年，邓小平提出了“中国式的四个现代化”概念。他说：“我们定的目标是在本世纪末实现四个现代化。我们的概念与西方不同，我姑且用个新说法，叫作中国式的四个现代化。”据考证，邓小平同志所表述的含义，是指当时中国还落后，与西方国家差距较大，因此，不宜盲目攀比，“如果本世纪末（2000 年）能达到你们（西方）七十年代的水平，那就很了不起”。

两相对比，可以看到 20 世纪 70 年代的“中国式的四个现代化”和如今的“中国式现代化”已经有了很大不同。从内容来看，如今的现代化是全面的、高质量的发展，当年的“四化”主要还是聚焦在物质文明上。从水平来看，如今的现代化是要到 21 世纪中叶“把我国建设成为综合国力和国际影响力领先的社会主义现代化强国”，这个目标比邓小平“三步走战略”的目标“到 21 世纪中叶基本实现现代化，达到中等发达国家水平”往前迈了一大步。

ESG 助力中国式现代化

不难看出，ESG 可以助力中国式现代化。首先，ESG 的 E 可以“促进人与自然和谐共生”。党的二十大报告提出“推动绿色发展，促进人与自然和谐共生”的四个要点：①加快发展方式绿色转型；②深入推进环境污染防治；③提升生态系统多样性、稳定性、持续性；④积极稳妥推进碳达峰碳中和。这四个要点都要求企业实现绿色转型。报告提出要“完善支持绿色发展的财税、金融、投资、价格政策和标准体系”，也强调了发展绿色金融的重要性。其次，ESG 的 S 可以促进“全体人民共同富裕”。这一点我在去年写的评论《ESG 如何助力三次分配？》中有详细论述。ESG 投资理念强调被投资对象要做到合规，且处理好与员工、社区的关系，与共同富裕所倡导的方向相一致。而且，三次分配的再投资也可以借力 ESG，养老金是典型例子。搞好养老金与实现“人口规模巨大的现代化”又是密切相关的。此外，党的二十大报告提及的“坚决打赢反腐败斗争攻坚战持久战”“健全诚信建设长效机制”，也和 ESG 中的“G”有一些关系。

从历史眼光看，从“四化”到“中国式现代化”至少有两点很不一样的地方。一是对非物质文明的重视，包括精神文明，还有环境保护（要发展，不要污染），这些都是越发展越觉得重要的；二是先富与后富的关系，改革开放初期强调的是让一部分人先富，如今强调的是共富，因此要“规范收入分配秩序，规范财富积累机制，保护合法收入，调节过高收入”。这个变化也可以从党对我国社会主要矛盾的表述变化来理解。以往，主要矛盾是“人民日益增长的物质文化需要同落后的社会生产之间的矛盾”（1981 年）；如今，主要矛盾转化为“人民日益增长的美好生活需要和不平衡不充分的发展之间的矛盾”（2017 年）。发展 ESG 是契合这一变化（转化）的。

当然，我们在发展 ESG 助力中国式现代化时也要充分考虑中国国情，注意“中国式”的表述。我认为主要有三个方面。

一是党的领导，这是中国式现代化的本质要求的第一条，党的二十大报告强调要“推进国有企业、金融企业在完善公司治理中加强党的领导，加强混合所有制企业、非公有制企业党建工作”。这将是中资企业的公司治理制度中比较独特的一点。

二是发展阶段，尽管我们提出的目标比改革开放初期要高，但我们仍处于“社会主义初级阶段”，我们面临的问题与欧美发达国家面临的问题不同，因此在社会领域，我们要“全面推进乡村振兴”，在环境领域，我们要“协同推进降碳、减污、扩绿、增长”。这些与欧美的 ESG 议题不是完全一一对应的，所以认清国情对我们理解中国 ESG 的“实质性”至关重要。

三是中外关系，中国式现代化是走和平发展道路的现代化，党的二十大报告提及“独立自主”“倡导践行真正的多边主义”“推动构建新型国际关系”，这些思想都可以套用到 ESG 领域，即既要倡导国际合作、与国际 ESG 发展接轨，也要保持独立自主，发展适合中国的 ESG。有学者认为：中国式现代化中的“中国式”提法，是从中国特色转换过来的，中国特色表达的是体现中国国情、具有中国特点，中国式把这种中国特色提升为一种中国范式，是相对于西方现代化范式而言。这样说似乎也有道理。按此说法，如何从中国特色 ESG 升级到中国式 ESG，是个值得探讨的理论课题。

（本文首次发表于 2022 年 10 月 26 日“郭沛源说 ESG”公众号）

证监会副主席首倡责任投资

上周是很忙碌的一周，特别是因为商道融绿承办的“责任投资与绿色金融国际研讨会”在上周六举行。研讨会大咖云集，包括证监会副主席、央行研究局首席经济学家、基金业协会会长、保险资管协会副会长等。发言嘉宾还有UN PRI的董事总经理及最大资产管理公司BlackRock的副董事长。可以说，这是我从2003年开始研究责任投资以来，所见到的国内规格最高的一次责任投资论坛。

证监会副主席方星海在研讨会上表示，要从五个方面推动实现资本市场绿色化，包括绿色债券、信息披露、推广责任投资理念等，并指出大型机构投资者应该在践行责任投资方面起引领和示范的作用。这是我国监管机构首次提出“资本市场绿色化”这一概念，在我的印象中，也是首次倡导推广责任投资理念。相信随着七部委绿色金融指导意见的逐步落实，绿色金融和责任投资的步伐还会继续加快。

除了承办会议，我还主持了下午第一场圆桌论坛，嘉宾包括监管、学术、指数公司、基金公司的代表，观点碰撞很多。兴证全球基金（简称兴全基金）的徐总说，责任投资虽然因为在选股的时候多了一些限制，不能买入烟酒这样的大牛股，但也规避了不少“黑天鹅”事件，所以从整个投资的稳健性来看，责任投资是有商业可行性的。兴全基金的实践也很好诠释了这一点。所有嘉宾也都认同，责任投资是收益第一、情怀第二。PRI的董事总经理Fiona在演讲中也说，责任投资无需放弃收益，可持续的投资将为投资人带来更为稳定的长期回报。

（本文首次发表于2016年10月24日“郭沛源说ESG”公众号）

深交所宣布加入 SSE，向市场释放了什么信号？

昨日（12 月 3 日），深圳证券交易所在“全球公益金融论坛暨 2017 社会影响力投资峰会”上宣布，深交所加入联合国可持续证券交易所倡议（UN Sustainable Stock Exchange Initiative，UN SSE），成为第 67 家伙伴交易所，“这标志着深交所将在支持可持续发展、推进绿色金融建设方面发挥更大作用”。很巧，不久前（9 月 6 日），上交所吴清理事长刚在泰国曼谷宣布加入 UN SSE，成为第 65 家伙伴交易所。

百日之内，上交所和深交所先后加入这个倡议行动，UN SSE 到底是什么来头？

这一倡议行动最早是 2009 年由时任联合国秘书长潘基文先生倡导发起的，联合国大家庭里的 4 家与企业、经济、金融相关的机构——联合国贸易与发展会议（UNCTAD）、联合国全球契约（UN Global Compact）、联合国环境署金融倡议组织（UNEP FI）及联合国责任投资原则（PRI）——共同负责组织 UN SSE 的日常活动。这些日常活动主要是组织会议和开展研究。过去几年，UN SSE 每隔两年会举办一次高端对话，2010 年的举办地正是中国厦门，今年则在德国波恩举办。

在研究方面，UN SSE 开展了卓有成效的工作，特别是开发了一些对证券交易所开展相关工作有实践指导意义的工具文件。比较典型的有：2014 年发布的《在可持续性报告举措方面向决策者和证券交易所提供最佳做法指导》，提高证券交易所对环境信息披露的认识并引导其逐步采取行动；2015 年发布的《ESG 信息披露指引模板：证券交易所指导发行人的自愿工具》，更加具体地描述了证券交易所实施 ESG 信息披露指引时应当遵循的原则、与发行人（上市公司）及投资人进行沟通的要点等；2017 年在波恩气候大会期间发布的《证券交易所助力绿色金融》从促进绿色产品与服务、绿化金融市场、加强环境信息披露、增进绿色对话等四个方面介绍了证券交易所可以采取的一系列行动及可以参考的实际案例。我作为专家工作组成员参与了上述三项研究工作。

为了更有效地在证券交易所层面推动可持续发展的具体工作，UN SSE 在 2012 年发起了“伙伴交易所”计划，即邀约世界各地的证券交易所自愿成为 UN SSE 的合作伙伴。第一批加入的证券交易所有 5 家，分别是：纳斯达克证券交易所、巴西证券交易所、约翰内斯堡证券交易所、伊斯坦布尔证券交易所及埃及证券交易所。随着影响力的扩大，合作交易所的数量从 5 家迅速扩展到 67 家，包括最近三个月加入的上交所、蒙古证券交易所和深交所。

证券交易所和可持续发展之间究竟存在什么关系？联合国贸发会与世界交易所联合会（WFE）共同发布的《证券交易所在促进经济增长与可持续发展中的角色》报告中回答了这一问题。报告说，"虽然证券交易所的核心是金融交易，但证券交易所过去在资本市场制度建设、标准制定及公司行为监管方面也扮演着重要角色。最近，证券交易所在促进良治（Good Governance）方面的角色被进一步拓展，延伸到一些旨在促进投资可持续发展、应对气候变化和支持联合国 2030 可持续发展目标（SDGs）的新政策和新工具。"可见，正是一些可持续发展因素（如气候变化）影响交易双方，所以证券交易所也要对此予以重视。譬如，几年前，纽约证券交易所就要求上市公司披露与气候变化相关的信息，如果这些信息会对投资收益造成实质性的影响。

综合来说，证券交易所促进可持续发展可以从产品创新、市场引导等方面开展工作。前述 UN SSE 在波恩气候大会期间发布的《证券交易所助力绿色金融》（工作清单见下表）便是一个很好的范例。该指引文件为证券交易所提供了 4 个方面、12 个要点的工作清单，证券交易所可以对照这个清单逐步开展工作。

表　UN SSE 证券交易所绿色金融工作清单

行动类别	工作清单
促进绿色产品与服务	1.1 产品提供及伙伴关系 交易所有没有开发和提供绿色产品与服务，或者与其他金融服务机构合作提供相关绿色产品与服务？ 1.2 标识度 交易所有没有通过专门平台或编号让绿色产品容易被找到？ 1.3 绿色术语 交易所有没有相关的绿色指引？
绿化金融市场	2.1 市场教育 交易所有没有教育发行人与投资者关于在投资实践中整合环境因素的重要性？ 2.2 标准 交易所有没有将环境信息披露标准纳入公司监管规则？ 2.3 标杆 交易所有没有以绿色指数或环境评级体系作为市场标杆？
加强环境信息披露	3.1 书面指引 交易所有没有发布关于环境信息披露的书面指引？ 3.2 培训 交易所有没有就环境信息披露及信息整合向市场参与者提供培训？ 3.3 率先垂范 交易所有没有就自身环境政策、实践和影响通过发布报告进行披露？

续表

行动类别	工作清单
增进绿色对话	4.1 绿色金融中心 交易所有没有在本地市场促进绿色金融发展的行动计划或路线图？ 4.2 标准和政策对话 交易所有没有积极促进关于绿色标准的政策对话？ 4.3 投资者—发行人对话 交易所有没有促进投资者与发行人就绿色金融展开对话？

加入 UN SSE 反映出当前沪深交易所对可持续发展的重视。实际上，在可持续发展方面，沪深交易所并非白纸一张，在过去十年中均已经打下了一定基础。以深交所为例，早在 2006 年，深交所就发布上市公司社会责任指引，引导上市公司披露社会责任信息。到 2017 年，深市已有 306 家上市公司发布了社会责任报告或环境报告。同时，深交所也开发了一系列绿色金融产品。据统计，深交所共有绿色环保概念的公募、私募公司债券 110 只，投向社会责任投资领域及绿色产业方向的投资基金 62 只，并已成功推出绿色清洁能源等领域的资产证券化产品。

沪深交易所加入 UN SSE 之后，必然会加大可持续发展方面的工作力度。可以预见，从上市公司环境信息披露到绿色债券、绿色基金、绿色指数，沪深交易所都很可能会全面提速，甚至在某些领域引领世界潮流。投资者和上市公司都应该关注和顺应交易所可持续发展这一大趋势。

（本文首次发表于 2017 年 12 月 4 日“郭沛源说 ESG”公众号）

证监会发布《上市公司治理准则》确立 ESG 信息披露框架

国庆节前（9 月 30 日），证监会正式发布修订版的《上市公司治理准则》（以下简称《准则》）。这个准则在 6 月的时候发布过征求意见版，经过 4 个月，正式版发布。我比较了一下两个版本，主要是一些措辞上的修订，核心的内容基本没变。

修订版《准则》的亮点之一是强化了对上市公司环境和社会责任的要求，具体包括：

第三条　上市公司应当贯彻落实创新、协调、绿色、开放、共享的发展理念，弘扬优秀企业家精神，积极履行社会责任，形成良好公司治理实践。

第八章　利益相关者、环境保护与社会责任。这一章包括五条，重点提及员工权益、绿色发展、社会公益（包括扶贫）等内容。

第九十五条　上市公司应当依照法律法规和有关部门的要求，披露环境信息以及履行扶贫等社会责任相关情况。

和 2002 年版《准则》相比，第三条是新增的，原来没有（因为当时还没有“五大”发展理念）；第八章原来也有，但没有“绿色发展理念”“支持贫困地区发展”的提法；第九十五条是新增的。

《准则》新增的第九十五条规定了对上市公司环境信息和社会责任信息的披露要求。如果结合第九十六条关于公司治理信息披露的要求（如下，2002 年版《准则》也有提及），正好就构成了“ESG 信息披露”的框架：E 是环境信息披露、S 是社会责任信息披露（严格说应该包括劳工等信息）、G 是公司治理信息披露。

第九十六条　上市公司应当依照有关规定披露公司治理相关信息，定期分析公司治理状况，制定改进公司治理的计划和举措并认真落实。

证监会在发布修订版《准则》的修订说明中，也着重强调了“积极借鉴国际经验，推动机构投资者参与公司治理……确立环境、社会责任和公司治理（ESG）信息披露的基本框架”，并指出这是此次修订四个重点之一。

证监会如此强调 ESG 信息披露，应有深意。2016 年，包括证监会在内的七部委联合印发《关于构建绿色金融体系的指导意见》，明确提出要“逐步建立和完善上市公司和发债企业强制性环境信息披露制度”。根据公开可查信息，上市公司环境信息披露会分三步走：

第一步，2017 年强制要求属环保部门公布的重点排污单位的上市企业披露环境信息；

第二步，2018年要求所有其他上市公司实施半强制披露，即“不披露就解释”；

第三步，到 2020 年要将强制环境信息披露要求覆盖到全部上市公司。（摘自绿金委主任马骏 2017 年 12 月 18 日在生态文明阿拉善对话上的发言）

如果按照这个时间表，2019/2020 年会出台覆盖全部上市公司的环境信息披露要求。把这个时间表和修订版《准则》的修订说明结合起来看，2019/2020 年上市公司很可能不仅要披露环境信息，还要披露更完整的 ESG 信息，或者说是发布《ESG 报告》。这一要求在港交所已有先例，港交所在2012年发布了自愿性的《ESG 报告指引》，2015 年提升为“不遵守就解释”的半强制要求。从今年 5 月港交所发布的《有关 2016/2017 年发行人披露环境、社会及管治常规情况的报告》来看，上市公司执行港交所《ESG 报告指引》的情况良好。考虑到港交所有不少来自内地的上市公司，预计 A 股上市公司发布《ESG 报告》的条件也基本成熟。

无独有偶，10 月 4 日，世界交易所联合会（WFE）召开年度大会，发布了由上交所牵头编制的可持续交易所的五项原则：

原则 1：努力培育市场参与方可持续发展意识。

原则 2：有效提升投资者获取有助于投资决策的 ESG 信息的便利性。

原则 3：积极沟通监管及政策制定机构以实现可持续金融计划。

原则 4：持续提供相关市场和产品以支持可持续金融进一步发展。

原则 5：妥善建立有效内部治理、操作流程及相关规则，以促进可持续倡议。

原则二即为 ESG 信息披露，建议各交易所发布 ESG 信息披露指南和组织培训交流活动，并可分阶段实施。可见，ESG 信息披露或《ESG 报告》正在成为一种国际潮流，A 股《ESG 报告指引》令人期待。

（本文首次发表于 2018 年 10 月 21 日“郭沛源说 ESG”公众号）

港交所新规今日生效，A 股 ESG 报告指引还有多远？

6 月 30 日，中国责任投资论坛（China SIF）举办夏季峰会，与会嘉宾从银行、评级、资管、信息披露、绿色标准等多维度共同探讨新冠疫情下的 ESG 投资策略。会上，商道融绿发布《A 股 ESG 评级分析报告 2020》，指出 A 股 ESG 评级和 ESG 风险双双提高，ESG 评级表现和股价显著相关。

港交所《ESG 报告指引》今日生效

峰会设置了访谈环节“港交所 ESG 新规即将生效”，由商道纵横合伙人刘涛对话港交所伍洁镟女士及华泰证券朱有为先生。

访谈环节引人关注，因为港交所去年 12 月底修订的《ESG 报告指引》马上（7 月 1 日）就要生效了。对港交所上市公司来说，今日或之后开始的财政年度必须遵循修订版《ESG 报告指引》的要求披露信息。由此推算，2021 年 7 月 1 日之后，港交所上市公司发布的 ESG 报告（或年报中披露的 ESG 信息）全都要遵守新规。

港交所 ESG 新规主要有几个重大修订：明确董事会责任，管治架构要求董事会提供声明，包括管理方式、管理过程、目标进度；增加量化绩效目标，增加环境层面量化目标的披露要求；提升披露要求，新增管治架构、汇报原则、汇报范围三项为强制披露，社会类指标提升至“不遵守就解释”；增加气候变化层面议题，修订和新增社会关键绩效指标。

嘉宾们在访谈环节中的金句频频，有些观点是我们一直以来反复强调的。譬如：ESG 报告不是目的，它只是手段，目的是提升公司管理水平和推进可持续发展；关键 ESG 指标的量化测算、管理和披露很重要，不然就很难与管理提升结合；ESG 工作必须在董事会领导之下进行，否则很难取得上述效果。上市公司理解这些要点，才能把握好 ESG 新规的内涵。

A 股 ESG 报告指引还有多远

在港版新规生效之时，市场各方也翘首以盼 A 股版《ESG 报告指引》。因为市场已有预期，今年会出台 A 股《ESG 报告指引》。中国金融学会绿色金融专业委员会主任、央行货币政策委员会委员、清华大学金融与发展研究中心主任马骏，昨日在出席 China SIF 夏季峰会时，也特别强调了（ESG）环境信息披露的重要性，他说，“预计监管部门将出台政策，在上市公司和发债企业中实行强制性的环境信息披露”。

这个政策早在 2016 年七部委《关于构建绿色金融体系的指导意见》中就有明确，文件指出，要逐步建立和完善上市公司和发债企业强制性环境信息披露制度。根据公开可查信息，这个政策将分三步走：第一步，2017 年强制要求属环保部门公布的重点排污单位的上市企业披露环境信息；第二步，2018 年要求所有其他上市公司实施半强制披露，即“不披露就解释”；第三步，到 2020 年要将强制环境信息披露要求覆盖全部上市公司。2018 年，证监会发布修订版的《上市公司治理准则》，在修订说明中，证监会强调了新版准则“确立环境、社会责任和公司治理（ESG）信息披露的基本框架”。这又进一步强化了市场对 2020 年发布 A 股《ESG 报告指引》的政策预期。

这个政策年内能否出台，还是个未知数。我想会有很多因素影响政策出台的时间点，但这个趋势是明确的，或迟或早 A 股上市公司也会被要求发布 ESG 报告。因此，两周前在负责任投资原则（PRI）的“中国 ESG 信息披露政策”研讨会上，我建议上市公司：与其等待强制披露政策出台，不如采取更加积极策略、主动披露，以更好地与投资人进行沟通。

我们与 PRI 的合作研究（UK PACK 支持项目）也表明，市场条件是成熟的。一方面，上市公司有能力做好披露，今年沪深 300 上市公司有 259 家发布 CSR/ESG 报告，占比超 86%。另一方面，对投资机构的调查显示，如果 A 股 ESG 信息披露得到改善，他们将更有意愿投资。

市场担心强制披露会增加成本。对此，我并不赞同，原因有两个。一是要分清存量成本和增量成本，ESG 报告会披露排污信息，但上市公司并不是因为 ESG 报告才安装监测设备的，而是因为环境合规要求去安装的，这是本来就要支出的存量成本，不是增量成本，两者不能混为一谈；二是要算好短期效益和长期效益，ESG 管理和 ESG 报告对长期效益的提升是显著的，无视长期效益、只用短期效益和存量成本来比，结论谬矣。

湖州、深圳发力环境信息披露

全市场的强制环境信息披露政策尚未出台，但一些地方政府已经在积极实践，大力推动金融机构、上市公司披露环境信息。

在昨天 China SIF 夏季峰会上，湖州市银保监局副局长蓝春锋介绍了湖州市的做法。他说，2019 年，湖州发布《湖州市金融机构环境信息披露三年规划（2019—2021）》，制定了区域版、法人版、非法人版三类信息披露框架。今年，湖州银保监分局在全国率先落地实施全国金融标准化技术委员会（CFSTC）《金融机构环境信息披露指南（试行）》，发布了全国首个新标准下的区域性环境信息披露报告，包含 1 份 2019 年度环境信息披露区域报告、19 家湖州市主要银行业金融机构环境信息披露报告。下一步，湖州还会将保险试点机构也纳入进来，推动试点保险机构加入披露。

两天前（6 月 28 日），深圳市人大常委会会议审议《深圳经济特区绿色金融发展条例（草案）》。据媒体报道，草案提出，按照规模大小对金融机构和实体企业分步骤开展强制性环境信息披露：自 2022 年 1 月 1 日起，在特区内注册的上市公司、绿色债券发行人、已经享受绿色金融优惠政策的融资主体、市生态环境主管部门认定的重点排污单位要披露环境信息；自 2023 年 1 月 1 日起，总部或者分支机构在深资产规模 500 亿元以上的银行、资产管理规模 100 亿元以上的机构投资者、资产管理规模 100 亿元以上的公募基金管理人和 50 亿元以上的私募基金管理人应当披露环境信息。

从湖州和深圳的实践看，地方政府在环境信息披露、ESG 报告指引方面可以大有作为。比起全国性的政策创新，地方政策创新可以力度更大、速度更快。《深圳经济特区绿色金融发展条例》已纳入 2020 年深圳市人大常委会年度立法计划，估计年底前就能发布。

（本文首次发表于 2020 年 7 月 1 日“郭沛源说 ESG”公众号）

港交所 ESG 政策再出一招，对 IPO 提出 ESG 要求

港交所对 IPO 提出 ESG 要求

近日，港交所发出公告，修订 IPO 指引信，要求 IPO 申请人额外披露企业管治及环境、社会及管治（ESG）。具体要求摘录如下。

· 申请人应建立机制，使其可预早符合联交所的企业管治以及环境、社会及管治要求，因而在上市时已经符合规定。申请人的董事会共同负责申请人的管理及营运（包括建立此等机制）。我们预期董事参与制定有关机制及相关政策。

· 因此，我们建议申请人尽早委任董事（包括独立非执行董事），让他们可参与制定必要的企业管治与环境、社会及管治机制及政策。

上市文件“业务”一节参阅的主要范畴清单，包括：

·（环境事宜）有关申请人的环境政策（包括气候相关政策）及遵守对申请人有或可能有重大影响的有关环境的法律及规例（包括业务记录期内每年遵守适用法例及规例的成本及预计未来的合规成本）的主要资料。

·（环境事宜）申请人的活动对环境及天然资源的重大影响及所采取以管理有关影响的行动的描述。

·（社会事宜）有关申请人的薪酬及解雇、平等机会、多元化、反歧视，以及其他待遇及福利政策的主要资料。

·（社会事宜）职业安全措施，记录及处理意外的系统、政策的实施，以及申请人的健康及工作安全合规记录。

·（社会事宜）申请人营运时的重大意外数目、是否导致有任何人命或财产损失的索偿或向雇员作出的赔偿。

·（风险管理及内部监控系统）申请人的风险管理及内部监控系统详情，包括用以辨认、评估及管理市场、信贷、运作、环境（包括与气候相关的）、社会及管治风险等重大风险的程序。

港交所上市科首席营运总监伍洁镟说：“促进可持续发展、良好企业管治及多元化是联交所进一步提升上市发行人和市场质量的工作重点。建立企业管治及 ESG 合规文化应属上市公司的首要任务，修订后的首次公开招股指引信将可为新发行人提供有价值的参考。我们今年将会检讨企业管治框架，并咨询市场意见。”

IPO 的 ESG 之争

港交所为何现在对 IPO 提出 ESG 要求？我认为主要原因是新修订的《ESG 报告指引》从 7 月 1 日开始生效，整个 ESG 信息披露要求都升级了，特别是一部分内容（董事会声明纳入 ESG 管理相关内容、披露原则的应用情况及对报告披露范围的解释）被提升到“强制披露”的水平，对 IPO 提出 ESG 要求可以保持政策的连贯性，实现全流程 ESG 监管。

有人可能会说：没必要吧？反正 IPO 之后，上市公司也要遵循《ESG 报告指引》，IPO 文件是否披露 ESG 无所谓吧？

此言差矣。第一，从 IPO 到第一份年报，有一年的时间，如果 IPO 时不提出要求，会出现一年左右的 ESG 信息披露真空期。第二，ESG 披露不仅是交易所的要求，也是机构投资者的要求，IPO 的公司如果有 ESG 风险却没有披露，可能会侵害投资者权益，也会引起舆情。

2018 年，某知名手机品牌赴港 IPO，就曾引发了 ESG 争议。2018 年 5 月，该公司向港交所递交 IPO 申请，被认为是继阿里巴巴之后最为人瞩目的一次 IPO。同月，环保组织公众环境研究中心（IPE）和绿色江南公众环境关注中心发布报告，指出其数家“疑似供应商”存在环境违规问题，公司涉嫌披露违规。这里所说的“披露违规”的“规”即港交所第二版《ESG 报告指引》。环保组织认为，公司在 IPO 文件中说的“我们并不面临重大健康、安全或环境风险”与事实不符。环保组织把这份报告也提交给港交所，并收到港交所回复。该公司一开始并没有对此做出回应，直到 6 月，才承认“公司若干现有供货商曾经违反环保规定”，但强调环保违规的供应商“已纠正其不符合环保规定的状况”。虽然最终公司顺利登陆港交所，但这个案例足以说明，如果 IPO 文件不对 ESG 做出适当披露，会引起合规风险和市场争议。

A 股对 IPO 有 ESG 要求吗?

A 股对 IPO 有没有 ESG 要求呢？历史上曾经有过一个比较严格的要求，即原国家环保总局（现生态环境部）在 2003 年发布的《关于对申请上市的企业和申请再融资的上市企业进行环境保护核查的通知》要求，重污染行业（暂定为冶金、化工、石化、煤炭、火电、建材、造纸、酿造、制药、发酵、纺织、制革和采矿业）要向登记所在地省级环保行政主管部门提出核查申请，核定结果还要在总局政府网站上公示 10 天。这个政策曾经阻挡了一些企业上市和再融资的步伐。

不过，上述政策在数年前废止了。现在可以查询到与 IPO 相关的 ESG 要求，是 2016 年 7 月 1 日证监会新闻发言人表示，最近 36 个月内收到环保相关行政处罚或者收到刑事处罚的，不得公开发行股票。

科创板对 ESG 的要求更明确一些。《上海证券交易所科创板股票上市规则》中有两节内容涉及 ESG：第四章（内部治理）第二节（董事、监事和高级管理人员），要求上市公司董事要支持公司履行社会责任；第四章（内部治理）第四节（社会责任），提出信息披露、环境保护、生产及产品安全、员工保护、科学伦理等 5 点要求。

（本文首次发表于 2020 年 7 月 31 日“郭沛源说 ESG”公众号）

证监会正式将 ESG 纳入投关指引

今天（4 月 15 日）下午，证监会官网发布《上市公司投资者关系管理工作指引》（简称投关指引）。该指引正式将 ESG 纳入其中，作为投资者关系（简称投关）管理中上市公司与投资者沟通的内容之一。

旧版指引可追溯至 2005 年，当时文件名称为《上市公司与投资者关系工作指引》，是上市公司开展投资者关系管理工作的基本行为指南。16 年来，资本市场全面深化改革的不断推进、证券市场基础制度的不断完善，给上市公司投资者关系管理带来新改变、提出新要求。因此，2021 年 2 月 5 日，证监会对指引进行了修订，发布《上市公司投资者关系管理工作指引（征求意见稿）》。2022 年 4 月 15 日，《上市公司投资者关系管理工作指引》正式发布。

与 2021 年的征求意见稿相比，正式版本将 ESG 表述做了微调，即将“公司的环境保护、社会责任和公司治理信息”调整为“公司的环境、社会和治理信息”。我觉得这个微调更多是为了与常用语保持一致，ESG 一般翻译为“环境、社会和治理”（或公司治理），很少翻译为“环境保护、社会责任和公司治理”。在修订说明中，证监会解释，把 ESG 纳入投关指引是为了“落实新发展理念的要求”，这与 2021 年征求意见稿的修订说明保持一致。

总体来看，把 ESG 纳入投关工作是大势所趋，因为越来越多的投资者关注 ESG。究其根本，上市公司质量不仅要用财务指标（如股价、市盈率等）来衡量，也要用非财务指标来衡量。ESG 囊括了核心的非财务指标，包括环境绩效、社会绩效和公司治理三个维度。表面上，ESG 信息与公司在环境、社会和公司治理方面的事务相关，但实际体现的是公司创造长期价值的方法、实现良好决策的内部体制建设，以及公司规避风险的能力。这些信息对公司意味着重大风险与机会，是投资者判断公司价值、做出投资决策的重要参考。

近年来，监管机构对 ESG 的关注度显著提升，包括：对半年报和年报的内容与格式准则的修订、对上市规则的修订，以及现在对投关指引的修订。不久之前的 4 月 9 日，证监会易会满主席在上市公司协会第三届会员代表大会上的讲话中指出，“2021 年，近九成上市公司召开业绩说明会，1/4 的公司披露 ESG 或社会责任报告，日益成为践行现代企业制度、回报社会的示范样板”。

以下是更新后的相关政策列表，供读者参考。

2022 年 4 月，证监会发布《上市公司投资者关系管理工作指引》，将 ESG 信息作为投资者关系管理中上市公司与投资者沟通的内容之一[1]。

2022 年 1 月，沪深交易所更新了《上市规则》，首次纳入了 CSR 相关内容，包括在公司治理中纳入 CSR、要求按规定披露 CSR 情况、损害公共利益可能会被强制退市三个方面。同月，上交所还通知，科创 50 指数成分公司应在年报披露的同时披露社会责任报告。[2]

2021 年 6 月，证监会发布《年度报告的内容与格式》《半年度报告的内容与格式》，新增“第五节　环境和社会责任”[3]。

2021 年 2 月，证监会发布《上市公司投资者关系管理指引（征求意见稿）》，要求纳入环境保护、社会责任和公司治理（ESG）信息[4]。

2020 年 9 月 25 日，上交所发布《上海证券交易所科创板上市公司自律监管规则适用指引第 2 号——自愿信息披露》，纳入 ESG 信息披露内容[5]。

2020 年 9 月 4 日，深交所新修订《上市公司信息披露工作考核办法》，纳入 ESG 报告加分项。[6]

2019 年，上交所发布《科创板股票上市规则》，第四章（内部治理）第四节（社会责任），提出信息披露、环境保护、生产及产品安全、员工保护、科学伦理等 5 点要求[7]。

2018 年，证监会发布修订后的《上市公司治理准则》，规定上市公司应当依照法律法规和有关部门的要求，披露环境信息以及履行扶贫等社会责任相关情况，形成了 ESG 信息披露基本框架[8]。

（本文首次发表于 2022 年 4 月 15 日“郭沛源说 ESG”公众号）

---

① 《上市公司投资者关系管理工作指引》（证监会公告〔2022〕29 号），2022 年 4 月 11 日。

② 《关于发布〈上海证券交易所股票上市规则（2022 年 1 月修订）〉的通知》，2022 年 1 月 17 日。

③ 《公开发行证券的公司信息披露内容与格式准则第 2 号——年度报告的内容与格式（2021 年修订）》（证监会公告〔2021〕15 号），2021 年 6 月 28 日。

④ 《证监会就〈上市公司投资者关系管理指引（征求意见稿）〉》公开征求意见的通知》，2021 年 2 月 5 日。

⑤ 《上海证券交易所科创板上市公司自律监管规则适用指引第 2 号——自愿信息披露》，2020 年 9 月 25 日。

⑥ 《深圳证券交易所上市公司信息披露工作考核办法（2020 年修订）》，2020 年 9 月 4 日。

⑦ 《关于发布〈上海证券交易所科创板股票上市规则〉的通知》，2019 年 3 月 1 日。

⑧ 《上市公司治理准则》（证监会公告〔2018〕29 号），2018 年 9 月 30 日。

ISSB 系列评论之一：一尺之力牵动万亿资产

从去年（2021 年）12 月就开始就想动笔写 ISSB，一直没时间。但 ISSB 这几个月动作非常迅猛，不写写都不行。因此，近期研读了一下 ISSB 发布的可持续相关财务信息披露标准草案。初步计划写几篇文章，系统性介绍一下 ISSB 的前世今生和 ISSB 标准的技术细节。

今天是第一篇，对 ISSB 做个综述。

一尺之力

ISSB 全称是 International Sustainability Standards Board，翻译过来是国际可持续准则理事会。ISSB 的发起方是国际财务报告准则基金会（IFRS）。IFRS 广为人知的是下辖国际会计准则理事会（IASB），IASB 制定了通用的财务准则，为全球很多国家所采纳。ISSB 的目标是要建立一套可持续发展的非财务准则，与 IASB 的财务会计准则共同构成 IFRS 的两大支柱。

要理解 ISSB 的意义，最简单直接的方法是回溯到经济学的基本理论，也就是理性人假设。所谓理性人假设，通俗地说，就是自私人假设：每个人都是自私的，但通过市场这只“看不见的手”，整体的市场和社会福利却又能实现最大化。这就是市场经济的魅力，也支持了西方经济数百年的发展与繁荣。

但过去数十年，人们发现这个理论并非完美无缺。看看地球的资源枯竭和社会的贫富分化就知道，市场经济是有缺陷的。人们逐步发现了一些深层次的问题。一是传统的价值计算只考虑了钱钱钱，很多还没有用钱来衡量或者很难用钱来衡量的因素未被考虑进去。二是传统的公司理论只是考虑了股东利益，但还有其他利益相关方未被考虑进去。

因此，解决问题的思路就围绕着这两个方向进行。第一个方向便是推动各种自然资本核算，以及 ESG 等非财务信息披露；第二个方向便是推动利益相关方的融合，世界经济论坛将之称为利益相关方资本主义。但人们又发现，第二个问题其实也是第一个问题，如果把其他利益相关方的利益也量化为用钱来衡量的成本收益，第二个问题也将迎刃而解。所以，世界经济论坛后来也开始推动非财务信息披露，2020 年 9 月发布了衡量利益相关方资本主义（Measuring Stakeholder Capitalism）的报告。

归根到底，如果市场经济还想继续活着，必须增加一套核算机制（财务准则），以弥补传统模式中对自然、社会等资本的忽视。如果把传统财务准则当作一把尺子，那非财务核算和信息披露的准则就相当于另一把尺子。ISSB 的作用就是发明这么一把尺子。不要小看这把尺子，如果全球主要资本市场愿意用这把尺子，那么一尺之力可以撬动百万亿规模的资产。

横空出世

其实，ISSB 并非出身最早的“造尺人”。此前数十年，已经有很多“造尺人”，包括业内人士都知道的全球报告倡议组织（GRI），商道是中国内地最早的 GRI 授权认证培训合作伙伴，GRI 早在 1997 年成立，“尺子”已经更新了很多版，现行的是更新版的 GRI Standards；还有 2010 年发起的国际综合报告委员会（IIRC），IIRC 发布了国际综合报告框架；以及 2011 年发起的可持续会计标准委员会（SASB）；等等。

不同机构，虽然方向大体是一致的，但因为出身不同、专业知识不同，对解决问题的思路也有很不一样的看法。譬如 GRI 一直强调多利益相关方（multi-stakeholder）的视角；而 IIRC 及 SASB 主要是从资本市场投资人的视角出发。GRI 和 IIRC 都希望找到一个通用型的方法论，SASB 从一开始就认为“苹果和梨是无法比较的”，因此必须针对不同行业设计不同的指标。

ISSB 的思路大约是在 2020 年左右形成的，2021 年 11 月 3 日，IFRS 在英国格拉斯哥气候大会期间正式宣布 ISSB 成立。因此，在众多“造尺人”中，ISSB 算是辈分比较靠后的。然而，ISSB 的出现可以用“横空出世”来形容，全球财经媒体争相报道。

为什么一家正式成立时间到现在还不到六个月的机构引来那么多关注？原因有二。一是 ISSB 出身“名门望族”，IFRS 在全球财经领域有很大的影响力，IASB 是多国参照的会计准则，市场会对 ISSB 另眼相看。事实也是如此，之前中国财政部还邀请 IFRS 在北京设立 ISSB 的亚洲办公室。二是 ISSB 一出生就“站在巨人肩膀”上，它并没有选择从零开始研发的路径，而是用了“兼并收购”的资本市场手法。ISSB 在成立时即同时宣布：将在 2022 年 6 月之前将气候披露准则理事会（CDSB）及价值报告基金会（VRF）整体并入。VRF 正是前面提及的 SASB 和 IIRC 在 2021 年合并而成的。CDSB 则是由专注气候信息披露的国际组织 CDP 发起的“造尺人”，和人们熟知的气候相关财务信息披露框架（TCFD）有密切的技术关联。

因此，ISSB 已经成为拥有全球最耀眼光环的“造尺人”，出生之日，国际证监会联合会等各界大佬都纷纷发去贺电。

动作频频

不得不佩服，ISSB 成立才半年，IFRS/ISSB 就已经做了很多事情。罗列如下：

2021 年 11 月，COP26 期间，ISSB 宣布成立，从公众利益角度出发，将制定一套综合性的全球高质量可持续信息披露基准性标准，以满足投资者的信息需求。同时，ISSB 宣布将对 CDSB 和 VRF 的整合；发布了两份披露标准样稿（Prototype），一份是一般要求，另一份是气候披露。

2022 年 1 月，ISSB 任命 Emmanuel Faber 为主席，他的中文名字是范易谋，曾担任达能的董事长兼首席执行官。任内推动达能做了很多可持续发展方面的事情，包括推动达能申请 B-Corp 认证。2022 年 2 月，ISSB 任命 Sue Lloyd 为副主席、Janine Guillot 为特别顾问。Sue 此前为 IASB 副主席。Janine 此前是 VRF 的 CEO，再之前是美国加州公务员养老金的首席运营投资官。

2022 年 3 月下旬，ISSB 宣布与 GRI 达成合作，双方将建立沟通机制，以便双方在标准制定过程中形成协同，使聚焦投资者的方法和多利益相关方参与的方法形成互补。

2022 年 3 月底，ISSB 在标准样稿的基础上首次发布两份标准的征求意见稿，即《可持续相关财务信息披露一般要求》和《气候相关披露》，意见征询截止日期为 2022 年 7 月 29 日。

2022 年 4 月，ISSB 宣布与加拿大特许专业会计师协会（CPA Canada）合作，在蒙特利尔建立 ISSB 的北美地区办公室，加上法兰克福办公室以及 VRF 原有的旧金山办公室，ISSB 全球布局初具雏形。

（本文首次发表于 2022 年 4 月 26 日“郭沛源说 ESG”公众号）

ISSB 系列评论之二：第四张报表应该长什么样?

过去数月，国际财务报告准则基金会（IFRS）发起的国际可持续发展准则理事会（ISSB）快速推进各项工作。继 3 月发布两份征求意见稿之后，4 月 ISSB 成立了特别工作组以加强全球基准与世界各国家和地区标准的兼容性，成员包括中国财政部、欧盟、欧洲财务报告顾问小组、日本金融厅、日本可持续标准委员会筹备组、英国金融行为监管局及美国证券交易委员会。6 月先后任命 6 名 ISSB 委员，包括来自中国财政部的冷冰先生。算上主席、副主席，ISSB 委员已有 8 人，达到法定人数。日前，ISSB 宣布将于 7 月 20—21 日在法兰克福举行 ISSB 委员会的首次大会。

今天发第二篇，具体介绍 ISSB 的两份征求意见稿。

征求意见稿速览

ISSB 发布的两份征求意见稿，分别是《国际财务报告可持续披露准则第 1 号——可持续相关财务信息披露一般要求（草案）》（简称《一般要求》）及《国际财务报告可持续披露准则第 2 号——气候相关披露（草案）》（简称《气候披露》）。

《一般要求》具有通用性，对可持续发展相关的财务信息披露做了一般性的规范，包括目标、范围、核心内容、通用特征（一般特征）、附录等几个部分。根据草案，此类披露的主要使用者是财务报告的主要使用者，因此，披露的目标是要求主体披露与可持续发展相关的重大风险和机遇信息，以便财务报告的主要使用者可以做出有效决策。披露的范围也据此而定，即如果不影响使用者评估风险和机遇，则不在草案规定的披露范围内。披露的主体原则上与财务报告的主体保持一致，但考虑到可持续发展相关风险可能会由价值链（特别是供应链）引发，因此，草案也指出这些信息可能会关联到其他主体（如供应商）。

披露框架沿用了气候相关财务信息披露（TCFD）的披露框架，即从治理、战略、风险管理、指标和目标四个维度来做披露。治理维度描述了监督和管理可持续相关风险和机遇时所用的治理流程、控制措施和程序。战略维度描述了主体对可持续相关风险和机遇的预期、评估和应对，草案特别强调这些非财务因素如何在短、中、长期转化为对主体的财务状况、财务业绩和现金流量的影响。风险管理维度描述了主体如何识别和管理可持续相关风险的管理流程，以及这些非财务风险（机遇）的管理流程如何与现有的整体风险（机遇）管理流程融合。指标和目标维度描述了主体对可持续发展绩效的评估方法及目标进展，草案要求指标和目标要用有意义、清晰和准确的用语来描述。

通用特征及附录的内容，对高质量的可持续披露给出了更细化的要求，譬如相关性、可比性、可验证性、及时性、可理解性、重要性（常翻译为实质性）。草案也指出，可持续信息具有不确定性，但“如果能够对估计进行准确的描述与解释，则使用合理估计并不会有损信息的有用性”。关于披露频次，草案建议与财务报告频次一致且应同时披露，但报告期长一点、短一点或增加中期披露，这些做法草案也不排除。

《气候披露》聚焦在气候变化议题，目标是要求主体披露其面临的气候相关重大风险和机遇的信息，使报告使用者能够据此合理评估主体面临的气候相关风险与机遇，以及主体应对这些风险与机遇的能力。披露范围包括风险和机遇两个方面，风险方面包括物理风险（有时也翻译为实体风险）和转型风险两类。

说到这里，估计大家已经看到了 TCFD 框架的影子了。不错，《气候披露》总体上沿用了 TCFD 框架，因此，主体部分也包括治理、战略、风险管理、指标和目标四个维度。大体描述与前述《一般要求》相似，但也有一些内容能看出气候信息披露的特征。一是明确要求温室气体排放核算和披露，包括范畴 1、范畴 2 和范畴 3，这被纳入指标和目标维度的披露要求，且要说明目标是绝对值还是强度值（相对），目标是否科学、是否与国际协议目标一致等。二是全面考虑了碳减排、碳抵消、转型、气候适应等多种应对气候相关风险与机遇的方法，这些都被纳入战略维度的披露要求。三是在气候适应性的部分，草案特别强调气候情景分析的重要性，指出“除非主体无法使用气候相关的情景分析来评估其气候适应性，否则主体应使用与气候相关的情景分析来评估其气候适应性”。这些内容很鲜明地突出了气候这个主题。

《气候披露》草案还有一个特点，是带着一份很长很长的附录二，即基于行业的披露要求。这份附件沿用了 SASB 准则的内容，分 11 个行业大类、约 70 个行业子类逐个描述了披露指标。整个附件 600 多页，非常详细。

解读征求意见稿

从业内人士角度看，ISSB 的两份征求意见稿总体上依循了现有的技术路线。这一点在第一篇评论中已经提过，ISSB 一开始就“站在巨人肩膀上”，综合吸收了 VRF（整合了 IIRC 和 SASB）、TCFD、CDSB 等现有框架，这也是 ISSB 可以在成立不到半年就拿出两份征求意见稿的原因。

由此，我们也可以打消一些顾虑，即 ISSB 提出的披露要求是不是很难？总体来说，如果企业在 CSR/ESG 或可持续发展报告方面有数年的经验积累，特别是如果企业已经填写过 CDP 问卷，多数披露要求大体是能做到的。但也有一些内容对一些企业来说可能是有难度的，譬如《气候披露》要求的范畴 3 数据，很多企业特别是金融机构尚未测算；气候情景分析对很多企业来说也还十分陌生。

因此，我认为 ISSB 的要求在实施初期可以增加一些弹性和留有足够的过渡时间窗口。增加弹性可以让报告主体有一定选择空间，譬如在定性披露和定量披露之间选择；过渡时间窗口则可以让企业有足够时间学习、改变和适应，譬如考虑“自愿—半强制（不遵守就解释）—部分强制—全部强制”这个路线图，从港交所过去十年的经验看，这个路线图从技术上看是行之有效的，可以有效引导市场预期、让企业有足够时间储备能力。

目前，这些问题都没有在 ISSB 里面做出明确规定，都还有探讨的空间。因此，我十分鼓励中资企业给 ISSB 提交反馈意见，表达自身关切。

我也整理了几点意见，准备向 ISSB 反馈。包括：

（1）关于主要使用者。ISSB 主要强调了投资者视角，但从中国实践看，单一的投资者视角是不够的，还应考虑监管视角和社会视角。这涉及一些更底层的逻辑问题，可以关注下一篇评论。

（2）关于风险与机遇的表述。ISSB 主要强调风险，这有历史原因，但如果推而广之到更加一般性的讨论，应该将风险与机遇平衡（对等）起来，特别是通用披露（1 号文），内容标题上应提及“风险与机遇”，而不仅是“风险管理”。

（3）关于“行业披露要求”。“行业披露要求”目前是作为 2 号文的附件纳入的，但实际上“行业披露要求”中有不少指标是非气候变化议题的可持续发展指标，因此，这个附件更适合作为 1 号文的附件，而不是 2 号文的附件。但 2 号文也可引述。此外，“行业披露要求”中引述了很多欧美的分行业的可持续发展标准，里面不少并不能称为全球共识或全球基准性标准，如果 ISSB 的目标是达成全球基准性标准，则全文都要以全球共识为前提，避免将一些非全球共识纳入文件。

第四张报表

最近很多人关注 ISSB，我做了好几场讲座。有次听众发问：ISSB 这套规则会不会形成“第四张报表”？这个问题蛮好的，特别是关于“第四张报表”的表述。此前我还没有听到过这样的说法。细想也是有道理：正是传统的“三张报表”（资产负债表、利润表、现金流量表）不足以呈现企业经营全貌，特别是呈现企业的持续经营潜力，所以才有必要发明一种新方法来衡量企业的可持续发展绩效。从这个意义上说，ISSB 确实是在定义“第四张报表”，ISSB 的两份征求意见稿则是在定义“第四张报表应该长什么样？”我在网上做了些文献研究，发现德勤在 2016 年就提出过“第四张报表”的概念，其核心是“以非财务数据为核心，搭建以企业绩效为基础，关注数据资产价值，涵盖用户、产品、渠道和财务四大维度的量化企业价值管理体系”。我初步对照了一下，德勤“第四张报表”所指的“非财务数据”大体等于“业务数据”，而 ISSB 所指的“非财务信息”大体等于“可持续相关信息”。可见，ISSB“定义”的“第四张报表”的概念要比德勤定义的概念更宽广，超出了业务和商业范畴，从非市场、非商业视角重新审视企业价值。

那么，ISSB 有无可能“把可持续信息披露作为企业的第四张报表”呢？我认为，ISSB 是具备这样的实力的；或者说，ISSB 是具备这样的视野（野心）的。IFRS 在官网上用图来介绍 ISSB 的位置：最上面是 IFRS 监督委员会，下设受托人，再下设国际会计准则理事会（IASB）和国际可持续准则理事会（ISSB）。现在我们常说的会计准则（包括对三张表的要求）便是由 IASB 制定的，统称 IFRS 会计准则。ISSB 的任务，就是编制 IFRS 可持续披露准则，本文介绍的两份征求意见稿正是 IFRS 可持续披露准则的 1 号文和 2 号文。从架构上看，ISSB 与 IASB 呈双足鼎立之势。从这个意义上说，ISSB 可不只是发明“第四张报表”，而是要发明“第二套报表”，与“三张报表”所代表的 IASB 的“第一套报表”互为补充。

如今，我们可能还处在万里长征第一步。要知道，会计准则已经诞生了一个世纪，IASB（含前身 IASC）也已经诞生半个世纪，而 ISSB 还未满周岁。

（本文首次发表于 2022 年 7 月 11 日“郭沛源说 ESG”公众号）

ISSB 系列评论之三：双重实质性之辩

7 月以来，国际可持续准则理事会（ISSB）又取得不少进展。7 月底，ISSB 的两份征求意见稿收到世界各地 1300 多份回复，包括中国财政部、证监会也都反馈了意见，商道融绿也反馈了，这些都可以在 ISSB 官网查阅。8 月 1 日，ISSB 完成对价值报告基金会（VRF）的合并，至此 ISSB 融合了 CDSB、SASB 和 IIRC 三大标准制定组织。8 月底，ISSB 任命世界银行原副行长华敬东为理事会副主席，至此 14 名理事全部到位。9 月，IFRS 基金会宣布设立可持续咨询委员会（SCC），成员包括国际货币基金组织（IMF）、世界银行（WB）等 11 家机构。

此时，ISSB 风头正劲。年底两份披露准则的正式版能否发布、正式版长什么样、多大程度上吸收了 1300 多份的反馈意见，都很值得期待。

第三篇聊聊 GRI 和 ISSB 的差异。

GRI 是何方神圣？

在可持续发展报告（ESG 报告）领域，ISSB 只是“新兵”，GRI 则是“老人”。GRI 全称全球报告倡议组织（Global Reporting Initiative），成立于 1997 年，2000 年发布第一份 GRI 指南，取名 G1，之后经历若干版本，到 2013 年发布 G4 版指南。2016 年，GRI 重构框架，以模块化的方式推出新版 GRI Standards，以 GRI 标准命名。2021 年，GRI 标准更新为 GRI 标准 2021 版。不久前，商道纵横参与了 GRI 标准 2021 中译版的审校和发布。根据 GRI 要求，2023 年之后，企业发布报告应引用 2021 版标准，历史版本不再有效。

从 2016 年开始，GRI 就采取了模块化的结构。新版（2021 版）延续这一结构，但增加了行业标准这个模块，形成通用标准、行业标准和议题标准三大模块。通用标准包括 GRI 原则、通用披露项和对实质性的规定，我认为这些都是 GRI 标准的根基。行业标准分行业提出了一些具体指标，目前只有油气等四个行业，但 GRI 计划很快扩展到 40 个行业。议题标准分经济（以 2×× 为序号）、环境（以 3×× 为序号）和社会（以 4×× 为序号）三大类别，每个类别包括若干议题，标准对议题是什么、该披露什么、如何披露做了详细描述。通用标准一般不变，行业标准和议题标准可以不断更新。模块化设计的最大优点，是可以随时新增（或更新）行业、议题等单个标准文件，而不影响整套标准的可用性。这是 GRI 在 2016 年从原来 GRI 指南升级为 GRI 标准的一个重要革新。

双重实质性之辩

GRI 有 25 年积累，已自成体系，有完整框架。从应用角度看，GRI 也是世界各地企业用得最多的披露准则。全世界的大企业，多数参考 GRI 标准编写可持续发展（ESG）报告。ISSB 作为后来者，如何与 GRI 同场竞技？这个前面的评论讲过，ISSB 的优势一是“出身名门”，二是“站在巨人肩膀上”。前者带来品牌影响力，后者带来技术能力。

现在要对 GRI 和 ISSB 做对标分析，还为时过早。一是因为 ISSB 的正式文件还没有定稿；二是从方法论到呈现结构，两者也有较大差异。但有一点差异是比较明确的，即 ISSB 的单重实质性和 GRI 的双重实质性。

实质性，即 materiality（ISSB 翻译为重要性），按我的理解，是判断某个议题是否有重大影响，若有则必须披露，反之则不必须。实质性一直是可持续发展报告领域的重要概念，这在历年的 GRI 指南和标准中都一贯强调。GRI 常用一个经典的矩阵图来解析实质性，横坐标是某议题对企业的影响大小，纵坐标是某议题对利益相关方的影响大小，越靠近右上角，议题就越具有实质性。企业可以运用这个矩阵图识别实质性议题，将之纳入可持续发展报告。

双重实质性，即 double materiality，是欧盟在 2019 年的《气候相关信息披露补充》文件中提出的概念。欧盟解释双重实质性：一方面，气候变化对企业产生影响，因此影响财务绩效，所以具有财务的实质性；另一方面，企业活动也会影响气候，所以具有环境和社会的实质性。两者加起来，就是双重实质性。欧盟认为 TCFD 披露框架只考虑单重（财务）实质性，而欧盟则主张要考虑双重实质性。

我始终认为，双重实质性有“生造概念”之嫌，因为欧盟所说的双重实质性和 GRI 所说的实质性本质上是一样的：两重影响对应的就是矩阵图的两个维度。与之相对，单重实质性就是单纯考虑非财务因素对企业财务的影响。对应 GRI 矩阵图，就是只考虑横坐标，忽略纵坐标。

与 GRI 不同，ISSB 秉承的是单重实质性的理念。虽然 ISSB 没有这样明说，但字里行间透露出来。ISSB 披露准则对实质性（ISSB 译为重要性）的定义是：

如果漏报、错报或掩盖信息，将影响通用目的财务报告使用者基于特定主体的可持续相关财务信息做出决策，该信息就是重要的。

所以，是不是实质性？财务报告使用者说了算。自然，财务报告使用者主要还是考虑非财务因素对企业财务的影响，而非反过来。

GRI 在 2021 版标准中，重申了另一重实质性的意义。标准指出：

可持续发展报告独立于财务影响的考量。因此，组织必须报告其使用 GRI 标准确定的所有实质性议题。组织不可认为这些实质性议题缺乏财务实质性而降低其优先级。

路线之争

实质性之争的背后是路线之争，即可持续发展报告主要是为谁服务的。对此，GRI 和 ISSB 有很不一样的看法。

GRI 标准指出：

利益相关方和其他信息使用者可使用 GRI 标准，以了解组织应报告的内容。利益相关方也可采用组织报告的信息，评估自身如何受到或可能受到组织活动的影响。特别是投资者可利用报告的信息来评估组织的影响及其如何将可持续发展纳入业务战略和模式……GRI 标准中的“信息使用者”是指组织所报告信息的所有不同使用者。

因此，GRI 认为，报告的使用者是广泛的，投资者只是其中之一。

ISSB 的观点是：

该信息有助于通用目的财务报告主要使用者评估企业价值和做出是否向主体提供资源的决策。

因此，ISSB 认为，报告的使用者是通用目的财务报告主要使用者，如果更具象地理解，可以认为是投资者和分析师根据报告信息评估企业价值。

这就能很明显地看出两者的区别了。为什么有这样的区别？那就要从几家机构的历史说起。GRI 是在 1997 年的时候由美国环保组织 CERES 和联合国环境署共同发起的，带有些环保 NGO（非政府组织，Non-Governmental Organization）的基因，一直以来主张广泛代表性，即多利益相关方（multi-stakeholder）参与的方式。这一点不只是说说而已，而是在 GRI 的治理结构中得以贯彻。譬如，GRI 的利益相关方委员会有 50 名成员，来自五个界别：企业、民间组织、投资机构、劳工团体和中介机构。我曾经作为中介机构的代表，做过两个任期（6 年）的利益相关方委员会成员。我印象深刻的是，在各种讨论会上，不同界别的成员的讨论确实是针锋相对，最终达成的结论往往是妥协的结果。因此，要 GRI 标准仅服务于企业和投资机构的利益，从制度上就确定了是行不通的。

ISSB 不一样。ISSB 由国际财务报告准则（IFRS）基金会发起，财务报告准则本身的用户就是“通用目的财务报告主要使用者”，ISSB 继承了这一点。除此之外，ISSB 合并的 CDSB、SASB 和 IIRC 都有服务资本的渊源。CDSB 是由 CDP 发起的，CDP 诞生之初，就是请投资者签字支持 CDP 发放问卷，游说上市公司填写 CDP 问卷；SASB 在选择行业指标的时候，是依据“对财务具有实质影响（financially material）”的指标；IIRC 也很明确，主要用户是“融资方（providers of financial capital）”。

因此，GRI 和 ISSB 的不同路线选择，有其根源。

谁将一统江湖？

这个问题经常会被提起。因为大家都想知道，“终局”是怎样。我想现在还有很大的不确定性。考虑到 GRI 双重实质性的理念已经被欧盟采纳，我推测大概率两者会共存，继而寻求技术层面的链接和互认。

从某种意义上说，ISSB 代表效率，GRI 代表公平；效率会在短时间内发展快，公平会在长时间内传承久。孰优孰劣，各有评说，也和时势有关。

写到最后，还可以再往深处想：单重实质性和双重实质性的区分是不是伪命题？假想一个例子。化工厂在村子里生产，产生污染，长期以来村民投诉无门。从单重实质性看，污染是非实质性议题（不影响资本利益）；从双重实质性看，则是实质性议题（影响到村民了）。有一天，村里来了个律师，找到方法起诉企业且成功索赔。这时候不管从单重实质性还是双重实质性看，污染都成了实质性议题。

可见，单重实质性和双重实质性是否存在重大差异，可能受限于人们的认知、能力，以及外部的社会环境、法律环境；而这些因素往往会随着时间变化而变化。20 年前，很多投资人还认为气候变化不具有实质性，但现在多数投资人都认为气候变化具有实质性。

问题是，现在的我们能预测到 20 年后什么议题具有单重实质性吗？如果不能，那是不是意味着至少那些投资周期在 10~20 年的长期投资者，要在一定程度上考虑双重实质性？尽管这也不能保证没有“漏网之鱼”，但至少网撒得广一些，考虑的因素更周全一些。

这让我想起了经典的“蝴蝶效应”，巴西的亚马孙丛林中一只蝴蝶轻轻地扇动几下翅膀，就会在美国的得克萨斯州掀起一场龙卷风。非财务因素是不是有点这种味道？会计师平常主要看财务报表，却没料到有时候居然是财务报表以外的因素导致企业突然崩溃。单重实质性的思路，是尽可能找到那只可能掀起龙卷风的蝴蝶。双重实质性的思路更宽，可能会找到树上开的一朵花，正是这朵花，吸引蝴蝶扇动了几下翅膀……

（本文首次发表于 2022 年 10 月 8 日“郭沛源说 ESG”公众号）

ISSB 系列评论之四：速读 S1 和 S2 新标准

2023 年 6 月 26 日，国际可持续准则理事会（ISSB）发布《国际财务报告可持续披露准则第 1 号——可持续相关财务信息披露一般要求》（IFRS S1）和《国际财务报告可持续披露准则第 2 号——气候相关披露》（IFRS S2）两项标准的最终文本（见下图），引发全球市场关注。

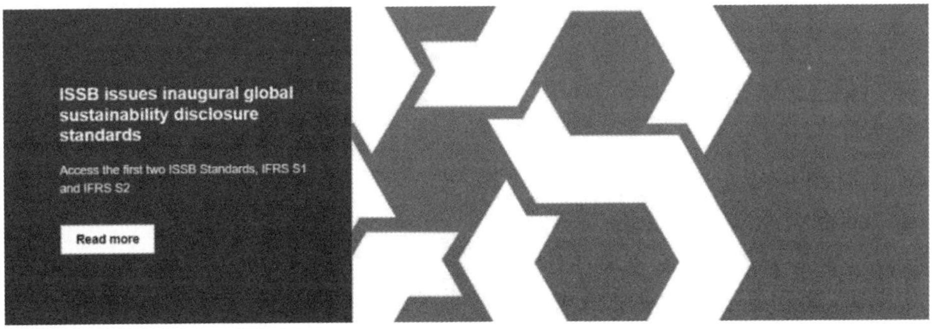

图　ISSB 官网发布 IFRS S1 和 IFRS S2

本文快速回顾这两项标准出炉的历程、解读其核心内容，作为 ISSB 系列评论第四篇。

历程回顾

ISSB 的英文全称 International Sustainability Standards Board，即国际可持续准则理事会，是由国际财务报告准则基金会（IFRS Foundation）在 2021 年 11 月第 26 届联合国气候变化大会（COP26）上宣布成立的。ISSB 的目标很明确，要制定一套综合性的全球高质量可持续信息披露基准性标准，满足通用财务报告主要使用者对更加一致、完整、可比和可验证的可持续性相关财务信息的需求。

这个目标显示出 ISSB 非常雄心勃勃。我在《ISSB 系列评论之一：一尺之力牵动万亿资产》中已经详细解释了 ESG 信息披露标准的重要性和统一标准的迫切性。

ISSB 之所以敢许下如此宏愿，我认为主要有两个原因。一是“自带光环”，IFRS 本身具有极高的影响力，很多国家和地区的监管部门采纳 IFRS 国际会计准则理事会（IASB）制定的会计准则或与之趋同，ISSB 刚一成立就备受关注。二是“站在巨人肩膀上”，ISSB 通过吸纳 SASB、IIRC、CDSB 标准，参考 TCFD 框架，快速建立起技术能力，而不是完全从零开始。

即便这样，要在不到两年时间完成标准制定且能为市场所初步认可，也是很有难度的。因此，自成立以来，ISSB 快马加鞭开展了许多工作。在技术层面，2022 年 3 月，ISSB 发布两份标准的征求意见稿，之后做了多场次的宣讲和意见征询，收集到世界各地 1400 多份反馈意见，再经过多轮讨论，形成了最终标准和一系列配套说明文件。在架构层面，ISSB 快速组建了具有广泛代表性的理事会，又设立了可持续披露准则咨询论坛、司法管辖区工作组、可持续发展咨询委员会、投资者咨询小组、技术参考小组等机制，确保在标准制定过程中能广泛吸收各方意见，以便标准出炉之后可以被广泛接纳。

这一点在 ISSB 发布标准的新闻页面中也有明确体现。新闻页面除了引述 IFRS 主席和 ISSB 主席两人的观点外，还收录了 G20 金融稳定理事会主席、国际证监会组织（IOSCO）、TCFD 秘书处负责人、世界可持续发展工商理事会（WBCSD）执行主席、世界经济论坛创始人兼主席、亚洲开发银行总干事、沃达丰集团主席等知名人士对 ISSB 的支持和欢迎声明。

标准速读

ISSB 此次发布的是 IFRS S1 标准和 IFRS S2 标准两项。S1 是一般披露（或通用披露），S2 是气候相关披露。ISSB 还发布了一系列配套文件，包括：

《IFRS S1 结论基础》——总结了 ISSB 在制定 IFRS S1 的规定时考虑的因素。

《IFRS S2 结论基础》——总结了 ISSB 在制定 IFRS S2 的规定时考虑的因素。

《IFRS S1 随附指南》——说明了 IFRS S1 的有关方面，但不包含解释性指南。

《IFRS S2 随附指南》——说明了 IFRS S2 的有关方面，但不包含解释性指南。

《IFRS S1 和 IFRS S2 影响分析》——描述了 IFRS S1 与 IFRS S2 可能带来的收益和成本。

《IFRS S1 和 IFRS S2 项目概要》——提供了制定 IFRS S1 和 IFRS S2 的项目概览。

《IFRS S1 和 IFRS S2 反馈报告》——总结了对 IFRS S1 和 IFRS S2 征求意见稿的反馈意见以及 ISSB 的回应。

S1 标准的内容包括目标，范围，概念基础，核心内容，一般要求，判断、不确定性和差错，附录等几个主要部分（见表 1）。

表 1　S1 标准的内容

IFRS S1 标准	内容
OBJECTIVE 目标	
SCOPE 范围	
CONCEPTUAL FOUNDATIONS 概念基础	Fair presentation 公允反映 Materiality 实质性 Reporting entity 报告实体 Connected information 关联信息
CORE CONTENT 核心内容	Governance 治理 Strategy 战略 Risk management 风险管理 Metrics and targets 指标与目标
GENERAL REQUIREMENTS 一般要求	Sources of guidance 指引资源 Location of disclosures 信息位置 Timing of reporting 披露时点 Comparative information 可比信息 Statement of compliance 合规声明
JUDGEMENTS，UNCERTAINTIES AND ERRORS 判断、不确定性和差错	Judgements 判断 Measurement uncertainty 测量不确定性 Errors 差错
APPENDICES 附录	Defined terms 术语定义 Applying guidance 应用指引 Sources of guidance 指引资源 Qualitative characteristics of useful sustainability-related financial information 可持续相关的有用的财务信息的质量特性 Effective date and transition 生效期和过渡期

从内容框架来看，S1 和去年发布的征求意见稿一样，依然参照了 TCFD 的框架，即从治理、战略、风险管理、指标与目标这四个维度要求企业披露相关信息；区别是 TCFD 只是关于气候相关信息，而 S1 则是可持续发展相关信息。值得注意的是，尽管标准的标题强调“风险管理”，实际上在文本表述中，通常是把“可持续发展相关的风险和机遇”并列起来考虑。

S1 强调这些信息应该对投资者有价值，即具有“财务实质性”，S1 还认为高质量的信息应该是相关的且如实表达的。强化信息质量，要从可比性、可验证性、及时性、可理解性四个方面着手。

S2 标准的内容包括：目标、范围、关键内容、附录等几个主要部分（见表 2）。

表 2　S2 标准的内容

IFRS S2 标准	内容
OBJECTIVE 目标	
SCOPE 范围	
CORE CONTENT 关键内容	Governance 治理 Strategy 战略 Risk management 风险管理 Metrics and targets 指标与目标
APPENDICES 附录	Defined terms 术语定义 Application guidance 应用指引 Effective date and transition 生效期和过渡期

从内容框架看，S2 可以认为是直接套用了 TCFD 的内容，从治理、战略、风险管理、指标与目标这四个维度要求企业披露气候相关信息。

S2 强调气候情景分析的重要性，要求企业运用气候情景分析方法来评估气候韧性。但 S2 也指出，这可以是一个循序渐进的过程，最开始的时候可以用简单的定性的情景分析方法来评估，在具备能力和经验之后，再过渡到更定量的情景分析。

关于指标，S2 强调企业要披露温室气体排放数据，不仅是范畴 1、范畴 2 的排放数据，还应该包括范畴 3 的排放数据。如果企业从事银行保险或资管业务，则范畴 3 应纳入融资排放（financed emission）数据。关于计算方法，S2 首推温室气体排放协议（GHG Protocol）的方法，包括范畴 3 的计算方法，但 S2 也允许企业根据所在市场监管部门或交易所的要求采取另外的方法计算。

主要修改

总体上看，与征求意见稿相比，ISSB 标准的最终稿并无重大修订，主要是根据各方反馈意见做了一些调整。这些调整在《IFRS S1 和 IFRS S2 反馈报告》中有详细的分析。对照来看，以下这几点变化值得关注。

一是 S1 的目录框架，增加了“概念基础”这个一级标题，将公允反映、实质性、报告实体和关联信息四个要点作为概念基础。在征求意见稿中，这四个要点本是放在“一般特征”中的，而最终稿中的“一般特征”也改为了“一般要求”。根据 ISSB 的解释，“概念基础”和“一般要求”中的要点主要参考了《IASB 财务报告概念框架》和《IFRS 会计标准》，企业特别是企业财务部门对此比较熟悉。

二是关于行业细分标准的问题。在 S2 征求意见稿中，ISSB 纳入了 SASB 的标准，这里面涵盖了很多细分行业的指标，同时也引述了很多细分领域的标准。征求意见的时候，商道提了反馈，认为现阶段纳入 SASB 过早，且里面包含了很多非国际通用的细分标准。在最终稿中，ISSB 没有再纳入 SASB 的细分标准，且指出有的企业可能会认为 SASB 是不适用的。但 ISSB 在说明文件中强调，仍然主张行业细分标准，会在未来就 SASB 做更广泛的意见征询。

三是关于生效时间。这一点在征求意见的时候是空着的，最终稿予以明确，且在若干事项中给予过渡期。根据要求，ISSB 的两项标准在 2024 年 1 月 1 日及之后的财年生效，换言之，2025 年开始可以依据 S1 和 S2 标准做信息披露。如果企业要“抢跑”，也是允许的，但必须披露相关信息且同时应用 S1 和 S2 标准。考虑到气候变化的紧迫性，ISSB 允许企业在披露首年仅依据 S2 披露气候相关信息，在次年再同时应用 S1 和 S2 标准。此外，在同时应用 S1 和 S2 标准披露的首年，ISSB 还提供了四个过渡选择：①无须提供可比信息；②无须和财务报告同时披露；③继续沿用企业此前的温室气体核算标准；④无须披露范畴 3。这些过渡选择可以帮助企业更容易采纳 ISSB 标准。

未来格局

毫无疑问，ISSB 的新标准将产生广泛影响，撼动当前的 ESG 信息披露标准的国际格局。在 ISSB 标准中，特别有“指引资源（Sources of Guidance）”部分，除了提到 SASB 和 CDSB 外，也提到了欧盟的公司可持续发展报告指令（CSRD）和全球报告倡议组织（GRI）标准。不难看出，ISSB S1/S2，CSRD 和 GRI 标准（2021）将会形成三足鼎立的局面。

三者之中，唯独 ISSB 主张财务实质性，CSRD 和 GRI 是主张双重实质性的。ISSB 用了一个“模块化”的概念来解释自己的独特性，即主要为投资者提供有用信息，包括传统的财务信息（深蓝色）和最新的可持续相关财务信息（浅蓝色），灰色的区域可以包含更多类型信息，满足更多样的利益相关方的诉求（即 CSRD/GRI 所主张的另一重实质性，详见《ISSB 系列评论之三：双重实质性之辩》）。

就在 ISSB 标准发布当天，GRI 也发了新闻稿，对 ISSB 标准表示欢迎，同时也阐述了 GRI 的立场。GRI 认为（意译）：GRI 和 ISSB 两套标准既有区别但也互补，GRI 追求的是企业对人和地球的影响的信息透明度，ISSB 追求的是更有效率和韧性的资本市场，两者协同相得益彰。

我个人还是挺赞成 GRI 的表述的，也希望两家机构可以找到有效协同的办法。关于欧盟 CSRD，ISSB 在《项目概要》文件中也透露，其正在和欧盟一起做对标分析，识别欧洲 CSRD 所要求的欧洲可持续报告标准（ESRS）与 S2 标准之间的共同披露项。

还有两个问题值得关注。一是各个国家和地区将会采取什么态度？从公开信息看，尼日利亚去年就已经宣布将采纳 ISSB 标准，其余国家和地区还没有宣布。我个人认为，已采纳 TCFD 的市场，以及比较深度参与 ISSB 的国家和地区都有可能成为 S1/S2 标准的先行先试者。二是 ISSB 标准会不会促使更多企业通过财务报告而非单行本的 ESG 报告来披露可持续信息？从 ISSB 标准的表述看，ISSB 希望企业通过财务报告（general purpose financial reports）来披露，但也提供了足够灵活性，只要能提供交叉索引确保投资者能便捷获取信息即可。因此，我预计 ISSB 标准中短期内会激发更多单行本的 ESG 报告，毕竟很多企业会认为单行本报告是看得见、摸得着的成果，也能显示企业对此的重视程度。

从现在到 2025 年，将是 ISSB 标准落地的关键三年。巧合的是，欧盟的 CSRD 也要求首批企业在 2025 年披露 2024 年的可持续发展信息；港交所也计划在 2024 年推行 TCFD，预计披露年份从 2025 年开始；美国证券交易委员会的气候披露规则 2022 年上半年征求意见，大概率今年发布，可能也会从 2025 年开始披露。看起来，2025 年是 ESG 信息披露的关键年，值得期待。

（本文首次发表于 2023 年 6 月 27 日“郭沛源说 ESG”公众号）

关于企业应用 ISSB 的三个猜想

昨天（7 月 3 日），我们和中国发展研究基金会联合举办“ESG 投资前沿论坛第 21 期：解读 ISSB 新准则”，邀请到财政部原副部长朱光耀、ISSB 理事冷冰和国际会计准则理事会（IASB）原理事张为国发言。

朱部长介绍了中国在 ISSB 准则制定过程中发挥的建设性作用，特别是关于提升准则包容性、增强准则科学性、改进准则通用性的建议多被采纳。冷冰理事详细介绍了 ISSB 的治理架构、ISSB 准则的理念和核心内容，还回答了现场参会嘉宾提出的问题。张老师首先肯定了 ISSB 的工作成果，然后指出 ISSB 下一步发展要处理好的几个关系。

我第四个发言，讲了两方面的内容。一是强调了 ISSB 的重要性和影响力，6 月 26 日，我估计全世界会有很多人在不停刷新 IFRS 的网站，等待 ISSB 两项准则文件的正式发布，用“万众瞩目”来形容，并不为过。二是谈及关于企业应用 ISSB 准则的三个猜想，三个问题并非临时起意，而是过去一周被企业朋友问到的具体问题，我也没有准确的答案，因此暂且用猜想来表达。

何时会出现首份 ISSB 报告？

按照 ISSB 准则的规定，两项准则将在 2024 年 1 月 1 日及之后的财年生效，换言之，2025 年开始可以依据 S1 和 S2 标准做信息披露。如果企业要“抢跑”（Earlier Application），也是允许的，但必须同时应用 S1 和 S2 标准。因此，理论上，从现在开始企业就可以应用 ISSB 准则，发布全球首份 ISSB 报告了。会不会有企业这样做呢？我预计是会的，时间可能是未来 3~6 个月，也就是今年之内，就会出现首份 ISSB 报告。

什么样的企业会抢这个时间点？我认为可以用 4 个关键词来形容“抢跑”的企业。一是品牌导向，因为“抢跑”的主要效益是新闻性；二是国际化，因为 ISSB 本身非常国际化；三是上市公司，因为 ISSB 主张信息披露的主要使用者是投资人；四是有过 TCFD 报告发布经验的，因为“抢跑”的企业必须同时应用 S1 和 S2，而后者与 TCFD 一致。

早期应用，有优点也有缺点。优点是新闻性和创新性，前者很容易理解，后者是因为没有先例可循，对很多细节的理解要依靠专业判断和大胆创新，所以早期报告所采取的做法，会成为后来者研究的对象，好的创新还会成为模仿的对象。缺点是因为时间匆忙，编制者对准则的理解还不够充分，可能会使报告有 ISSB 名而无 ISSB 实，企业会面临声誉风险。

报告会以何种形式出现，单行本报告，还是植入现有报告？

采纳 ISSB 准则编制的报告，在准备之初就必须回答这个问题。按照 ISSB 准则的表述，ISSB 主张通过财务报告来披露（as part of its general purpose financial reports），简言之就是在公司年报或财报中纳入相关信息，可能是单独一章，也可能是分散到年报中的各个章节，一些企业在做 TCFD 信息披露的时候就采取这样的做法。

但是，ISSB 也提供了足够灵活性，在“披露位置”（location of disclosures）一节中，ISSB 允许企业在其他地方（报告）披露可持续相关信息，只要能提供交叉索引（cross reference）确保投资者可便捷获取即可。按这个要求，企业也可以将 ISSB 披露植入现有的 ESG 报告或 TCFD 报告中。

还有一种可能，是企业发布 ISSB 单行本报告合并 TCFD 报告或单行本 S1 报告加上单行本 TCFD 报告。这样做的好处是让企业采纳 ISSB 准则形成看得见、摸得着的成果，能彰显企业对此的高度重视。

我预计，短期内发布 ISSB 单行本报告的企业会较多，其次是植入现有的 ESG 报告中，之后才是植入财务报告中。长期趋势现在还说不好，估计 2025 年的时候形势会趋于明朗。

报告会不会同时参照几种标准？

以前每出现一项新的信息披露准则，很多企业的做法就是在现有的 ESG 报告中纳入相关内容，然后在报告末尾增加一个索引页，把按照新增准则要求披露的内容提要和页码罗列出来。经年累月，不少 ESG 报告的索引页也越来越厚。常见纳入索引的标准包括 GRI 标准、港交所 ESG 报告指引、联合国全球契约十项原则、TCFD 框架等，部分行业还要用到特定行业准则，比如金融机构往往要同时参考中国人民银行的《金融机构环境信息披露指南》。

那么，ISSB 会不会成为一个新的索引？如果企业把 ISSB 植入年报、ESG 报告中，是有可能产生一个新的 ISSB 索引的。从技术上分析，ISSB 虽然主张投资者导向，但也不是说和 GRI 完全无法衔接，譬如里面的治理、战略和 GRI 模块中的

“GRI2：一般披露”有一定对应关系，指标与目标与 GRI 的议题披露标准也有衔接的可能性。虽然目前还没有这样的对标分析，但至少没完全排除技术实现的可行性。

因此，我觉得是有可能看到 ISSB 索引表的。但这要求企业或咨询机构做技术研发，把 ISSB 披露项整理出来，然后与 GRI 标准或其他标准做对标。目前，ISSB 正在与 CSRD 的 ESRS 标准做对标，目的也是希望能够增进 ISSB 准则的融合性。

以上是我对三个问题的猜想，大家也可以参与投票、发表意见（投票结果见下图）。

图　读者的投票结果

（本文首次发表于 2023 年 7 月 4 日“郭沛源说 ESG”公众号）

在可持续发展的立法之路上，欧盟是不是跑得太快了？

上周的评论介绍了 2024 年已经或即将生效的与企业社会责任相关的法律法规，如新修订的《公司法》等（国家鼓励公司公布社会责任报告）。文章最后提到欧盟的立法。有几位读者对此提供了一些反馈，有的赞成，觉得这是灯塔；有的反对，觉得太快，都学不过来了。因此，本文再来探究一下欧盟的可持续发展相关立法，以及联合国为什么有所顾虑。

欧盟最近几年与可持续发展相关的立法确实非常多。在上周的评论中提到了几个：公司可持续发展报告指令（Corporate Sustainability Reporting Directive，CSRD）已经生效，此前已经受到非财务信息披露指令（Non-Financial Reporting Directive，NFRD）约束的公司，应于 2025 年披露 2024 年报告。除 CSRD 外，欧盟还有碳边境调节机制（Carbon Border Adjustment Mechanism，CBAM）已经生效；新电池法要求自 2024 年 7 月 1 日起，相关运营商至少需要提供电池厂家、电池碳足迹总量等信息；企业可持续发展尽职调查指令（Corporate Sustainability Due Diligence Directive，CSDDD）也进入最后阶段，预计 2024 年初就开始生效。

这里没有提到早些年就已经出台的欧盟可持续金融分类法案（EU Taxonomy）、可持续金融信息披露条例（Sustainable Finance Disclosure Regulation，SFDR）；也没有提到几周前的一项立法进展，即 2023 年 12 月欧洲理事会（European Council）通过了一项立法建议，提出由欧洲证券及市场管理局（European Securities and Markets Authority，ESMA）监管 ESG 评级机构和数据提供商，以提升评级透明度和避免利益冲突。

用“加速奔跑”来形容欧盟的可持续发展立法一点都不过分。我做了一个很简单直接的统计，用“EU sustainability regulation”（欧盟可持续发展监管）和“EU ESG regulation”（欧盟 ESG 监管）在谷歌上搜索，得到自 2014 年以来每一年的搜索结果数量。

结果发现，欧盟可持续发展监管的相关信息从 2014 年的 500 万条增至 2023 年的 9600 万条；欧盟 ESG 监管的相关信息从 2014 年的 2.6 万条增至 2023 年的 165 万条。十年时间，二者分别增长了约 20 倍和 60 倍。这个数据不算严谨，但也足以说明问题。

客观地说，欧盟的做法也还是有一定逻辑性和连贯性的。总体上说，近年来欧盟的立法进程都与《为可持续增长融资的行动计划》（2018）、《欧洲绿色新政》（2019）相关。前者主要目标是引导资本支持可持续性的经济活动，并提升风险管理水平、促进长期主义；后者目标更精确，即承诺欧洲到 2050 年要成为首个气候中和大陆。由此出发，我们可以较好理解近年来欧盟立法的逻辑和重点：气候变化、风险、透明度、金融市场。

在查资料的时候，我看到欧盟做的一段视频，回顾了数十年来欧洲在气候变化方面的重大政策节点，最早可追溯至 1973 年。这一点，还是要佩服欧洲人，他们在可持续发展方面还是有连贯性的，并非“蒙眼狂奔”。

即便如此，联合国仍然焦虑。联合国贸发会（United Nations Conference on Trade and Development，UNCTAD）秘书长 Rebeca Grynspan 在接受《金融时报》专访时谴责欧美的绿色补贴和环境保护主义政策，认为西方发达国家正以绿色转型为借口，以牺牲发展中国家利益为代价，促进本国经济发展。这样的表态在联合国层面是比较少见的。

Rebeca 重点批评了美国通胀削减法案（IRA）和欧盟“碳关税”（即 CBAM）。她认为 CBAM 的政策假设是发展中国家要为碳排放承担与欧盟相同的代价，而这一点与《京都议定书》和《巴黎协定》所规定的“共同但有区别的责任”原则是相悖的。Rebeca 曾任联合国助理秘书长、联合国副秘书长兼联合国开发计划署副署长，2021 年被任命为联合国贸发会秘书长。在加入联合国之前，她于 1994 年至 1998 年担任哥斯达黎加副总统。

Rebeca 的批评自然有她的理据。最近两年，联合国贸发会做了一些研究，譬如，2022 年发布研究报告《非关税措施面面观》，从多个维度分析非关税壁垒的影响。一方面，和环境相关的非关税壁垒措施会迫使出口国提升环保水平；另一方面，非关税壁垒也会造成最不发达国家的出口损失，而这些损失比关税壁垒造成的损失还要更大。

2023 年，联合国贸发会发布研究报告《2023 年科技和创新报告》，指出由于人工智能、物联网、电动汽车等绿色技术都以发达国家获益最多，经济不平等可能因此加剧。不过，报告也承认，发展中国家难以靠一己之力善用绿色技术，因此，现有贸易规则必须革新，确保与《巴黎协定》保持一致，以应对气候变化。

可见，联合国在这个问题上是比较纠结的，既要实现《巴黎协定》的温控目标，又不能因此而加剧国家和地区发展的不平衡。怎么说呢？真实世界，利益交缠，确实复杂。但有一点必须牢记：人类有其规律，地球也有其规律；不是地球离不开人，而是人离不开地球。

面对欧盟立法，中国企业应如何应对？大概有如下几点。一是抓紧学习，了解内容，评估影响。这个很不容易，要花大量时间。在 ESG 和绿色金融领域，学习的速度往往赶不上法规标准出台的速度。二是做好应对预案，一旦生效，也能做到。“新三样”（即新能源车、光伏产品和锂电池）出口刚过万亿元大关，要特别予以重视。三是依托政府和行业平台发出呼吁，敦促欧盟遵守“共同但有区别的责任”的基本原则，为中国企业争取更多时间和更好条件。四是重点评估欧盟和美国可能达成一致的行业和议题。因为如果中美都反对，欧盟实施起来是比较困难的，2014 年欧盟的航空碳税停摆就是例证；一旦欧盟与美国达成一致，那么对中国就十分不利了。我们应提前预判这些具有潜在高风险的行业和议题。

（本文首次发表于 2024 年 1 月 15 日“郭沛源说 ESG”公众号）

新任证监会主席曾在上交所力推绿色金融

据新华社 2 月 7 日消息，中共中央决定，任命吴清同志为中国证券监督管理委员会党委书记，免去易会满同志的中国证券监督管理委员会党委书记职务。国务院决定，任命吴清同志为中国证券监督管理委员会主席，免去易会满同志的中国证券监督管理委员会主席职务。

公开资料显示，吴清在 2016 年 5 月到 2017 年 12 月任上交所理事长、党委书记，虽然时间不长，但在其任内，上交所在绿色金融方面做了几件大事。

一是 2017 年 9 月，上交所加入联合国可持续证券交易所倡议（UN SSE），成为中国首个加入该倡议的证券交易所。这个示范作用十分明显，同年 12 月，深交所宣布加入 UN SSE；次年 6 月，港交所也宣布加入 UN SSE。当时，吴清还担任世界交易所联合会（WFE）董事会主席，推动上交所作为 WFE 主席单位牵头制定可持续交易所原则。2018 年 10 月，WEF 最终发布《可持续交易所原则》。

二是 2017 年，上交所成立绿色金融与可持续发展推进领导小组，制定了《2018—2020 年服务绿色发展、推进绿色金融愿景与行动计划》。这个文件是 2018 年 4 月发布的，提出“推动股票市场支持绿色发展”“积极发展绿色债券”“大力推进绿色投资”“深化绿色金融国际合作”和“加强绿色金融研究和宣传”等 5 个方面、14 项举措，极大促进了后续几年上交所的绿色金融工作。

三是上交所促进绿色债券等创新品种的发展。2017 年 9 月，上交所宣布与卢森堡证券交易所举行合作备忘录签署仪式，确定共同推进两所在绿色债券领域的进一步合作。吴清在致辞时指出：

今年既是中国和卢森堡两国建交 45 周年，也是绿色金融发展深入推进的一年。上交所与卢森堡证券交易所在绿色金融领域建立密切合作关系，既是中卢两国长久友谊的缩影，也体现了不同地域、不同特色的证券交易所对支持可持续发展的共同追求。两所将以合作继续引领行业潮流，共同追求资本市场的可持续发展。

此外，上交所 2018 年 3 月发布《2017 年社会责任报告》，是上交所历史上首份企业社会责任报告，此后每年都发布。按时间推测（估计），《2017 年社会责任报告》内部立项及启动时间估计是在 2017 年，这样才能赶得上在 2018 年 3 月发布。

离开上交所后，吴清担任上海市副市长、上海市委副书记，也多次发表过关于上海绿色金融发展的重要意见。列举如下：

2021 年 4 月，在 2021 年上海金融系统工作会议上，吴清指出：

要落实“碳达峰、碳中和”目标要求，努力打造联通国内国际双循环的绿色金融枢纽。支持全国碳排放权交易市场建设，发展碳金融业务，进一步形成多层次的绿色金融组织机构体系、多元化的绿色金融产品和服务体系、多渠道的绿色产融结合和产业转型的市场平台体系。支持长三角生态绿色一体化发展示范区申建绿色金融改革创新试验区，推动区域和国际合作，有序推进绿色金融市场双向开放。

2021 年 12 月，在“2021 上海国际金融中心发展论坛”上，吴清表示：

上海将进一步服务“双碳”战略，创新绿色信贷、绿色保险、绿色证券等各类绿色金融产品，加快发展科技金融，一方面要打造金融科技中心，同时也要打造绿色金融的国际枢纽。

2022 年 7 月，在 2022 中国社会责任投资高峰论坛上，吴清表示：

上海在促进社会责任投资发展方面有良好的基础，下一步，将坚定不移贯彻新发展理念，积极支持扩大社会责任投资，引导更多金融活水流向绿色低碳发展、中小微企业融资、人民城市建设等重点领域。

2022 年 11 月，在第五届进博会虹桥国际经济论坛“推进转型金融促进绿色低碳发展”上，吴清指出：

在绿色低碳转型的过程当中，上海充分发挥金融市场完备、金融机构集聚、金融创新活跃的独特优势，积极推动金融支持绿色发展。

2022 年 12 月，在“2022 上海公共关系国际论坛”上，吴清表示：

上海已明确碳达峰碳中和工作的时间表、路线图，未来将不断强化科技支撑，加强绿色低碳技术的创新和推广应用，充分发挥市场作用，完善碳交易体系丰富市场交易品种和方式，加快打造绿色金融体系，引导金融机构为绿色低碳项目提供更多长期的、低成本的资金支持。

在吴清分管金融工作期间，上海先后出台了《上海加快打造国际绿色金融枢纽服务碳达峰碳中和目标的实施意见》（2021 年 10 月，市政府办公厅印发）、《浦东新区绿色金融发展若干规定》（2022 年 7 月，上海市人大常委会通过）、《上海银行业保险业“十四五”期间推动绿色金融发展　服务碳达峰碳中和战略的行动方案》（2022 年 12 月，上海银保监局等八部门印发），绿色金融的发展明显提速了。

（本文首次发表于 2024 年 2 月 8 日“郭沛源说 ESG”公众号）

热点解读：
A 股可持续发展报告指引（试行）征求意见稿

2024 年 2 月 8 日晚，上交所、深交所和北交所分别发布《上海证券交易所上市公司自律监管指引第 14 号——可持续发展报告（试行）（征求意见稿）》《深圳证券交易所上市公司自律监管指引第 17 号——可持续发展报告（试行）（征求意见稿）》《北京证券交易所上市公司持续监管指引第 11 号——可持续发展报告（试行）（征求意见稿）》。这三份文件以下统称《指引》。《指引》鼓励 A 股上市公司发布可持续发展报告或 ESG 报告，并对报告框架、内容提出具体要求，具有重要里程碑意义，将引导上市公司更全面呈现公司价值，对 ESG 发展有重大促进作用。

内容要点

在证监会的统一部署下，上交所、深交所和北交所的《指引》总体结构和内容基本保持一致，只是措辞略有不同。《指引》共 6 章 58 条。

第一章是总则，说明《指引》制定依据、目标、披露要求、披露规范等。按照《指引》要求，只有对特定上市公司才强制要求发布可持续发展报告，即上证 180 指数、科创 50 指数、深证 100 指数、创业板指数样本公司及境内外同时上市的公司。对其他公司鼓励自愿披露，但也要遵循《指引》要求。可持续发展报告要和公司年度报告同时披露。披露内容应符合利益相关方的诉求和关切，遵循客观、真实、可靠、可比等原则。

第二章是可持续发展信息披露框架。框架总体遵循四个方面的核心内容，即治理，战略，影响、风险和机遇管理，指标与目标。根据这一框架，上市公司不仅要披露可持续发展相关因素对公司战略、决策、经营结果的影响，还要披露识别和评估这些影响的流程。

第三章是环境信息披露，包括应对气候变化、污染防治与生态系统保护、资源利用与循环经济三节。关于气候变化，上市公司除要按照治理、战略等四个方面披露外，还要披露温室气体排放总量、减排目标和措施。关于污染防治与生态系统保

护，上市公司应披露污染物排放、生物多样性保护、重大环境事件等信息。关于资源利用与循环经济，上市公司应披露能源、水、原材料等资源的消耗、节约与回收利用等情况。

第四章是社会信息披露，包括乡村振兴与社会贡献，创新驱动、供应商与客户，员工三节。关于乡村振兴与社会贡献，交易所鼓励上市公司披露支持乡村振兴、社会公益事业的情况。关于创新驱动、供应商与客户，交易所鼓励上市公司披露科技创新、成果转化的情况，以及诚信对待供应商、客户和消费者的情况。关于员工，上市公司应披露聘用待遇、健康与安全、职业发展与培训的情况。

第五章是公司治理信息披露，包括可持续发展相关治理机制、防范商业贿赂与不正当竞争两节。前者要求上市公司披露按照不同议题及重要性建立的公司治理结构、内部制度、控制措施和程序的情况。后者要求上市公司披露反商业贿赂、反贪腐、反不正当竞争的情况。

第六章是附则和释义，说明《指引》拟实施时间表、指标索引要求和报告鉴证（审验）要求。征求意见稿建议自 2025 财年开始生效，即被要求披露的上市公司最晚在 2026 年 4 月 30 日前要按照《指引》要求发布报告，但交易所鼓励提前实施。《指引》没有要求必须做报告鉴证，但如果要做，则应披露鉴证范围、程序、方法和局限性等信息。

主要特点

通读全文，从理念到文字，《指引》主要体现如下特点。

第一，《指引》体现了国际接轨的思路，兼顾全球报告倡议组织（GRI）和国际可持续准则理事会（ISSB）的实质性（重要性）原则。《指引》要求上市公司甄别议题时，既要考虑是否对企业价值产生较大影响（财务重要性），也要考虑是否会对经济、社会和环境产生重大影响（影响重要性）。这就是双重实质性，既考虑财务重要性又考虑影响重要性，和 GRI 的理念是一致的。而在披露框架中，《指引》运用了治理，战略，影响、风险和机遇管理，指标与目标的框架，与 ISSB 准则框架大体一致。这一框架最早由气候相关财务信息披露工作组（TCFD）提出，后被ISSB采纳。

第二，《指引》在多处内容中考虑了本国国情，包括：要求上市公司披露全国温室气体自愿减排项目和核证自愿减排量（CCER）的登记与交易情况，CCER 是中国本土的自愿减排体系，近期正式重启；要求上市公司披露报告期内支持乡村振兴的具体情况，这是较有中国特色的；要求上市公司披露逾期未支付中小企业款项的金额，解决中小企业欠款也是近年来的政策重点，2020 年国务院颁布《保障中小企业款项支付条例》，对此做出明确规定。

第三，《指引》涵盖议题全面，同时又重点突出了气候变化、生物多样性、科技伦理等新兴议题。从结构上看，《指引》第二章给出披露框架，之后的第三、第四、第五章分别从环境（E）、社会（S）和公司治理（G）罗列议题，这些议题基本涵盖了常见的 ESG 评价指标。与此同时，《指引》又重点突出了气候变化、生物多样性、科技伦理等新兴议题，与当前政策重点保持同步。在刚刚公布的《中国生物多样性保护战略与行动计划（2023—2030 年）》中，推动将生物多样性相关信息纳入可持续发展报告被列为优先行动之一。

第四，《指引》不仅要求结果（绩效）信息，也要求过程信息。《指引》涉及的过程信息至少有：对议题重要性进行分析（即实质性分析）的过程、识别可持续发展相关影响的情景分析的过程、气候情景分析的过程等。除此之外，《指引》还要求上市公司披露相关组织架构、政策制度、决策流程等，这些信息与绩效信息结合，可以更完整地呈现上市公司在可持续发展方面的整体水平。

指引意义

虽然只是征求意见稿，《指引》的发布仍具有里程碑意义，也是市场盼望已久的指引文件。近年来，境内外市场上市公司的可持续发展报告数量都有快速增长。2023 年，A 股市场的可持续发展报告数量已经从 2022 年的 1400 多份增至 1800 多份，约占全部上市公司数量的 1/3。毫无疑问，《指引》的发布对提升报告规范性、提高报告质量将有明显的促进作用。

《指引》的发布也释放出强烈且明确的政策信号。尽管《指引》只对部分上市公司有强制要求，总体上体现了先自愿再强制的渐进式监管思路，但明确提到“鼓励其他上市公司披露”可持续发展报告；《指引》指出，对被要求披露的公司在 2026 年发布报告时开始执行，但明确提到“鼓励相关主体提前适用本指引”。这些都是很清晰的政策信号。预计，A 股市场将会有更多上市公司在政策引导下和在行业龙头企业的同侪效应驱动下，自愿发布可持续发展报告。

《指引》还有一个重要突破，是正式采用了可持续发展报告和 ESG 报告这一提法。在以往的文件中，无论是证监会的文件还是交易所的文件，多数表述是社会责任报告、环境信息披露，前者是在企业履行社会责任的政策语境下提出的，后者则是在绿色金融体系的政策语境下提出的，虽与 ESG 密切相关，但还是不如 ESG 报告这样的提法来得直接。因此，可以认为《指引》实现了上市公司从社会责任报告到可持续发展报告（ESG 报告）的升级，必将促进中国 ESG 市场的发展。

从《指引》的前两条，我们还可以读出交易所对 ESG 理念的基本看法。在第一条中，企业可持续发展和 ESG 被置于新发展理念、高质量发展的框架之下，这与

2022 年国务院国资委的提法相似。在第二条中，《指引》说明上市公司践行可持续发展和 ESG 的最终价值：提升公司治理能力、竞争能力、创新能力、抗风险能力和回报能力，促进上市公司和经济社会的可持续发展，逐步强化对经济、社会、环境的正面影响。这些内容既包括企业视角，也包括社会视角，透露出“双重实质性”的内涵，反映出当前资本市场监管部门对 ESG 理念的定位。

应用前景

从各交易所给出的强制披露的上市公司名单看，多数公司都已经有多年发布可持续发展报告的经验，报告编制能力是基本具备的，预计实施起来不会有太大的障碍。

只是这些公司要注意《指引》中提到的一些新的要求，如可持续发展相关风险和机遇的分析、气候情景分析等，对上市公司来说需要一个学习、探索和适应的过程。但《指引》也给出了适当的过渡安排，包括：首个报告期可不披露同比变化、定量难度较大的指标可以先定性描述、难以具体到财务状况影响时可以在合理范围内提供相关影响的资料和说明。这些措施将帮助上市公司逐步适应。

总体上，上市公司应认识到可持续发展报告是大势所趋，不可避免。实际上，发布可持续发展报告有利于上市公司更全面地展示自身可持续发展绩效（也可称为非财务绩效）；上市公司的非财务绩效与财务绩效结合，可以更完整呈现公司价值，让真正有长期价值的上市公司在众多公司中脱颖而出。

因此，有条件的上市公司还是应该尽早实践，而不是等强制要求时被动应对。上市公司要勇敢迈出第一步，如《指引》所提供的过渡安排，可持续发展信息披露对上市公司来说也是由简到繁、由易及难的过程。上市公司也要认识到，要遵循的披露标准、规则会逐步增多，要求会逐步提高，因此，多索引、数字化也是重要趋势，否则上市公司很难满足日益增长的量化数据统计和披露的需求。

（本文首次发表于 2024 年 2 月 9 日“郭沛源说 ESG”公众号）

美国 SEC 气候披露新规发布，涵盖五大方面

周一（3 月 4 日），我们在《美国 SEC 本周将发布气候披露新规》一文中预告了美国证券交易委员会（SEC）将在周三（3 月 6 日）对上市公司气候信息披露的规则做最后讨论和决议。不出所料，美国 SEC 最终以 3 ∶ 2 的投票结果通过了气候新规。据美联社报道，3 名美国民主党委员投出赞成票，2 名美国共和党委员投出反对票。

气候披露的规则文件全文有 886 页，很长。本文综合摘要（factsheet）和新闻稿的内容，将披露要求归纳为五大方面。

（1）披露与气候相关的风险。包括：

· 对业务战略、运营结果或财务状况产生或可能产生实质影响的气候相关风险；

· 已识别的任何气候相关风险对上市公司战略、商业模式和前景的实质与潜在实质影响。

（2）披露气候相关风险的缓解或适应措施。包括：

· 如果上市公司在其战略的一部分中采取了缓解或适应重要气候相关风险的活动，要定量和定性描述因此而产生的实质支出以及对财务估算和假设的实质影响；

· 关于上市公司为缓解或适应重要气候相关风险而进行的活动的具体披露，包括转型计划、情景分析或内部碳价的运用等。

（3）披露相关的治理架构、管理流程和目标设定情况。包括：

董事会对气候相关风险的监督以及管理层在评估和管理公司的重要气候相关风险中的角色；

· 上市公司用于识别、评估和管理重要气候相关风险的过程，以及如果公司正在管理这些风险，是否以及如何将这些过程整合到公司的整体风险管理体系或过程中；

· 上市公司设定的气候相关目标，以及如果有设定目标，该目标对公司的业务、运营结果或财务状况产生的实质影响或可能产生的实质影响，披露内容包括由于目标或为实现这些目标而采取的行动导致的实质支出及对财务估算和假设的实质影响。

（4）披露范畴 1 碳排放和 / 或范畴 2 碳排放。包括：

· 大型加速申报者（LAFs）和加速申报者（AFs）披露具有实质性的范畴 1 碳排放和 / 或范畴 2 碳排放的信息，除非另有豁免；

· 对应披露范畴 1 和 / 或范畴 2 碳排放的上市公司，应对相关信息做有限审验（鉴证），大型加速申报者（LAFs）在过渡期后升级为合理审验（鉴证）。

（5）披露极端天气事件等情形对财务报表的影响。包括：

· 由于极端天气事件和其他自然条件（如飓风、龙卷风、洪水、干旱、野火、极端温度和海平面上升）产生的资本化成本、支出、费用和损失（受到 1% 和最低披露门槛的限制），相关信息应披露在财务报表附注中；

· 与碳抵消和可再生能源证书（RECs）有关的资本化成本、支出和损失，如果作为上市公司实现其披露的气候相关目标或目标的重要组成部分，则应披露在财务报表附注中；

· 如果上市公司用于编制财务报表的估计和假设受到与极端天气事件和其他自然条件或任何已披露的气候相关目标或转型计划相关的风险和不确定性的实质性影响，要定性描述这些影响，并披露在财务报表附注中。

气候披露的规则文件对不同类型的上市公司给出了不同的要求，且提供了相应的过渡期（如表 1）。根据要求，大型公司（即大型加速申报者，LAFs）要从 2025 财年开始披露相关信息，但对定量信息的披露给了一年过渡期，即从 2026 财年开始要求披露。表 7 中，第 1502（d）（2）条款是关于气候影响的定性及定量分析，第 1502（e）（2）条款是关于气候转型计划的定性及定量分析，第 1504（c）（2）条款是关于目标产生影响的定性及定量分析。中型公司和小型公司顺延一年。

表 1　过渡期规定

公司类型	S-K 及 S-X 披露	第 1502（d）（2）条款、第 1502（e）（2）条款、第 1504（c）（2）条款
LAFs	FYB2025	FYB2026
AFs（SRCs/EGCs 除外）	FYB2026	FYB2027
SRCs、EGCs、NAFs	FYB2027	FYB2028

注：LAFs 指大型加速申报者，AFs 指加速申报者、SRCs 指小型披露公司、EGCs 指新兴成长型公司、NAFs 指非加速申报者。

关于范畴 1 和范畴 2 的排放，大型公司要从 2026 财年开始披露，2029 财年要做到对相关信息的有限审验，2033 财年要做到合理审验（见表 2）。中型公司顺延两年，且不要求做到合理审验。小型公司对碳排放披露和审验均无要求。

表 2　披露与审验时间

公司类型	范畴 1 与范畴 2 碳排放	有限审验	合理审验
LAFs	FYB2026	FYB2029	FYB2033
AFs（SRCs/EGCs 除外）	FYB2028	FYB2031	暂无
SRCs、EGCs、NAFs	暂无	暂无	暂无

总体来说，气候披露规则的最终文本和此前市场传闻基本一致。最终文本不再要求上市公司披露范畴 3 碳排放，而且还会放松范畴 1 和范畴 2 碳排放的披露要求，即由上市公司根据气候信息对投资者是否具有实质性来确定是否披露。特别要注意，规则措辞用的是“Scope 1 emissions and/or Scope 2 emissions”，这里的“and/or”由碳排放是否具备实质性来判定：如果上市公司判定范畴 1 碳排放和范畴 2 碳排放都具备实质性，那就是“and”；如果只有范畴 1 碳排放或只有范畴 2 碳排放具备实质性，那就是“or”。

气候披露规则在很多方面都参考了气候相关财务信息披露（TCFD）的披露要求，譬如关于治理架构、影响分析、目标设定等。但 SEC 在文本中指出，规则没有照搬 TCFD 的全部要求，譬如 TCFD 建议将高管薪酬与气候相关风险管理挂钩的做法就没有被提及。

总的来说，美国 SEC 气候披露规则的发布具有里程碑意义，作为全球最大的资本市场，美国 SEC 的新规对世界各地的监管机构、投资者和上市公司都会产生重要影响。美国 SEC 气候披露规则也是各方妥协的结果，从 2022 年 3 月规则草案发布之后，SEC 总共收到 24000 多份反馈意见，争议激烈。为了让规则能顺利通过，SEC 弱化了披露要求，即便如此，仍遭到两名共和党委员的反对。可以预见，该规则的实施必将受到党派政治和利益集团的影响。

（本文首次发表于 2024 年 3 月 7 日“郭沛源说 ESG”公众号）

三城发布 ESG 政策：星星之火　会否燎原？

最近一个月，上海、北京和苏州三个城市先后发布了促进 ESG 发展的政策。是巧合，还是趋势？眼下星星之火，未来会否燎原？

上海市商务委员会涉外企业 ESG 行动

上海发布的文件名为《加快提升本市涉外企业环境、社会和治理（ESG）能力三年行动方案（2024—2026 年）》，由上海市商务委员会（下称市商务委）发布，旨在推动涉外企业 ESG 的能力和水平。总体的政策目标是，到 2026 年基本形成本市政府、行业组织、涉外企业、专业服务机构共同参与、协同发展的涉外企业 ESG 生态体系。

行动方案的重点工作包括三个方面：企业 ESG 能力提升行动、ESG 市场增效赋能行动和 ESG 服务体系优化行动。具体分解为 12 项，包括发挥国有企业、民营企业和外资企业在 ESG 方面的带头作用，加强 ESG 领域国际交流与合作等。每项工作都有具体的牵头单位。

（1）发挥国有企业 ESG 带头先行作用（市国资委、上海证监局）。

（2）支持民营企业积极践行 ESG 理念（市工商联、市商务委）。

（3）发挥外资企业 ESG 实践协同效应（市商务委、市外资协会）。

（4）加强涉外企业跨国业务 ESG 应用（市商务委、市发展改革委、市生态环境局）。

（5）加强 ESG 领域国际交流与合作（市商务委、市发展改革委、市政府外办、市市场监管局、市工业经济联合会）。

（6）创新 ESG 金融服务和产品（市委金融办、人民银行上海总部、国家金融监管总局上海监管局、上海证监局、上交所）。

（7）培育壮大 ESG 专业服务机构（市发展改革委、市经济信息化委、市商务委）。

（8）加大对 ESG 理念的宣传力度（市商务委、市政府新闻办、上海现代服务业联合会）。

（9）建立涉外企业 ESG 工作推进机制（市商务委）。

（10）出台 ESG 相关支持政策（市商务委、市财政局、各区人民政府、自贸试验区临港新片区管委会、虹桥国际中央商务区管委会）。

（11）大力培养 ESG 专业人才（市教委）。

（12）发挥 ESG 创新生态建设示范引领作用（各区人民政府、自贸试验区临港新片区管委会、虹桥国际中央商务区管委会）。

北京发展改革委 ESG 促进方案

北京发布的文件名为《北京市促进环境社会治理（ESG）体系高质量发展实施方案（征求意见稿）》，是征求意见稿而非最终稿，由北京市发展改革委发布。政策目标是到 2027 年，北京 ESG 高质量发展政策体系逐步完善，生态体系加快形成，在京上市公司 ESG 信息披露率力争达到 70% 左右，ESG 鉴证和评级水平进一步提升，ESG 实践进一步丰富和深化，ESG 相关标准体系进一步完善。到 2035 年，北京 ESG 体系高质量发展步入法治化轨道，信息披露充分高效，ESG 生态体系完备，评级体系高水平特色化凸显，ESG 实践丰富多彩，监管体系运转有效，成为 ESG 发展全国高地和国际代表性城市。

实施方案的重点工作包括六个方面：强化 ESG 信息披露、加强 ESG 生态体系建设、支持 ESG 评级体系高水平特色化发展、丰富和深化 ESG 实践、推动 ESG 试点示范、构建科学有效的监管体系。具体分解为 20 项措施。

（1）建立完善本市 ESG 信息披露标准体系。

（2）积极支持企业进行 ESG 信息披露。

（3）加大重点领域信息披露力度。

（4）逐步建立信息披露鉴证制度。

（5）加强经营主体 ESG 管理能力建设。

（6）提高公共 ESG 数据搜寻便利性。

（7）支持设立投资基金。

（8）推动设立北京市 ESG 学会、协会。

（9）持续办好“中国 ESG 大会”。

（10）推动建立体现中国特色、北京特点，国际可比的 ESG 评级体系。

（11）探索 ESG 在政府投资、政府采购领域的应用。

（12）促进 ESG 投融资实践。

（13）支持北交所上市公司 ESG 建设。

（14）促进京津冀 ESG 协同发展。

（15）支持城市副中心开展 ESG 创新发展试点。

（16）支持丰台区发展 ESG 服务生态试点。

（17）加强监管政策制度体系建设。

（18）加强行业自律。

（19）加强统筹协调。

（20）加强 ESG 人才保障。

苏州工业园区 ESG 激励政策

苏州工业园区召开 ESG 产业发展推进大会，旨在聚焦 ESG 专业领域，进一步推动园区产业绿色化、高质量发展，为园区新质生产力发展增添强劲动能，共同绘就 ESG 产业发展蓝图。

在会上，苏州工业园区发布了《苏州工业园区 ESG 产业发展行动计划》《苏州工业园区关于推进 ESG 发展的若干措施》两份文件。《苏州工业园区 ESG 产业发展行动计划》明确了优化空间布局、培育经营主体、促进创新发展、深化融合应用、扩大开放合作、营造发展生态六大工程、13 项具体任务。《苏州工业园区关于推进 ESG 发展的若干措施》共 15 条，说明了具体的政策支持，尤其是资金奖励，包括：

（1）对于积极践行 ESG 理念、规范披露 ESG 报告的企业，最高 5 万元奖励；

（2）对于在国内外主流 ESG 评级中获得 A 级及以上或同等水平级别的企业，5 万元奖励；

（3）经评选列入园区年度 ESG 发展优秀案例的企业，10 万元奖励；

（4）在园区新设立且符合条件的 ESG 项目，最高可获得 500 万元的落户奖励；

（5）扎根园区且符合条件的 ESG 产业发展方向的企业，最高可获得 100 万元发展奖励；

（6）打造苏州工业园区 ESG 产业创新中心，对于符合条件的 ESG 项目，最高可获得 300 万元房租补贴；

（7）被认定为“ESG 产业特色楼宇（产业园）”，给予最高 20 万元奖励；

（8）对于经认定的培训和产业对接活动，按照实际支出的 30%，给予最高不超过 20 万元补贴。

三地政策的共同特征

第一，三份文件的发布单位都是市政府的下级单位，即商务委员会、发展改革委和工业园区，而非市政府直接发文。这就决定了这些文件会反映出发文单位的视角和职能。

第二，三个城市都将 ESG 理念置入“双碳”和高质量发展的政策框架之中，苏州还提到了新质生产力，认为 ESG 将“为园区新质生产力发展增添强劲动能”。

第三，三个城市都将重点放在 ESG 信息披露（ESG 报告）和 ESG 评级的提升上。譬如上海提出，到 2026 年，力争“具有涉外业务的国有控股上市公司 ESG 信息披露实现全覆盖，民营上市企业 ESG 信息披露率明显提高”；北京提出 2027 年上市公司 ESG 信息披露率达 70%、ESG 评级提升的目标；苏州则是为信息披露和评级较好的园区企业提供资金奖励。

第四，三份文件都提到构建 ESG 生态体系，包括专业机构扶持、人才引进、专题培训、数字化平台、ESG 金融产品与服务等。此外，北京还计划推动设立 ESG 学会和协会、举办“中国 ESG 大会”；苏州工业园区的动作更是迅速，在推进大会就揭牌成立了中新绿色可持续发展研究中心、苏州 ESG 研究中心、苏州工业园区 ESG 联盟、苏州工业园区 ESG 产业创新中心。

星星之火　会否燎原?

三城在一个月内密集发布促进 ESG 发展的政策，应该是巧合，毕竟发文单位之间没有直接的业务关系。但是，管中窥豹，我们也可以从中洞察出一种趋势，即 ESG 的影响力逐步从资本市场扩展至实体经济，最终落脚到实体企业的经营与管理上。

这也可以理解为 ESG 由虚向实的一种变化。在资本市场，大家看到的是各种数字，经济活动会转化为估值、收益率、波动率等信息；在实体经济领域，大家看到的是技术、生产、工厂、工人，是非常具体且有形的。对投资者来说，ESG 本身就是生产要素，可以做成产品；对企业管理者来说，ESG 本身不是生产要素，而是优化生产要素的催化剂，是可以帮助企业更好搞生产的，包括融资成本、治理结构、风险管理、产品创新等。从三个城市的文件中，我们读到的是后者，而非前者。无论是商务委员会，或是发展改革委，还是园区管委会，发文单位考虑的主要是在管理和服务对象群体中发挥好 ESG 的价值，促进群体的高质量发展。

读懂这个逻辑，我们就可以看到一个更广阔的空间。毕竟，不是所有城市都有必要或都有能力大力发展金融市场，但所有城市都有必要发展实体经济。这不仅关系到 GDP，也关系到就业，还符合“双碳”转型与高质量发展的政策要求。照此逻辑，很多地方、很多职能部门，都可以探索出台促进 ESG 发展的政策。此类政策创新的想象空间，比绿色金融要大得多。因此，我预计三个城市的文件会产生较好的示范效应，会有更多地方的政府部门跟进。

（本文首次发表于 2024 年 3 月 21 日“郭沛源说 ESG”公众号）

A 股 ESG 报告指引发布，评级水平将跃上新台阶

今日（4 月 12 日），上海证券交易所、深圳证券交易所和北京证券交易所分别发布了《可持续发展报告指引（试行）》（以下简称《指引》）的最终版本。与征求意见稿相比，《指引》最终版本的主体结构保持不变，仍然保持六大章的结构（见下表），仍然遵循双重实质性的原则，要求上市公司从治理、战略、影响风险和机遇管理、指标与目标四个核心方面对重要议题做具体披露。

表　可持续发展报告指引（试行）目录

第一章　总则	
第二章　可持续发展信息披露框架	第一节　应对气候变化 第二节　污染防治与生态系统保护 第三节　资源利用与循环经济
第三章　环境信息披露	第一节　乡村振兴与社会贡献 第二节　创新驱动与科技伦理 第三节　供应商与客户 第四节　员工
第四章　社会信息披露	第一节　可持续发展相关治理机制 第二节　商业行为
第五章　可持续发展相关治理信息披露	
第六章　附则和释义	
附表：本指引议题索引表	

不同之处是，最终版本将征求意见稿的社会信息披露中“创新驱动、供应商与客户”一节拆分为两节；将征求意见稿的公司治理信息披露一章的标题改为“可持续发展相关治理信息披露”，与正文内容更加匹配；此外还有一些文字内容方面的修订和完善。

按照《指引》要求，上证 180 指数、科创 50 指数、深证 100 指数、创业板指数样本公司以及境内外同时上市的公司必须在 2026 年开始披露 2025 年度的可持续发展报告或 ESG 报告（以下统称 ESG 报告）。《指引》也鼓励其他上市公司自愿发布 ESG 报告，但若选择自愿发布，上市公司也应当遵循《指引》的技术要求。

《指引》的正式发布具有里程碑意义，将对中国 ESG 的发展产生积极影响。可以预见，有了《指引》的技术规范，A 股上市公司 ESG 信息披露的质量会得到较大幅度的提升；而《指引》的政策效应，也会促进更多 A 股上市公司自愿发布 ESG 报告。从 ESG 评级的角度看，更多、更好的 ESG 信息披露也将显著提升 A 股上市公司的评级水平。商道融绿在 2023 年发布的《A 股上市公司 ESG 评级分析报告》揭示了 ESG 评级水平和 ESG 披露水平的正相关性。以中证 800 成份股为例，从 2018 年到 2023 年，中证 800 成份股的 ESG 指标披露率持续提升，环境指标披露率从 29.9% 提升到 68.6%；同期，中证 800 成份股的 ESG 评级持续提升，B+ 级及以上的上市公司数量从 2018 年的 63 家增至 2023 年的 506 家，评级在 C+ 级及以下的上市公司数量从 2018 年的 199 家降至 34 家。显而易见，在现阶段，A 股上市公司的 ESG 报告数量和质量与 ESG 评级之间的正相关性较为显著。《指引》的正式发布，将会促进 A 股上市公司 ESG 评级水平跃上新台阶。

当然，对个股而言，发布 ESG 报告能否促进 ESG 评级提升，还要取决于 ESG 报告的质量，特别是上市公司对重要议题的把握。通俗地说，就是上市公司的 ESG 报告"能不能说到点上"。《指引》对此做了明确的技术规范，即"披露主体应当结合自身所处行业和经营业务的特点，在本指引设置的议题中识别每个议题是否预期在短期、中期和长期内对公司商业模式、业务运营、发展战略、财务状况、经营成果、现金流、融资方式及成本等产生重大影响（简称财务重要性），以及企业在相应议题的表现是否会对经济、社会和环境产生重大影响（简称影响重要性），并说明对议题重要性进行分析的过程"。如果上市公司能做好实质性分析，又能根据《指引》要求确保重要议题披露信息的客观性、真实性、可靠性、可比性，那么 ESG 评级提升就水到渠成了。

与此同时，《指引》对 ESG 评级机构也会产生积极影响，这不仅是因为评级机构可以获得更多更优质的 ESG 信息，也是因为评级机构也可以根据《指引》完善评级指标体系。作为国内较早从事 ESG 评级的机构，商道融绿认为上市公司 ESG 评级的有效性是一个"相向而行"的过程。一方面，上市公司应该按照一定规范披露高质量的 ESG 信息，否则评级机构会因为缺乏信息而陷入"巧妇难为无米之炊"的困境；另一方面，评级机构也应因时因势，调整评级指标所涉议题和权重，以反映投资者等利益相关方的最新关切，或纳入最新可得的数据信息。在征求意见稿发布之后，商道融绿就将征求意见稿所列示的议题与商道融绿的 ESG 评级议题做了详细的对比分析，完善或新增了科技伦理管理、逾期未支付中小企业款项等指标项。这些指标项，以往因为没有明确的披露要求，所以很多上市公司不会披露相关信息，即便设置指标也没有数据可供做出有效评价；《指引》提出明确要求之后，设置指标就变得不仅可行，而且更新后的 ESG 评级指标体系必须也可以更好地反映中国市场的特点。

总之，高质量的 ESG 信息披露可以提升 ESG 评级，而 ESG 评级的提升反过来也会激励更高质量的 ESG 信息披露，如此往复便可形成正向反馈机制。由此可见，《指引》的价值是多维度的，《指引》的正式发布将促进中国 ESG 良好生态的形成。

（本文首次发表于 2024 年 4 月 12 日“郭沛源说 ESG”公众号）

证监会：ESG 报告不是广告，指引不是课外阅读材料

4 月 12 日，沪深北三大交易所在证监会统一部署下发布了可持续发展报告（ESG 报告）指引的最终版本，成为最近几周的热点。我们也撰写了一系列的解读文章并接受了媒体采访。

> 相关阅读：
>
> 《内容速读 | A 股上市公司 ESG 报告指引》
> 《快评：A 股 ESG 报告指引发布，评级水平将跃上新台阶》
> 《A 股出了 ESG 报告指引，GRI 标准还能用吗？》
> 《〈指引〉正式版全析，ESG 信披专家探讨上市公司如何落地》

4 月 29 日，在 2024 中关村论坛年会“ESG 协同创新助力美丽中国建设”平行论坛上，证监会上市司相关负责人就《指引》的内容做了介绍，对上市公司应用《指引》发布ESG报告提出了更加明确的要求。《证券时报》报道[①]，证监会上市司相关负责人指出要在加强规范中推动发展：

> 《指引》是上市公司可持续信息披露的“考纲”，不是课外阅读材料。既然是“考纲”，那就必然要接受“监考”，防止作弊、“漂绿”。对于多数上市公司而言，可持续发展报告并不是强制披露的，但不代表可以随意披露。公司不能将公告作为“广告”，把 ESG 披露作为品牌营销的手段，借由 ESG 的“外衣”过度包装，提供不准确的信息误导投资者。前期，已有不少案例因环境信息披露不真实不准确被证监会处罚或采取监管措施，证监会将不断提升监管能力，持续加强监管。

如何理解这段话呢？我认为可归纳为两点。

第一点，ESG 报告不是广告。

广告是什么？是营销手段，只会说好的，不会说不好的。因此，ESG 报告不是广告，即 ESG 报告不能成为上市公司过度包装的手段。

① 证券时报，《证监会最新发声！不能借 ESG“外衣”过度包装》，2024 年 4 月 29 日。

这一点在《指引》中也是明确的。《指引》第六条指出，“披露主体披露的可持续发展相关信息应当客观、真实地反映披露主体在可持续发展方面的表现，不得进行选择性披露，不得与依法披露的信息相冲突，不得误导投资者及其他利益相关方”。从专业角度说，这是对 ESG 报告的准确性、平衡性（也称客观性）、可靠性提出要求。在实践中，ESG 报告的平衡性往往存在问题，即常说的“报喜不报忧”。证监会上述表述，就是来规范这个问题的。

再延伸思考一层。如果 ESG 报告不应该是广告，那应该是什么？我给出的答案是：ESG 报告是沟通工具和管理工具。一方面，ESG 报告是公司和关键利益相关方沟通的重要工具和载体，在资本市场的语境下，投资者是最重要的利益相关方，所以 ESG 报告应该重点讲述投资者所关切的内容，以全面展示公司的非财务绩效；除此以外，公司也应该回应监管、消费者（客户）、合作伙伴、员工、社区等利益相关方的关切。此外，公司还应该认识到，既然 ESG 报告是沟通工具，那就不是发布完了就万事大吉，而是要用好这个工具，主动与关键利益相关方做沟通，比如对投资者的 ESG 主题路演等。另一方面，ESG 报告是公司可持续发展管理体系中的一环，我们常说到企业管理中的戴明循环（Plan-Do-Check-Action，PDCA），报告就是循环中的 Check（检查）环节，通过报告的流程把关键指标有效监控起来，动态衡量公司的可持续发展管理。很多年前，我们就提出“以报告促管理”的思路，讲的就是这个意思。

第二点，《指引》不是课外阅读材料。

课外阅读材料是什么？是参考读物、教辅读物，有时间、有兴趣、有余力的同学才去读的。《指引》不是课外阅读材料，也即《指引》是具有强制性的。

可能有人会产生疑问：不是说“ESG 报告先自愿再强制”吗？这两者不矛盾。对上市公司来说，除了《指引》所规定的 400 多家上市公司外，发布 ESG 报告是自愿的。但对发布 ESG 报告的上市公司来说，不管是被强制要求发布的 400 多家上市公司还是其他自愿发布报告的，应用《指引》是强制性的。简言之，不是必须上市公司发布 ESG 报告，但一旦上市公司要发布 ESG 报告，就必须按《指引》要求编制，包括那些在 2025 年打算提前应用《指引》的上市公司也要遵守这个规定。

这一点在《指引》中也有明确。《指引》第三条指出，“鼓励其他上市公司自愿披露《可持续发展报告》，报告中涉及本指引规范内容的，需与本指引的相关要求保持一致”；第六十三条指出，“本所鼓励上市公司提前适用本指引的规定披露 2024 年度《可持续发展报告》，上市公司披露 2024 年度《可持续发展报告》的，报告内容应当符合本指引的相关要求”。

如果不细读和斟酌这些细节，市场往往容易产生误解：只有强制范围的上市公司才要严格按照《指引》披露，其他公司还是可以随便写写；只有到 2026 年发布的报告才要严格按照《指引》披露，2025 年还可以随便写写。这些理解都是错的，要纠正。

由此可见，相较而言，在现阶段，证监会对 ESG 报告的质量的重视程度要高于对 ESG 报告的数量的重视程度。上市公司“交作业”的心态要调整，不仅要“按期交作业”，还要“按质交作业”。

证监会上市司相关负责人在上述论坛上还提到了下一步的工作。归纳一下，大概有以下四个方面：

（1）将会同相关部门加强对上市公司的培训，提升上市公司对《指引》的理解和编写高质量 ESG 报告的能力。

（2）将推动 ESG 信息的外部审验和鉴证，持续提升上市公司 ESG 数据的准确性和披露质量。

（3）将支持信用评级机构持续建立健全绿色企业、绿色债券评级方法体系，推动加大 ESG 投资，推出更多指数和基金产品。

（4）将持续评估《指引》的适应性，持续研究范畴 3 排放、影响实质性的披露等问题，研究如何推动更多公司披露 ESG 报告。

（本文首次发表于 2024 年 4 月 30 日“郭沛源说 ESG”公众号）

双重重要性是 ESG 披露的基石

概念辨析

重要性（Materiality），也称重大性或实质性，是 ESG 披露中的重要概念。它是指某项议题对企业、投资者或其他利益相关方，以及环境和社会产生的实际或潜在的重大影响。这样的影响又分为财务重要性和影响重要性两类。

重要性的概念由来已久。全球报告倡议组织（GRI）的披露标准对重要性有详细描述和具体披露要求。但较长一段时间以来，人们没有区分财务重要性和影响重要性，直到 2019 年双重重要性概念出现。那一年，欧盟在《气候相关信息披露补充》中提出双重重要性的披露原则。欧盟认为，一方面，气候变化对企业产生影响，影响到财务绩效，所以具有财务重要性；另一方面，企业活动也会影响气候，所以具有环境和社会影响重要性。两者合起来，便是双重重要性。欧盟主张，对气候相关信息的披露要考虑双重重要性，不能因为气候议题对一些企业不具有财务影响就可以不披露。

G20 金融稳定理事会发起的气候相关的财务信息披露工作组（TCFD）在 2017 年提出气候相关信息披露框架，则主要考虑了财务影响，分析气候风险如何通过转型风险、物理风险等途径传导为企业的财务风险。如今，TCFD 已被纳入为国际可持续准则理事会（ISSB）的第二项准则（IFRS S2），ISSB 比较强调的仍是财务重要性，即相关信息如果漏报、错报或掩盖，是否影响通用目的财务报告使用者的决策。

政策要求

当前，我国 ESG 披露规则遵循双重重要性原则。在今年 5 月 1 日施行的上市公司可持续发展报告指引（以下简称交易所指引）中，上海、深圳和北京三大证券交易所明确要求，上市公司应当结合自身所处行业和经营业务的特点等情况，按指引设置的议题说明对每个议题财务重要性和影响重要性进行分析的过程；若议题既不具有财务重要性，也不具有影响重要性，上市公司应作解释说明。此外，除指引设置的议题外，上市公司还应当结合所处行业特点、行业发展阶段、自身商业模式、所处价值链等情况，识别并披露其他具有财务重要性或者影响重要性的议题。

今年 5 月 27 日，财政部发布《企业可持续披露准则——基本准则（征求意见稿）》（以下简称《基本准则》征求意见稿），也提出了双重重要性的要求：企业应当结合具体适用的企业可持续披露准则的要求，评估可持续风险和机遇是否会给企业带来重要的当期或者预期财务影响（即财务重要性），以及企业活动是否会对经济、社会和环境产生重要的影响（即影响重要性）。

关于如何判断是否具有财务重要性或影响重要性，《基本准则》征求意见稿和交易所指引的要求相似。企业对财务重要性的判断，可以从影响发生的可能性及影响的程度两个方面着手，分析议题预期在短期、中期或长期内对企业的商业模式、业务运营、发展战略、财务状况、经营成果、现金流、融资方式及成本等的影响。企业对影响重要性的判断，则可以从影响的规模（即影响的大小程度）、范围（即影响的广泛程度）和不可补救性（抵消或弥补伤害的难度）三方面着手，分析主体对经济、社会和环境的实际或潜在的影响。

关于短期、中期或长期的界定，交易所指引认为这取决于行业的具体特点（如现金流、投资和商业周期等）、公司战略决策和资本分配规划、投资者对该行业公司进行评估的时间范围等因素，公司应当结合实际情况进行定义。《基本准则》征求意见稿给出更具体的建议：短期是指可持续发展报告期间结束后 1 年以内，中期一般指 1 年至 5 年，长期一般指 5 年以上。

实施现状

中国企业发布 ESG 报告（包括可持续发展报告、社会责任报告等）的历史已有 20 多年。近几年在政策和市场的双重驱动下，ESG 报告数量增长迅猛。以上市公司为例，发布 ESG 报告的 A 股上市公司数量占全部上市公司的比例从 2022 年的约 25% 提高到 2024 年的约 40%。在多数行业，龙头企业大多已经有超过 3 年的 ESG 报告发布经验。

在重要性分析的实践中，多数中国企业会在报告中披露重要性分析的过程和结果。常见做法是遵循全球报告倡议组织（GRI）的重要性议题分析矩阵来做分析和披露。在 GRI 的矩阵图中，横坐标是议题对经济、社会和环境的影响大小，纵坐标是议题对利益相关方评估和决策的影响大小。越靠矩阵图的右上角，议题的重要性程度越高，反之则重要性程度越低。

企业通常会将重要性分析的矩阵图放在 ESG 报告的开头部分，具体位置往往是在机构介绍和高管致辞之后、具体议题披露之前。有的企业会将重要性分析和利益相关方分析作为 ESG 管理章节的内容。企业通过重要性分析识别出 ESG 的重要议题，再按照一定的结构、次序和规范在 ESG 报告中依次披露。这个过程是重要的，因为可以向信息使用者解释清楚为什么包括这些议题而不包括另外一些议题、为什么有的议题详细而有的议题简略。

由此可见，中国企业对于“重要性分析”的实践已经做得不错。但是，我们也应当清醒地认识到，双重重要性分析的原则和要求与过往实践存在较大差异。当前，中国企业对双重重要性的分析还处在初级阶段，探索运用双重重要性分析的企业屈指可数，冠捷科技是其中之一。在 2023 年度 ESG 报告中，冠捷科技清晰地采用四大步骤披露了双重重要性评估流程，按照影响重要性分析的两大维度（影响程度和影响可能性），得出议题影响重要性高、中、低分层结果，并按照两类触发事件（资源获取的连续性和对关系的依赖性）以及参考的参数指标得出财务重要性分析结果，综合得出兼顾影响重要性（纵轴）和财务重要性（横轴）的双重重要性矩阵图，识别出气候与能源等八项双重重要性程度较高的议题。

改进建议

笔者认为，双重重要性是企业 ESG 披露的基石。如前所述，企业通过双重重要性分析，可以从众多议题中去伪存真、抓大放小，识别出最值得关注和披露的议题，否则 ESG 报告会显得非常累赘，对信息使用者很不友好。因为信息使用者既包括投资者、债权人（这些是通用目的财务报告使用者），又包括政府部门、员工、社区等其他利益相关方，所以，要从财务和影响双重维度来识别重要议题，这样 ESG 披露才能更好回应企业关键利益相关方的诉求和关切。

更进一步地说，双重重要性也是企业 ESG 管理的基石，企业可以将识别出来的重大议题编制为企业 ESG 议题和指标手册，将企业 ESG 管理分解为可理解、可衡量的工作任务，让各部门更好理解自身工作在 ESG 中的定位和作用，使 ESG 不再显得虚无缥缈。

双重重要性也带来了新挑战。例如，需要评估影响为正面或负面、潜在或实际，也需要从短期、中期和长期视角对议题做科学全面分析。对很多中国企业来说，目前首先需要补齐的短板有两个：一是建立双重重要性的分析框架；二是明确财务重要性分析的方法并持续测量。

建立双重重要性的分析框架相对容易，只需要对 GRI 的经典矩阵图进行调整，把横坐标重新定义为财务重要性，把纵坐标定义为影响重要性，然后通过打分或量化分析等方法，从两个维度对议题排出优先次序，但其难点在于纳入全新的重要性评估因素后需要更加精确。例如，影响重要性可以从影响的规模（即影响的大小程度）、范围（即影响的广泛程度）和不可补救性（抵消或弥补伤害的难度）等方面判断。依据相关标准双重重要性议题分析流程和中国上市公司实际情况，笔者建议企业通过“了解公司活动和业务背景、建立议题清单、评估与确认重要性议题、发布议题报告”四个步骤建立起完整的双重重要性分析流程，如此也可以满足中国与全球、资本市场与商品市场的 ESG 议题管理要求。

财务重要性分析难度大些。笔者建议，可以依据《基本准则》征求意见稿和交易所指引的要求，结合国际标准中的分析建议，拟定一个评估方法。方法可以从定性开始，如从对财务影响的可能性和对财务影响的程度两方面按高、中、低评分，识别出相对更重要的财务重要性议题。但长期看也要有定量方法，譬如设定利润的 5% 或以上才算作财务影响程度高，基于情景分析假设，结合公司高管、财务人员和专业人士的分析判断，得出财务重要性评估的量化结果，让财务重要性的结果更客观和可比。这项工作可以结合企业当下实际，由浅入深、逐步改进。正如交易所指引建议，企业“应当使用与公司的能力、前期工作成果和资源相匹配的方法收集可合理获得的信息，兼顾成本的可负担性”。

（本文作者郭沛源为财政部首届可持续披露准则咨询专家、商道咨询首席专家，刘涛为商道咨询管理合伙人。本文首次刊登于《中国会计报》2024 年 11 月 1 日“ESG | 环境、社会和治理”专栏，发表于 2024 年 11 月 4 日“郭沛源说 ESG”公众号）

热点解读｜三大交易所 ESG 报告编制指南 ESG 报告指引工具箱又上新

11 月 6 日，上海证券交易所、深圳证券交易所和北京证券交易所同步印发《上市公司可持续发展（ESG）报告编制指南（征求意见稿）》（下称《指南》）；上海证券交易所还同步印发《推动提高沪市上市公司 ESG 信息披露质量三年行动方案（2024—2026 年）》，引发市场广泛关注。本文快速解读《指南》的内容、意义与影响。

从《指引》到《指南》

不难看出，《指南》是今年 4 月三大交易所发布《ESG 报告指引》（下称《指引》）工作的延续。当时，《指引》对上市公司 ESG 报告的披露框架、关键议题提出了具体的要求，并要求部分上市公司强制披露，其他上市公司可自愿披露，但只要选择披露 ESG 报告就必须遵循《指引》的要求来编写。这对已经发布 ESG 报告的 2000 多家上市公司来说是个重要文件，很多上市公司都自行组织学习或者参加交易所及中国上市公司协会组织的技术培训。

过去几个月，我们对很多上市公司做了培训和解答。综合看来，上市公司对 ESG 报告编制工作是重视的，主观上也希望能够按照监管要求编制高质量的 ESG 报告。但他们对一些技术问题仍然存在疑问，常见的有：如何按照双重重要性的要求对议题进行优先次序的排列？如何分析某个议题的财务影响程度？如何开展气候情景分析等。对这些问题，上市公司希望能够得到监管机构更加具体的指导，最好能有参考示例。

这就是此次《指南》发布的背景原因。三大交易所在起草说明中指出，部分上市公司和投资者反映，希望交易所“结合上市公司实践，提供更加具体的应用指南，帮助上市公司更好理解和落实《指引》相关要求”。于是，在证监会统一部署下，三大交易所针对 ESG 报告编制过程中的重点难点问题起草发布了《指南》。

交易所还特别强调，《指南》定位于“《指引》的教科书和典型实践推荐”，内容既包括披露要点提示和示例，也涵盖了重要概念解释、主要实施步骤、相关参考索引等。而且《指南》是以辅助参考为主，不设置额外的强制披露要求。

《指南》内容速读

本次发布的《指南》征求意见稿，包括《第一号　总体要求与披露框架》《第二号　应对气候变化议题》两个具体指南。《第一号　总体要求与披露框架》主要解决了《指引》要求下《可持续发展报告》推动实践先行中“怎么披露”的问题，包括公司的可持续发展治理架构、议题双重重要性评估分析方法、报告框架等市场反映较多的重点难点内容。《第二号　应对气候变化议题》重点解决了单个议题“披露什么”的问题，作为《指引》的首个议题披露指南，将《指引》中的气候变化相关披露要求细化为披露要点，提供具体的适用解释。

具体地说，一号指南共 7 章，针对《指引》中技术重点及难点给出解决示例。第一章为总体要求，可以用于 ESG 报告的“编制说明”章节。第二章为重要性议题识别和重要性分析，详细说明重要性议题的定义及披露要求，影响重要性、财务重要性议题识别和分析的通用框架、分析方法及示例等。第三、第四、第五、第六章对四要素“治理；战略；影响、风险和机遇管理；目标与指标”进行了说明。例如就如何建立企业的可持续发展 /ESG 治理架构，如何评估战略和业务模式对可持续相关风险的适应性，如何设定可持续发展目标及相关指标等重要内容提供了参考。第七章为报告披露的通用框架，说明 ESG 报告的框架和 ESG 数据表的披露项要点等。值得关注的是，《指南》的每一章都给出了详尽的示例，并配置大量表格，从业者既可以从中学方法，也可以直接使用这些工具编写 ESG 报告。

《指南》中配置了大量的表格

以下列举三个表格 。

表 1　财务影响程度分析示例（来自《第一号　总体要求与披露框架》）

资源使用的连续性	方式 1：财务影响程度定性判断	方式 2：定量货币价值影响（万元）或百分比（%）	关系的依赖性	方式 1：财务影响程度定性判断	方式 2：定量货币价值影响（万元）或百分比（%）
例如，能源利用、水资源利用等	短期、中期和长期内都没有影响（影响极小）	<100 或 < 净利润的 1%	例如，产品和服务安全与质量、创新驱动、供应链安全、反不正当竞争等	目前中立，未来可能有反应（影响极小）	<100 或 < 净利润的 1%

续表

资源使用的连续性	方式1：财务影响程度定性判断	方式2：定量货币价值影响（万元）或百分比（%）	关系的依赖性	方式1：财务影响程度定性判断	方式2：定量货币价值影响（万元）或百分比（%）
例如，能源利用、水资源利用等	在短期、中期和长期内可能有影响（影响较小）	100~500 或净利润的 1%~5%	例如，产品和服务安全与质量、创新驱动、供应链安全、反不正当竞争等	目前或未来有消极反应（影响较小）	100~500 或净利润的 1%~5%
	短期内可能有影响，中期内使用成本高昂，长期内使用成本非常高昂（影响中等）	500~1000 或净利润的 5%~10%		目前有消极反应，将来可能出现负面反应（影响中等）	500~1000 或净利润的 5%~10%
	短期内可能使用但成本高昂，中期内资源匮乏或成本非常高昂，长期内不可能使用（影响较大）	1000~5000 或净利润的 10%~15%		目前有负面反应，将来可能出现强烈的负面反应（影响较大）	1000~5000 或净利润的 10%~15%
	不可能使用，成本非常高昂，或在短期内都无法获得（影响极大）	>5000 或 > 净利润的 15%		目前或将来很可能出现强烈的负面反应（影响极大）	>5000 或 > 净利润的 15%

表 2　定量披露项披露要点参考示例（来自《第一号　总体要求与披露框架》）

一、报告编制说明

二、公司基本信息

三、议题重要性评估

（一）双重重要性分析

（二）尽职调查、利益相关方沟通

（三）议题重要性分析结论

四、公司 ESG 治理安排

公司可持续发展治理架构、可持续发展相关信息报告、监督与考核机制

五、环境维度议题

应对气候变化、污染物排放、废弃物处理、生态系统和生物多样性保护、环境合规管理、能源利用、水资源利用、循环经济等议题的治理，战略，影响、风险和机遇管理，指标与目标等内容的披露

六、社会维度议题

员工、产品和服务安全与质量、数据安全与客户隐私保护、创新驱动、科技伦理、供应链安全、平等对待中小企业、乡村振兴、社会贡献议题的治理，战略，影响、风险和机遇管理，指标与目标等内容的披露

七、可持续发展相关治理维度议题

反商业贿赂及反贪污、反不正当竞争议题的治理，战略，影响、风险和机遇管理，指标与目标等内容的披露

八、ESG 数据表和附注

九、对标索引表

十、第三方鉴证 / 审验报告（可选）

表 3 定量披露项披露要点参考示例（来自《第一号 总体要求与披露框架》）

定量披露项	单位	定义	计算公式	参数	参数来源 / 依据
综合能源消耗量	吨标准煤	报告期内企业消耗各类能源的吨标准煤折算总量	原煤用量 × 原煤（吨）折合吨标准煤 + 天然气用量 × 天然气（立方米）折合吨标准煤 + 汽油用量 × 汽油（升）折合吨标准煤+柴油用量 × 柴油（升）折合吨标准煤 + 外购电力用量 × 电力（兆瓦·时）折合吨标准煤 + 外购蒸汽用量 × 蒸汽（吉焦）折合吨标准煤 + 自产可再生能源用量 + 其他类型能源用量	相关参数来自《综合能耗计算通则》（GB/T 2589—2020）、《中国能源统计年鉴》（2023）等	《综合能耗计算通则》（GB/T 2589—2020）等
其中：按能源类型分类					
原煤用量	吨	报告期内企业直接控制或拥有设施的原煤总消耗量。原煤包括无烟煤、烟煤、泥煤、褐煤等	报告期内的绝对数值	—	—
天然气用量	立方米	报告期内企业直接控制或拥有设施的天然气总消耗量	报告期内的绝对数值	—	—
汽油用量	升	报告期内企业直接控制或拥有设施的汽油总消耗量	报告期内的绝对数值	—	—
……	……	……	……	……	……

二号指南共六章，与当前的国际可持续准则理事会（ISSB）的二号文件高度接近。第一章为气候相关影响重要性评估，说明气候相关影响、气候相关影响重要性评估流程等。第二章为气候相关财务重要性评估，说明气候相关风险和机遇、气候相关财务影响评估方法等。第三章为气候适应性和气候相关情景分析，说明气候适应性、情景分析方法与流程、情景分析主要考虑因素等。第四章为核算温室气体排放量的流程和方法，说明组织边界、运营边界、时间边界的界定，识别温室气体排放源、温室气体排放量计算方法等。第五章为气候相关转型计划，说明气候相关转型计划、具体行动等。第六章为披露要点，说明《指引》气候相关议题共 22 个披露要点，包括治理（5 个），战略（8 个），影响、风险和机遇管理（1 个），指标与目标（8 个）。

ESG 报告指引工具箱

《指南》的发布很大程度上降低了上市公司实施《指引》的难度，特别是其中对很多技术问题做了详细的讲解，给出具体的流程及实施步骤参考、评分示例等。上市公司把《指南》当作“教科书”，可以更容易掌握《指引》这份“考纲”。

《指南》在写法上也很注意与现有的标准（准则）、指南最大程度保持一致。譬如，在解释可持续发展风险的短期、中期和长期的含义时，除了重申《指引》所指出的“因公司而异”的特征外，还给出了更一般性的界定：短期是 1 年或以内，中期是 1~5 年，长期是 5 年以上。这与财政部印发的《企业可持续披露准则——基本准则（征求意见稿）》的界定是一致的。此外，在议题的四要素披露结构、目标与指标表述等内容上也完全一致，体现出“从上市公司向非上市公司扩展”的清晰路径。

因此，三大交易所的《指南》将会进一步健全上市公司可持续信息披露制度体系，提升了制度的适应性、有效性和可操作性。在交易所文件层面，上市公司不仅有章（《指引》）可循，还有据（《指南》）可查，上市公司 ESG 报告的编制能力和报告质量会有一个快速的跃升。

不久之前，中国上市公司协会在证监会指导下组织编写了《上市公司可持续发展报告工作指南》（下称《工作指南》）。《工作指南》以《指引》为基础，重点解读 ESG 报告整体及各个议题项下的具体披露要求，同时对标中国法律法规、全球主流可持续信息披露标准及规则的相关内容，并提供了优秀披露案例，供上市公司参考。

笔者认为，《指引》《指南》《工作指南》共同构成了一整套中国上市公司 ESG 报告指引工具箱，A 股 ESG 披露至此形成了以《指引》为“考纲”、《指南》为“教科书”、中上协《工作指南》为“教辅材料”的完整体系。在这个工具箱中，《指引》是关于 ESG 报告的强制性和底线要求，《指南》提供了具体的披露方法及参考性规范和典型实践推荐，《工作指南》则融入中国法律法规、国内外 ESG 标准以及优秀披露案例实践，从不同维度为上市公司高质量 ESG 信息、披露提供案头工具。现在，这个工具箱刚展现出雏形，还要不断完善，譬如《指南》预计还会发布三号、四号等具体指南；假以时日，工具箱会越来越丰富，助力上市公司高效高质的 ESG 披露。

（本文作者郭沛源、刘涛。本文首次发表于 2024 年 11 月 7 日“郭沛源说 ESG”公众号）

《企业可持续披露准则》修改了哪些内容

2024年是ESG信息披露“大年”，从2月到12月，关于ESG信息披露的标准、政策不断出台。12月17日，财政部、外交部、国家发展改革委、工业和信息化部、生态环境部、商务部、中国人民银行、国务院国资委、金融监管总局联合印发《企业可持续披露准则——基本准则（试行）》（财会〔2024〕17号，以下简称《基本准则》），为2024年的ESG信息披露之旅画上一个圆满句号。财政部在答记者问时指出：《基本准则》的发布，拉开了国家统一的可持续披露准则体系建设的序幕，具有重要的里程碑意义。这一表述，站位极高。

> 相关阅读：
>
> 《解读财政部〈企业可持续披露准则——基本准则（征求意见稿）〉》
>
> 《双重重要性是ESG披露的基石》

细读《基本准则》（试行）的文本，大部分内容和《基本准则》（征求意见稿）是相似的，修订的地方不算太多。不少修订都是措辞等细节的调整，如征求意见稿的“可持续主题”都被替换为“可持续议题”，更符合行业习惯；又如把“使用的输入值和参数”改为“使用的输入值和参数及其来源”。这些细节调整，本文不细述。本文重点探讨的是，与征求意见稿相比，最终的版本有哪些重大变化。我认为主要有六点，详述如下。

第一，发文单位变了。征求意见稿是由财政部办公厅发出的，最终版本则由财政部等九部委联合印发。这是个重大变化，说明文件内容是财政部、中国人民银行、证监会等部委都认可的，这为《基本准则》将来成为通用准则打下基础。这一变化也影响最终版本中附则的有关表述，从征求意见稿的“准则由财政部负责解释”修订为“准则由财政部会同相关部门负责解释”。

第二，条目数量从33条简化为31条。首先，征求意见稿的第二条“本准则适用于在中华人民共和国境内设立的按规定开展可持续信息披露的企业”在最终版本中删掉了。我认为这是在扩大适用范围，特别是自愿披露的企业也可以采用这个准则，不一定局限在必须“按规定披露”的企业。其次是征求意见稿的第十条和第十一条合并为一条，表达更紧凑。

第三，对可持续信息使用者的范围和称谓做了调整。征求意见稿将“投资者、债权人、政府及其有关部门”定义为主要信息使用者。最终版本则将“投资者、债权人”定义为可持续信息的基本使用者。使用者的定义范围和称谓都发生了变化，仅将与财务相关的使用者定义为基本使用者，政府和其他利益相关方都统称为使用者。我认为这里主要体现了和 ISSB 准则有关“Primary User”提法的接轨。

第四，鼓励独立的可持续发展报告鉴证（审验）。这是最终版本新增的表述，在征求意见稿中没有提及，对可持续发展报告鉴证（审验）是较大的利好。三大交易所的《可持续发展报告指引》及香港交易所的《ESG 守则》都有报告审验（验证）的表述，但没有用“鼓励”一词，《基本准则》的语气相对来说要更积极一些。

第五，关于治理，战略，影响、风险和机遇管理这三大支柱的披露，统一明确为：若有统一管理，则无须逐个议题做信息披露。在征求意见稿中，只有治理、风险和机遇管理两大支柱允许这样做，最终版本把战略支柱也增加进来，表述为：企业针对可持续风险和机遇的管理和监督已经建立整体性战略的，可以对前款规定的内容进行整合披露，无须披露单个议题的相关信息。这样一来，四大支柱中只有指标与目标是必须逐个议题做信息披露的，在一定程度上减轻了企业的负担。

第六，可持续发展报告披露的形式和时间。征求意见稿的表述为：企业应当将企业可持续披露准则要求披露的可持续信息作为独立的可持续发展报告。最终版本的表述为：企业应当按照企业可持续披露准则的要求编制可持续发展报告。从字面上看，最终版本没有特别强调“独立”二字，但结合下文来看，不管是征求意见稿还是最终版本，都提到“企业应当在其官方网站或者以其他方式公布可持续发展报告”，由此推测，很多企业还是会发布单行本的可持续发展报告。至于时间，征求意见稿的表述为：可以与财务报表同时对外披露，也可以按照监管部门的要求在规定日期之前单独披露。最终版本的表述为：（应当）与财务报表同时对外披露，监管部门另有要求的除外。这一表述保持了足够的灵活性。

（本文首次发表于 2024 年 12 月 20 日“郭沛源说 ESG”公众号）

一文读懂联合国绿色金融史

本周日，酝酿两年的联合国《负责任银行原则》（PRB）正式发布，130 家银行成为首批签署行。

自此，联合国体系下形成 PRB、PSI、PRI 三大原则，分别面向银行、保险和资管，协调促进可持续金融。三大原则的背后，是历经二十余年的艰辛探索。我根据我所知史实和我参与经历，梳理出如下联合国的绿色金融史。

需要说明两点：一是本文主要阐述历史脉络，因此不过多纠缠技术细节，对绿色金融、可持续金融、责任投资、ESG 不做区分。二是我所知有限，可能加入了个人主观判断，遗漏之处、不当之处，敬请谅解。

联合国绿色金融的起点是 1992 年。那一年，在里约热内卢，联合国举办了首届可持续发展大会，史称里约大会。我读大学的时候，钱易院士给我们讲可持续发展引论的时候介绍过这段历史，她说当时去开会的人，每个都热情澎湃，投身世界环境保护事业。这时候，联合国环境署（UNEP）敏锐地察觉到银行业的重要角色，与多家银行联合发布了《银行业关于环境和可持续发展的声明书》，标志着联合国环境署银行计划（UNEP BI）的正式成立。

1995 年，联合国环境署将该计划延伸到保险业，与瑞士再保险等公司发布《保险业关于环境和可持续发展的声明书》。1997 年，联合国环境署保险机构计划（UNEP III）正式成立。同年，为适应金融行业的发展态势，联合国环境署银行计划对声明书内容进行适当修正，从单一银行业务扩展到一般性金融服务，其后银行计划更名为金融机构计划（UNEP FII）。2003 年，在 UNEP III 和 UNEP FII 的联合年会上，保险机构计划和金融机构倡议正式合并为金融倡议，简称 UNEP FI。这便是我们现在所熟知的 UNEP FI。

UNEP FI 主要开展研究、培训和各种交流活动。目前，UNEP FI 每两年举办一次全球圆桌论坛，间隔年则由各地区举办区域圆桌论坛。2014 年，全球圆桌论坛在北京举行；2019 年，亚太地区圆桌论坛在上海举行。从 2017 年开始，我担任 UNEP FI 中国顾问，组织开展 UNEP FI 在国内各种活动，譬如上述上海论坛及此前的商业银行环境与社会风险管理培训。

时间走到 1999 年。时任联合国秘书长科菲·安南在那一年的世界经济论坛上发起成立全球契约（Global Compact）的倡议，呼吁全球企业履行社会责任、做良好企业公民。2000 年，在联合国以及跨国公司的支持下，全球契约在纽约联合国总部正式成立，制定了有关人权、劳工、环境和反腐败领域的十条原则（开始的时候是九条，后来追加了反腐败作为最后一条）。显然，全球契约是关注私营部门的，并不只是针对金融机构。2004 年，全球契约也开始关注金融投资中的环境、社会因素，与 UNEP FI 合作，并组织来自 9 个国家的 18 个金融机构共同起草了一份研究报告，指引金融机构在投资决策中如何考虑环境、社会与公司治理等因素（即当下热点 ESG）。这份报告取了个有意思的名字“who cares wins”，意即谁先采取行动谁便占得先机。报告出来，我特别喜欢，读了很多遍，并翻译成中文，题译为《有心者胜》。

这一研究让联合国看到资本市场特别是资产管理公司的重要性，于是乘势而为，由 UNEP FI 发起了负责任投资原则（PRI）。PRI 沿用了全球契约十项原则的思路，提出了负责任投资的六项原则。随即，PRI 组建了独立团队，UNEP FI 工作人员 James Gifford 成为 PRI 第一任总裁。2012 年，我还曾经邀请 James 到 ChinaSIF 做了一个访谈。

渐渐地，UNEP FI 和 PRI 明确了各自定位，UNEP FI 主要面向银行和保险机构，PRI 主要面向资产管理机构和资产所有者。因为混业经营等各种原因，也有不少金融机构既是 UNEP FI 成员，也是 PRI 成员。

这之后，联合国中越来越多部门认识到绿色金融的重要性。联合国贸易与发展大会（UNCTAD，简称贸发会）便是其中一个。贸发会关注环境议题，早期还是从企业社会责任的视角，因为很多企业社会责任标准与国际贸易关系密切。贸发会的投资与企业司（Investment and Enterprise Division）专门有一个处负责此事。我从 2004 年开始和他们有联系，讨论的都是企业社会责任的问题。不过，贸发会关注的不仅是货物贸易，也包括服务贸易，里面就有跨境资本流动。他们每年发布《世界投资报告》，每两年举办一届世界投资论坛。贸发会选了一个特别独特的视角——证券交易所，发起了联合国可持续证券交易所倡议（UN SSE）。2009 年，在时任联合国秘书长潘基文的见证下，SSE 正式成立。这一过程，联合国全球契约、UNEP FI 和 PRI 都有参与，所以 SSE 官方介绍也说自己是这 4 家机构的联合行动。

UN SSE 发起不久，就来了中国。2010 年，联合国贸发会第二届世界投资论坛在厦门召开，论坛特别设置了“证券交易所与可持续发展 2010 年会”，时任证监会主席尚福林出席演讲。只不过，那时候绿色金融的政策关注度不高，所以并没有引起很大关注。直到七年之后（2017 年），上海证券交易所和深圳证券交易所先后加入SSE。今年是SSE成立十周年，前几天刚刚在纽约证券交易所举办了纪念研讨会。

2012年，联合国举办了2012可持续发展大会，又称“里约+20”峰会，因为举办地重回20年前首届可持续发展大会的里约热内卢。UNEP FI在此期间发起了联合国可持续保险原则（PSI），提出了专门面向保险公司的四项原则。与PRI不同，PSI的秘书处事务保留在UNEP FI。

2013年，我在北京见到了一位老朋友Simon Zadek。我俩认识是因为都是做企业社会责任的。我认识Simon的时候，他还是他自己创办的智库组织AccountAbility的负责人。2013年，已经退出AccountAbility的Simon到北京长居了一年，在清华大学经管学院做访问学者，合作老师是时任副院长钱小军教授。后来，在钱老师建议下，我们仨再加上段志蓉教授一起在清华开设了一门课程“Business Performance and Sustainability”（这门课程一直延续至今，每年兴业银行都来参加案例教学）。开课期间，我和Simon会讨论绿色金融、责任投资的问题，也听说他在筹备一个绿色金融的计划。

2014年，我才知道Simon要做的事情就是UNEP Inquiry（中译名为“探寻”）项目。该项目是在UNEP支持下成立的，目标是探索全球金融体系转型以满足全球绿色、包容经济增长的需要。顾名思义，这事情以前没人做过。确实不假。前述UNEP FI、PRI、SSEI等倡议组织，着眼的主要是私营部门，特别是在市场业务层面。UNEP Inquiry项目想要影响的，是全球金融体系最顶层的架构——国际层面就是世界银行/国际货币基金组织，国家层面就是各国央行和金融监管机构。Simon Zadek被聘为UNEP Inquiry的联席主任。此后三年，UNEP Inquiry十分活跃，通过大量的研究、会议，影响政策制定者。这三年，也是中国绿色金融风起云涌的三年，UNEP Inquiry项目与中国也有很多互动，相互促进。不过，Inquiry只是一个项目，并非UNEP常设机构，目前Inquiry的走向还不明朗，且Simon已经离开，另一位联席主任Nick Robins转为高级顾问。Nick Robins在任时发起了可持续金融中心网络（FC4S Network），也算是UNEP Inquiry的一大成果，现在上海、深圳、北京都已经加入FC4S Network。

以上就是过去二十余年联合国绿色金融发展的大体脉络，提及的主要是直接面向金融机构或金融监管机构的行动。事实上，联合国体系很庞大，还有很多部门也发起了与泛绿色金融相关的行动。譬如，联合国开发计划署（UNDP）近年来就做了大量与影响力投资有关的探索，特别是推动为“2030可持续发展目标”融资。不久前（9月4日），UNDP发布了一套标准，引导私募股权投资基金（PE）支持可持续发展目标。

又如，2014年10月16日，粮农组织编写的《农业和粮食系统负责任投资原则》获得世界粮食安全委员会批准。

再如，联合国妇女署发起“为性别平等敲钟”行动，每年妇女节就在不同的交易所敲钟，鼓励政府、商界及投资者关注并推动女性平等。2019 年 3 月 8 日，港交所就呼应联合国妇女署倡议，为性别平等敲钟。

（本文首次发表于 2019 年 9 月 27 日“郭沛源说 ESG”公众号）

四、关心者赢，以新促新

——个人意识与职业发展

从“骨感”走向“丰满”
——寻找 CSR 经理人的职业发展通道

CRO 即 Chief Responsibility Officer，翻译为中文就是“首席责任官”的意思，在不同企业中会有不同的称呼。例如，服装品牌耐克公司将这一头衔称为可持续商业与创新副总裁，餐饮品牌百胜公司则将这一头衔称为首席全球可持续发展官员。头衔可以千变万化，但职位都有一些共通的特征，如果不具备这些特征，这个职位就还够不上 CRO 的级别。

丰满的理想：CRO 的职能特征

第一，CRO 通常是直接对 CEO 或者对企业内部的社会责任委员会或可持续发展委员会负责，只有这样，CRO 才能对商业决策有足够的影响力。第二，CRO 往往要掌管全局，全面负责或协调整个企业的社会责任或可持续发展问题，如果仅仅是分管某个方面，CRO 开展工作会遇到各种掣肘。第三，CRO 还应当被赋予更多战略层面的意义，企业应该认识到 CRO 的存在不是为了粉饰太平（公益慈善），也不是为了挡子弹（危机公关），而是切实推动企业创新，为企业创造价值。

骨感的现实：本土 CSR 从业者的困境

“理想很丰满，现实很骨感。”这句话放到 CRO 的语境中也是合适的。前文所描述的只是理想的 CRO 的状况，但现实中能有这样视野的企业极少，尤其是中国本土企业。在众多 CSR 从业者中，称得上是 CRO 的屈指可数，多数还只是社会责任高级经理、经理甚至助理。在一个庞大的企业管理架构中，企业社会责任工作者有时只是不起眼的小兵。地位不高、预算不多、影响不大是他们共同面临的困境。这个困境有点像恶性循环：因为地位不高，所以企业不会拨出大笔预算；因为没有足够预算，对内、对外开展工作的时候就会底气不足，成果的影响力也不大；因为影响力小，所以不能引起企业高层对社会责任工作的足够关注，企业社会责任经理的地位就会一直很低。这样的循环会无休无止重复下去，直到某一天，企业社会责任经理看不到未来，最终放弃。

通往 CRO 之门：创造价值

企业社会责任经理要想提高自己的地位，就要向企业证明自己的价值。价值越大，地位越高。等所创造的价值对企业来说举足轻重之后，企业社会责任经理就可以跃升为 CRO 了。简言之，创造价值是通向 CRO 的必由之路。

企业社会责任怎样才能创造价值呢？我们可以分析一些跨国公司的案例。在可口可乐，可持续发展战略的最新提法叫“Me-We-World（我一我们一世界）”，它涵盖了企业社会责任的日常事务，以及其他具有战略意义的拓展内容，如妇女创业、水资源保护、能源效率、可持续包装、可持续农业。以妇女创业为例，截至 2020 年底，可口可乐计划支持 500 万名妇女经营小生意。项目的社会意义不言而喻，同时还有利于可口可乐分销网络深入广袤的农村，潜在的商业价值也不可小觑。

据此我们可以看到：社会问题、环境问题越大，解决问题的需求越大，商业机会也越大；可持续发展的理念在企业内贯彻越彻底，企业的创新与竞争力就越强大。这显然颠覆了企业对可持续发展问题的传统认识。哈佛商学院迈克尔·波特教授近年提出的“创造共享价值”这一新的理念，本质亦如是。如果企业社会责任经理能从这样的高度去理解社会责任工作，并能向企业高层传达这样的信息，那么，通往 CRO 之门就打开了。

首先，企业社会责任经理要找到通道让企业高层了解社会责任与可持续发展的重要性。如果能将相关问题放到董事会的议程中，并且每过一段时间都能让董事会讨论一次，就最好不过了。董事会关注的事情通常都会被提升到战略决策的层面。当然，将问题摆给董事会看的机会并不是人人都有，那么至少需要尽可能让高层领导了解社会责任工作的重要性，一个很有效的办法是借助外力让领导层认识到社会责任的缺失会给企业带来的潜在风险。前不久，国内水泥行业的绿色信贷报告发布，向投资人警示买入水泥股票的环境风险。这份报告引起了一些海外基金的注意，其管理层迅速部署了相关的风险控制措施。这样的例子，便是 CSR 经理人可以借助的外力。同时，CSR 经理人对企业的核心业务和核心价值要烂熟于心，在制定企业社会责任战略及工作计划的时候，要厘清这些战略和计划与企业的核心业务有无关联、对企业的核心价值有无增益。譬如，IBM 的公益理念倡导专业服务社会，因此组织志愿者服务队为一些城市的智慧城市规划“问诊把脉”，既服务了社会，也塑造了需求。要产出这样高水准的策略，就要求 CSR 经理对主营业务有足够了解，还要有跨领域的知识结构。具备这样的素质，才有可能成为未来的 CRO。

在国际上，设置 CRO 或类似职位的企业越来越多。目前可口可乐和大众汽车都重新设置了企业社会责任和可持续发展职能部门，可口可乐设立了可持续发展部，大众汽车设立了企业社会责任部，都直接由一名副总裁主持工作。

这股风潮也开始吹到中国。也许可以认为，中国的 CSR 经理人的好日子就在前头，良性的社会发展，正呼唤大批 CRO 的来袭。

（本文首次发表于 2014 年 4 月 9 日“郭沛源说 ESG”公众号）

商学院是教人赚钱还是导人向善？

上周五，中欧国际工商学院校友总会举办“商业文明与社会责任”主题论坛，企业界、公益界校友代表登台讲演。校友总会会长、朗诗集团董事长田明代表全体校友宣读“中欧国际工商学院校友企业社会责任倡议书”。校友总会理事，中欧校友全球 65 个国家或地区分会、65 个校友行业协会和俱乐部选派代表共同签名响应，并共同宣言和签名。

中欧国际工商学院在国内 MBA/EMBA 的第一梯队，学费自然也是第一梯队。读 MBA/EMBA 的人都很会算投资回报率，交那么多钱还有那么多人上，说明商学院还是很会教人赚钱的。这个“商业文明与社会责任”的话题看上去不像教人赚钱，反倒比较像导人向善。中欧国际工商学院为什么要这么做呢？

回答这个问题前，首先推荐一本书《造福世界的管理教育》（北京大学出版社 2014 年 6 月出版）。这本书针对当下世界各国的管理学院（包括商学院）教育提出了很尖锐的问题：

> 商学院在人才培养、科学研究、社会服务等方面都存在诸多问题。例如，在人才培养方面，关注的是知识的传授（knowing），忽视了怎样行动（doing）和如何做人（being）……在解决全球性的社会与环境挑战时，管理教育必须发挥关键性的作用。管理教育需要从根本上重新思考其目的，应该服务于社会、服务于世界。商学院应该扮演社会的看护人角色……
>
> ——源自该书译者周祖成

简言之，该书作者认为，现在的商学院太会教人赚钱了，但却忘掉了导人向善。于是，商学院培养了一代又一代的商人，商人创造了 GDP，但却没有创造更多福利。

有人会说，各行其道，各尽其责。商学院培养会赚钱的商人，环境学院培养会治污的工程师，法学院培养履行司法职责的法官。这是把问题想得单线条了，实际世界要复杂得多。企业环境管理的理念越来越前移，企业要在产品设计甚至原料供应阶段就考虑环境问题，而非末端治理，因此企业管理者要懂得环境理念；引发群体事件的有时也不是企业犯法的事，而是企业没有尽到做一个“好邻居”的责任，专业一点的说法叫“社会执照”（social license to operate），因此企业管理者要懂企业社会责任。这些新的情况会催生新的教育需求，因此商学院也要更新自己的教学理念和教学内容。

商学院虽然很赚钱，但一般认为商学院应该以教书育人为目标，不应该以盈利为目标。由此来看，商学院不仅要教人赚钱，也要导人向善，那么中欧商学院发出企业社会责任的倡议也就顺理成章了。在国际上，商学院引入 CSR 和可持续发展的理念也已经成为一股新兴的潮流。联合国全球契约（UN Global Compact）十年前发起了负责任管理教育原则项目（PRME），把国际一流的商学院都聚集在一起，讨论商学院怎样做好 CSR。国内的清华经管、北大光华、中欧国际工商学院、西郊利物浦大学国际商学院等多所商学院都加入了 PRME。

商学院的 CSR 该怎么做？这个题目可以写一篇博士论文。套用清华大学前校长梅贻琦的一句话：所谓大学者，非谓有大楼之谓也，有大师之谓也。商学院要做 CSR，亦非捐钱之谓也。几年前，商道纵横和环保部宣教中心合作，对国内商学院进行了可持续发展的评估。我们是从组织愿景、师资与教研、学生培养和行动倡导四个维度进行分析的，并没有看商学院有没有捐钱或做公益，主要看商学院有没有教师从事 CSR 研究、有没有开设 CSR 课程、学生有没有组织 CSR 活动等。

中欧国际工商学院的排名比较靠前，我也一直都关注中欧国际工商学院的 CSR 活动。多年前，有一位老教授翟博思（de Bettignies，Henri-Claude）就在中欧国际工商学院开设责任领导力的课程。印象中，中欧国际工商学院的 MBA 也是国内最早举办 CSR 论坛的，并且还很国际化。

关于研究方面，中欧国际工商学院有位教师搞了个有趣的研究，发现生女儿的 CEO，其所在企业表现得更有社会责任感。经过对美国“标准普尔 500 指数”列表中各大公司 20 年间 CEO 及其子女相关数据的追踪、分析和比较，他们发现，这些公司在制定针对全社会和除股东外利益相关者的关怀政策时，会系统地受到来自家中有女儿的公司顶层决策者的意见影响。拥有女性下一代的男性 CEO，其任职公司在企业社会责任方面的表现竟然比平均水平高出近 12 个百分点。① 可见，搞 CSR 也可以发好论文。商学院应该做！

我当然很希望看到国内有更多商学院关注 CSR、研究 CSR 和教授 CSR，商学院的 MBA/EMBA 及学术研究生都能对 CSR 有兴趣。我们也在身体力行。除了我自己在清华经管合教一门 MBA 课程和 EMBA 课程以外，商道还开办商道学堂，以及组织游学。如果有兴趣，欢迎来报名。

（本文首次发表于 2017 年 8 月 22 日“郭沛源说 ESG”公众号）

---

① 中欧国际工商学院《一个有趣的发现：生女儿的 CEO 所在企业更有社会责任感》，作者：中欧国际工商学院金融学副教授余方（Frank Yu）、迈阿密大学金融学教授亨理克（Henrik Cronqvist），2015 年 12 月 7 日。

绿色生活、绿色金融，即使这代人不能实现，也要教育好下一代

年底了，国内外各种活动都很多。我去了一趟法国，参加联合国环境署金融倡议（UNEP FI）的年会，这个年会两年一次，今年在巴黎召开。法国很重视这个会议，经济部长、环境部长都参加并发表了主题演讲。法国的环境部长 Brune Poirson 是位年轻的女士，讲得很动情。她说，希望如今被诟病的华尔街文化能够通过我们这一代人得到改变，希望金融机构能够拥抱绿色和可持续发展，与社会和谐共生。她还说，希望她四岁的女儿长大之后，会将绿色金融视为常态，以致听说“几十年前金融机构还会为污染项目融资”会感到惊讶和不可理喻。

这或许只是个美好的愿景，但也并非遥不可及。在法国开会期间，同事就在公司微信群里转发了一个西太平洋银行（WestPac）的创新产品“贴标绿色存款（Certified Green Deposit）”，这个“贴标绿色存款”沿用了绿色债券的概念和方法，对存入绿色存款账号的资金进行专项管理，只投放到绿色用途。当这类绿色金融产品及其他绿色消费品越来越多的时候，我们这一代人的投资、消费理念也会逐步改变。

退一步讲，如果我们这代人不能实现，我想，至少我们有责任教育好下一代，也就是现在的小朋友。

上周，商道纵横协办了苏州工业园区企业社会责任联盟组织的“绿色生活方式展”，邀请了一拨创新型的企业和公益组织从衣、食、住、行几个方面全方位展示绿色生活的点滴创新，各种回收物品在创意者手中摇身一变成为时尚潮牌，旧的也可以是新的。

在天津，联合技术公司（United Technologies Corporation，UTC）与中国友好和平发展基金会举办“助力美好世界”STEM 世博会。这是 UTC 举办的第三届 STEM 世博会，聚焦科技创新、慈善和可持续发展。小学生们参加 STEM 教育创新挑战赛，脑手结合，把科学知识和技术转化为有益社区的解决方案。商道纵横作为项目的诸多合作伙伴之一，携手中国妇女发展基金会举办了“STEM 教育与妇女儿童发展论坛”。

STEM 教育是科学（Science）、技术（Technology）、工程（Engineering）、数学（Mathematics）教育的统称。它不是把四门课程分散地进行教学，而是与真实世界的实际应用需求相结合，将这几个学科整合在一起的互动式学习模式。

IBM 在 STEM 教育方面也颇有建树，融入“以专长服务社会”的 CSR 理念后，推出了员工志愿服务行动 SkillsBuild，号召 IBM 员工通过各种课程和活动帮助中小学生更好地获取、理解及运用 STEM 知识。在中国，IBM 的工程师们选出 8 个最具代表性的主题，组成了 STEM 教学包。这 8 个主题中既有与绿色生活直接相关的太阳能小车和洁净的水，也有代表未来发展方向的人工智能和网络安全。

当然，再好的教育手段，也比不上言传身教。家长、学校与社区共同构成的小孩子的生活空间和氛围，对孩子的文明、环保理念影响是很大的。试想，如果家长在家里教育孩子要遵守交通规则，出门却带头闯红灯，孩子又怎能形成好的习惯呢？ 11 月 30 日，大众汽车携手中国妇女发展基金会，在四川成都高新区桂溪街道双和社区推出了全国首个“儿童交通友好社区”试点，从硬件改造（如减速装置、停车管理）、软性服务（如志愿服务、儿童活动）和制度建设（如订立社区公约）几个方面，打造一个良好的环境。看，连分类垃圾桶都变成交通灯颜色了。

我们也在践行这一教育理念。上个月，商道学堂（华北、华东、华南）已经全面开课。本周，我们 2018 China SIF Week（中国责任投资周）也考虑了责任投资教育的问题，特别安排了一个边会活动：与上海交通大学上海高级金融学院合作举办的“责任投资与商学院教育”论坛。

虽然领导说“功成不必在我”，但如果我们这一代就能实现，岂不美哉！

（本文首次发表于 2018 年 12 月 4 日“郭沛源说 ESG”公众号）

董秘必读：上市公司如何应对 ESG 挑战?

在财新传媒近期组织的 ESG 30 人活动中，财新传媒提出了 ESG 十问，都是很切中要害的问题。我选了两个问题做了回答，其中一个是上市公司如何应对 ESG 挑战。会后，我又整理了思路和文字，形成了这篇文章。

从目前市场发展趋势来看，ESG 正处在快速上升期。从监管机构到行业协会，都在积极推动 ESG 投资理念。市场上各类基金公司、指数提供商都在研究 ESG 所带来的新机会，我们商道融绿也先后编制了 ESG 美好 50 指数和沪深 100 ESG 优选指数。一些上市公司也开始关注 ESG，原因各不相同：或是收到监管机构或投资者的询问；或是根据交易所要求编制 ESG 报告；或是注意到 ESG 成为财经舆论热点。有的上市公司力度很大，譬如最近中国平安宣布将 ESG 标准全面纳入企业管理，搭建责任投资体系，还打造了 AI-ESG 平台。

不过，像中国平安这样的上市公司毕竟很少，很多上市公司对 ESG 的了解并不多，特别是董秘办和投资者关系部对 ESG 缺乏知识储备，不知道该如何应对。我认为，简言之，上市公司应该熟悉三个新问题：一把新的尺子、一类新的投资者、一份新的报告，分述如下。

第一，一把新的尺子。

尺子是用来度量的。以往，度量上市公司的尺子，“刻度”都是财务维度的，如股价、市值、市盈率、市净率等。在 ESG 时代，市场出现了一把新的尺子，“刻度”都是非财务维度的，如公司治理、污染排放、能源效率、劳工关系、社区关系等。所谓 ESG 绩效评估，也就是用这把新的尺子来度量上市公司的“长短”（价值）。

上市公司对老尺子太熟悉了，甚至可以有办法欺骗老尺子；但对新尺子就很陌生了，不仅刻度是陌生的，测量过程与结果也是陌生的。ESG 这把新尺子之所以有价值，恰恰是因为它提供了新的维度，可以让市场从更完整的视角去判断一家公司的价值；并且，上市公司对这把尺子不太熟悉，所以测量出来的数据更加真实可靠。

对上市公司来说，应充分认识到新尺子和老尺子都是帮助他们强身健体的（如同一个量体重、一个量身高，合起来才能更好描述一个肌体）。因此，上市公司应做好适应而不是糊弄和抗拒，最好能根据 ESG 绩效评估的维度和指标，对照自己，提升 ESG 管理、练好 ESG 内功，以实现更长期可持续的发展。

第二,一类新的投资者。

毋庸讳言，A 股市场目前还是充斥着短期主义，上市公司也习惯了短期主义的投资者。热衷 ESG 投资理念的往往带有一点长期主义的色彩，他们的到来反而会让上市公司有点不适应。这个问题的具体表现就是，董秘办和投资者关系部遇到的关于 ESG 问询和平常接触的投资者的问询似乎不太一样。

一般投资者往往比较关心短期业绩，特别是财务报表的数字，也关心对市场上各种传闻的核实。ESG 投资者关心的问题相对长线，比如，公司治理如何？中长期战略如何？是否存在重大的环境或劳工风险？有无应对气候变化的策略与措施？甚至还有投资者会关心动物福利、塑料回收、隐私保护等听起来比较冷门的问题。

董秘办和投资者关系部往往认为这些问题应该让企业社会责任（CSR）部门去回答，所以最近我听说有几家上市公司的 CSR 部门特别忙。长期来看，我认为董秘办和投资者关系部应建立自己的能力，同时还要适应 ESG 投资者沟通的思路：注重非财务因素、注重长线议题、注重上市公司的积极回应（不怕有问题，最怕没反应）。

第三,一份新的报告。

ESG 绩效评估依靠上市公司的公开信息，所以上市公司的 CSR 报告或 ESG 报告十分重要。在 A 股，CSR 报告起步较早，已发展十年，但还不是通用的强制要求（仅对部分上市公司有强制性），沪深两市合约每年八九百份 CSR 报告；ESG 报告目前还没有要求，所以数量较少。但因为香港交易所从 2015 年开始要求半强制上市公司发布 ESG 报告（所谓不披露就解释原则），一些 A+H 公司也已经有数年发布 ESG 报告的经验了。市场预期，A 股的 ESG 报告指引不久也将出台，届时将有更多上市公司发布 ESG 报告。

上市公司特别是董秘办和投资者关系部要对 ESG 报告予以充分重视。虽然实践中 CSR 报告和 ESG 报告经常不做区分，但两者还是有一定差异的，因为读者群差异较大。ESG 报告的读者主要是投资者、分析师和评级机构。因此，董秘办和投资者关系部要认识到，一方面，ESG 报告要更加关注实质性原则，即重点披露那些与公司长期价值密切相关的议题；另一方面，ESG 报告要更加关注可靠、清晰、可比的数字，因为这样才便于读者特别是评级机构进行有效分析。这一点，在我们商道融绿与责任投资原则组织（PRI）联合发布的《中国的 ESG 数据披露：关键 ESG 指标建议》中也有提及。我们建议，监管部门“应要求公司按照一套标准化的关键 ESG 披露指标进行报告”。

因此，上市公司不要误以为从 CSR 报告到 ESG 报告只是换了个名字，过于强调公益慈善、传播感十足的 CSR 报告并非理想的 ESG 报告，给投资者传递的有效信息有限。

以上三个问题便是我所观察到的上市公司在 ESG 时代面临的主要挑战。当然，挑战与机遇并存，如果做好应对，对上市公司来说，就是塑造 ESG 时代的竞争力。

如何应对？简言之，上市公司应该先从报告入手，提升 ESG 信息披露的质量；然后以 ESG 报告为载体，加强与投资者就 ESG 议题进行持续不断的沟通与互动，赢取投资者信任；最后，也是最核心的一点，是将 ESG 作为一个新的评价尺度整合到上市公司的战略与管理中，真正提升 ESG 的能力。只有这样，上市公司的 ESG 报告才不是无源之水，与 ESG 投资者的交流也才能言之有物。做到这些，上市公司的 ESG 评级提升就是水到渠成。

（本文首次发表于 2019 年 8 月 26 日“郭沛源说 ESG”公众号）

跨国公司要了解哪些 ESG 知识?

9 月 17 日，中国欧盟商会主办的“第四届可持续商业大奖颁奖典礼暨商会成立 20 周年庆典”在上海举行。我的任务是主持“ESG 趋势”的对话环节，嘉宾有荷兰皇家帝斯曼（DSM）中国总裁周涛先生，飞利浦大中华区副总裁、大中华区研发及上海创新中心负责人姚智清先生和联合国全球契约亚太网络负责人刘萌女士。

在华跨国公司为何也谈 ESG

对我来说，ESG 再熟悉不过了，商道纵横及我担任董事长的公司商道融绿在 ESG 领域都走在前沿，我主持的 ESG 论坛活动也不下数十场，但与在华跨国公司高管探讨 ESG 对我来说还是头一次。

为什么呢？因为 ESG 起源资本市场，讨论的内容主要是围绕上市公司展开的。在华跨国公司首先不一定全都是上市公司，譬如有不少家族企业（如勃林格殷格翰就是拥有 100 多年历史的私人制药公司）；即便是上市公司，也多数在海外上市，如帝斯曼在泛欧阿姆斯特丹交易所上市、飞利浦则是在纽交所上市。只有极少数我们所熟知的跨国品牌是在 A 股上市的，我能想到的是惠而浦（上交所 600983）；肯德基和必胜客的母公司百胜中国则是 9 月 10 日刚刚在港交所挂牌（港交所 9987）。

因此，对绝大多数在欧美日上市的跨国公司来说，ESG 是总部负责的议题，特别是总部投资者关系（IR）团队负责的议题。考虑到很多跨国公司采取矩阵式管理架构，在华分支机构主要是按照业务条线管理的，和 ESG 职能团队（IR）距离甚远，较少产生交集。

最近一年，事情开始有了变化。具体表现为，有跨国公司的 CSR 经理来问我什么是 ESG，个别跨国公司在华高管也会在一些场合用到 ESG 而不是 CSR 的提法。变化发生的原因，我认为主要有三个。

一是 ESG 发展的加速度太快。这个概念大概 2006 年才开始在资本市场谈论，过去十年飞速发展，按 GSIA 的统计，约 1/2 的欧洲资产管理机构和约 1/4 的美国资产管理机构开始在投资决策中考虑 ESG 因素，这让上市跨国公司 ESG 压力剧增。

二是 ESG 正直奔跨国公司董事会。我们经常抱怨 CSR 距离公司决策层太远，高层不够重视，ESG 试图克服这个顽疾，证券监管机构和机构投资者正努力将 ESG 加入董事会议程甚至义务（Duty）中。一旦董事会重视，全公司就动起来了。况且，一些跨国公司中国区的主管也是董事会成员，这也加快了将ESG导入在华分支。

三是价值链和信息流的传导。和中国上市公司一样，跨国公司也很在意 ESG 评级结果，要提升 ESG 评级，就要考虑很多与经营相关的事宜，这就离不开中国分支的配合，因为中国无论是从供应链角度还是从销售角度看，往往都在跨国公司报表中占有不可忽略的比重，缺乏对中国数据的采集和汇总，ESG 信息披露也不可能完整。

综上，在华跨国公司关注 ESG 有合理性。这一趋势才刚刚出现，未来几年，随着 ESG 市场继续升温，在华跨国公司谈论 ESG 的情况会越来越常见。

跨国公司要了解的 ESG 知识

在跨国公司工作的职业经理人，有必要掌握一些 ESG 知识，以便在与总部相关部门或与董事会交流时游刃有余。以下是我从跨国公司角度梳理的几个ESG知识点。

ESG 和 CSR 的本质相通

ESG 和 CSR 至少在环境（E）和社会（S）两个方面是十分相近的，可以认为 ESG/CSR 覆盖内容大部分（70%）是相同的，两者都主张长期主义，平衡利益相关方（Stakeholder）与股东（Shareholder）的利益，在这一点上两者是本质相通的。因此，从 CSR 过渡到 ESG，跨国公司的话术不用做过多调整，以前讲的 purpose & profit、3P（people/planet/profit）都还可以沿用。

ESG 和 CSR 的本质差异

ESG 和 CSR 最根本的区别是驱动力。CSR 的源头驱动力是社会大众，具体表现为 NGO 对劳工、环境标准的主张；ESG 的源头驱动力是资本市场，具体表现为养老金等长期投资者对上市公司长期稳健性的关切。CSR 关注供应链审核和社区捐赠；ESG 关注 ESG 评级，对捐赠不那么感兴趣。CSR 常谈多利益相关方（multi-stakeholder）的平衡；ESG 则更强调 investor 这个利益相关方。

在华跨国公司在 ESG 中的角色

从职能上说，ESG 通常由跨国公司的董事会和投资者关系团队负责，在华跨国公司主要是一个配合的角色。一方面，在华跨国公司要根据总部的 ESG 总体策略做好内宣和外宣工作，让员工和外部利益相关方（政府、合作伙伴、媒体、公众）等了解公司 ESG 战略、绩效。毕竟，越来越多人谈论 ESG，你也不能只聊 CSR 吧？另一方面，在华跨国公司要根据总部需求提供 ESG 信息支持以实现 ESG 提升。这主要是服务于跨国公司提升 ESG 评级的需求，因为很多 ESG 评估指标会涉及中国的生产、销售活动。

在华跨国公司的 CSR/ESG 报告

我们一直主张跨国公司要在中国发布国别 CSR 报告，这一方面来自同侪压力，另一方面是与当地社会建立价值观层面（不仅仅是 GDP）的连接。现在有了 ESG，一些跨国公司总部开始将 CSR/ 可持续发展报告升级为 ESG 报告（参考阅读：《从 CSR 报告到 ESG 报告》），在华分支是否要跟进？我认为不必，因为 ESG 报告更强调量化指标的披露，以满足交易所、分析师和投资者的需求，很多在华跨国公司因监管要求或内部管理要求无法披露国别数据，所以通过国别 CSR 报告做好在华利益相关方沟通就很好了。

以上只是初步思考，还要不断完善。欢迎拍砖。

（本文首次发表于 2020 年 9 月 19 日“郭沛源说 ESG”公众号）

CEO都要懂的可持续发展通识

上周，商道学堂六期华北班开班，拉开了商道学堂六期的序幕。接下来的两个周末，商道学堂华东班、华南班将依次开班。商道学堂是商道纵横在2015年发起的教育项目，旨在培养更多具备商业可持续发展思维能力的年轻人。历经五年，已有近500位校友。

关于商道学堂的办学理念，我在二期商道学院毕业典礼时做过总结：

第一，我们相信商业组织的力量，尽管人们对商业组织有各种诟病，但商业组织的创新、效率对促进社会进步是有目共睹的。

第二，我们相信责任的力量，不是所有商业组织都会主动履责，原因各种各样，但要打造基业长青的百年老店，不可能没有负责任的价值观和组织文化。

第三，我们相信教育的力量，人非生而知之，我们将美好商业、立业为善的理念传递给更多人，就会有更多人改变他们的想法和做法。

第四，我们相信人心的力量，每个人心底或多或少都有善念，每个个体都可能是创新的源泉。人们行动起来可以改变世界，人类会有智慧避免世界走向末日。

商业组织的力量、责任的力量、教育的力量和人心的力量，四种力量组合起来，就是我们办商道学堂的发心，凝聚起来是两句话“修身以至天下，明道以育长青”，也就是学堂的校训。

最开始的时候，商道学堂的课程体系设计主要针对CSR经理人，旨在让他们掌握更全面的商业可持续发展知识，在工作岗位上更游刃有余。

但我们也逐渐发现，非CSR经理人也有必要掌握CSR和商业可持续发展的知识，不然容易犯一些“常识性”的错误。

周六的课上，我和同学们讨论了最近发生的一个案例。某商场的女装尺码建议表出现不当言语。大大的海报上明显写着：尺码L对应“烂”，尺码XL对应“稀烂”……事件发酵后，商场方面赶紧做出回应，承认确有此事，承诺将加强内部管理，确保此类事件不再发生。我们不知道这是哪个层级做出的创意、哪个层级做出的审核，但无疑都暴露了当事人对性别议题的无知，也暴露了整个管理体系中缺乏

“利益相关方”的视角。

因此，我们认为，“让可持续发展成为商业通识”是很有必要的。在可持续发展成为主流发展哲学的当下尤为如此。上周二（11 月 10 日），习近平主席在出席上海合作组织会议时还特别强调，大家一起发展才是真发展，可持续发展才是好发展。

国际上，也有些学者讨论可持续发展与通识教育。我查到康奈尔大学前校长 Frank Rhodes 教授 2006 年在《高等教育纪事报》上发表过一篇名为《可持续发展：终极的通识教育》的文章。Frank 教授认为，我们这代人应从文艺复兴和工业革命的先贤那里继承创新精神，用可持续发展理念重新思考新时代的通识教育。

那么，到底哪些内容才算是可持续发展通识呢？所谓通识（Liberal Arts），应该是一些基础的、通用的知识、思维方法和素质，以发展学生的理性思考和认知能力。它与特定技能培训（Skill）相对。从这个角度出发，我认为，至少有如下四个内容应该纳入可持续发展通识范畴。

（1）可持续发展。可持续发展的一些核心内涵是所有商业管理者都有必要认识的。首先，资源是有限的，这个观点在 1972 年罗马俱乐部《增长的极限》中提出。其次，任何决策要考虑经济、社会和环境的三重影响（所谓三重底线）。最后是持续改进，没有最好，只有更好。

（2）利益相关方。利益相关方是 CSR 的一个基础理论，CSR 就是平衡股东（shareholder）和利益相关方（stakeholder）的关系。只重视单一利益相关方，而忽视其他，往往会引发风险。近年来也有学者提出利益相关方资本主义（Stakeholder Capitalism）这样的新概念。

（3）实质性分析。实质性分析常见在企业编写 CSR 报告的过程中，由此来识别哪些内容足够重要，以纳入 CSR 报告。这个方法有很强的通用性，本质是分析企业与社会之间的关键关系：能源要关注气候、金融要关注普惠、造纸要关注森林……因此，实质性分析的方法对制定企业战略很有裨益，为企业战略补充了一种社会视角。

（4）系统思维。系统思维就是全局性的思维方式，要注意整体与局部、局部与局部、内部与外部之间的复杂关系。很多环境问题（如气候变化、污染治理等）都具有复杂大系统的特征，如果缺乏系统思维，容易掉入“按下葫芦浮起瓢”的困境。商业可持续发展也是如此，诸如“企业低碳转型”这类问题的解决，必须用到系统思维的方法。

以上只是我对商业可持续发展通识的初步想法，短期目标是希望能够从商道学堂的课程体系中衍生出更具有普适性的通识课程，为企业非 CSR 经理人赋能。

（本文首次发表于 2020 年 11 月 16 日“郭沛源说 ESG”公众号）

双碳时代，可持续发展是最重要的商业思维

商道学堂是中国领先的CSR/ESG咨询机构商道纵横在2015年发起的教育项目，目标是培养年青人的企业社会责任与可持续发展意识与能力。六年来，已经有数百名年青人从商道学堂毕业。今天，我们很高兴迎来第六期学员的毕业典礼。作为商道学堂的创办人和校长，我对大家的到来表示欢迎。

可持续发展 = "活久见"

毋庸置疑，可持续发展的重要性越来越突出。但我觉得，很多公司对可持续发展的理解是狭窄的，简单地把可持续发展和环保画了等号。

1987年联合国环境与发展委员会《我们共同的未来》，报告中，首次提出了可持续发展的概念和定义：可持续发展是指满足当前需要而又不削弱子孙后代满足其需要之能力的发展。因此，可持续发展本质上也是一种发展。

如果把这句话放到公司和商业的语境中，商业可持续发展就是让公司既能够满足当前的发展，又不损害未来10年、20年、50年的发展潜力的发展，即商业可持续发展本质上也是一种商业发展。

因此，把可持续发展等同于环保是狭窄了的。用三重底线的逻辑来解析可持续发展更全面一些，即发展（包括商业发展）要考虑环境（E）、社会（S）、经济（E）三重底线，环境是三重底线之一。现在人们常讲ESG，即环境（E）、社会（S）和公司治理（G），我觉得也可以看作一种三重底线，是把传统的三重底线投射到公司层面，是更微观层面的三重底线。

所以，我认为，通俗地说，可持续发展就是"活久见"；雅致一点，可持续发展就是基业长青。这个观点，我最近在不同场合讲了好几次，公司更容易理解。

双碳时代，公司无法置身事外

2020年9月，中国迈入双碳时代，可持续发展的重要性更不言而喻。在双碳时代，国家有了"2030碳达峰"和"2060碳中和"的目标，不用多久，各省各市、

各部委、各行业都会有相应的碳达峰、碳中和的路线图和减碳指标。这些指标，终究会被分配到公司头上，相当于公司发展有了一个新的约束因素。可以想见，以后公司要考虑发展问题，要扩大生产，就不仅要考虑财务预算问题，还要考虑碳预算问题；即便财务有预算，若没有碳额度（预算），商业计划也无法落地。7 月初，《浙江省建设项目碳排放评价编制指南（试行）》的发布隐隐透出这样一个未来的图景。

双碳时代，意味着中国的可持续发展迈入新时代。以往，公司在谈可持续发展时主要讲的是污染防治，这是个底线思维意味着只要不犯错误就可以了。在双碳时代，这种思维就要演进为竞争思维，因为零碳转型不是达标不达标的问题，如果你只能做到污染排放达标，不见得有竞争力，低碳乃至零碳才有竞争力，才能获得客户的青睐。可以说，双碳时代，每家公司都无法置身事外；可持续发展将是这个时代最重要的商业思维，每个企业家也无法回避。

管理教育要全面提升可持续发展

双碳时代，管理教育更有必要全面融入可持续发展的商业思维。虽然，我们已经看到商学院、管理学院（包括公共管理学院）也在陆陆续续开设相关课程和讲座，但从全国平均水平来看，无论是师资配备，还是课程设置，或是案例开发，都还有很大的改善空间。

我也欣喜地看到，国内管理教育的改革步伐在加速。今年 5 月，在北京大学汇丰商学院黄海峰教授、常州大学陆华良教授、西交利物浦大学曹瑄玮副教授、北京工商大学郭毅教授积极奔走之下，联合国全球契约责任管理教育原则（UNGC PRME）中国学术委员会会议暨 PRME 中国网络成立大会在常州举行。今年 10 月，西交利物浦大学曹瑄玮副教授还将在苏州承办 PRME 的全球年会。

商道学堂也在推动管理教育融入可持续发展。与大学商学院相比，商道学堂有其独特性，它围绕企业社会责任和可持续发展这个主题提供比较系统性的课程，兼顾理论，面向实务。成立以来，商道学堂依托商道纵横的专业优势，可以给学员带来很多一线的新知和鲜活的案例，加上商道学堂还有非常优秀的师资组合，共同构成了商道学堂的核心竞争力。

方位比岗位重要

今天，六期学员毕业，我想在最后给大家一点寄语。我觉得，商道学堂教的是一种可持续发展思维方法，我们设置了“利益相关方沟通”“实质性分析”“系统思维”

等课程，就是希望大家能看到商业可持续发展的全貌。

但是，当大家到公司工作，环视四周，就会看到企业社会责任和可持续发展的岗位是很少的。这是多数公司的情况。我认为，商道学堂的校友，未来不一定非要去做可持续发展岗位，但一定要有可持续发展的思维和洞察力。因此，我们的校友不一定要做可持续发展岗位，但我们的校友一定要坚守可持续发展的定位，助力公司找到可持续发展的方位。

这是双碳时代赋予青年人的历史使命。

（本文首次发表于 2021 年 7 月 17 日“郭沛源说 ESG”公众号）

ESG 五种能力与 ESG 能力模型

ESG 投资的快速发展直接刺激了市场对 ESG 人才需求的快速增长，这一点已经成为市场的共识。我们在年初发布的《中国责任投资十大趋势 2022》中，专门有一个趋势探讨这个问题。

我们认为，市场各类机构，包括银行、保险公司、买方机构、卖方机构、中介机构等，都有较强的 ESG 人才招募需求。但是，市场的 ESG 人才供给有限，特别是新增人才供给严重不足，这导致有一定经验的 ESG 人才比较抢手，在不同机构间的跳槽频次也在增加，ESG 猎头业务显著增长。当然，除了招募新人外，市场机构对 ESG 内部培训的需求也在增长，特别是在投研及市场客户沟通等职能部门，最近这半年，也有很多金融机构邀请我们去做高管的 ESG 交流和培训。

从内容上看，我们认为目前市场对 ESG 能力的要求是比较初级的，多数以 ESG 投资原理、发展现状、政策解读为主。去年，香港金融发展局做了一个人才需求调查，结论也有点相似。调查发现，在香港市场的金融从业者看来，市场最迫切需要的 ESG 能力是"ESG 框架理解和监管政策"，余下能力依次为："数据科学在 ESG 中的运用""非财务分析和整合财务分析""ESG 基础知识""对机构和资产的 ESG 专业分析""信息披露和 ESG 报告""ESG 产品设计""内部治理和监督"。

我认为，这一方面符合 ESG 发展阶段的特点，即市场还处在初级阶段，初级知识可以满足现阶段需求；另一方面也符合 ESG 发展驱动特征，在很多市场，政策是 ESG 发展的重要甚至最重要的驱动力，因此掌握政策要求就显得很重要。如果一个人大体掌握了 ESG 投资的原理、现状，且能熟悉各种与 ESG 相关的政策要求，要找到这个方面的工作是不难的。

为了满足快速增长的学习需求，商道融绿推出了"椰子鸡课堂"在线学习平台。椰子鸡即 ESG 的谐音。这个学习平台通过主题课程包的形式，用通俗易懂的方式介绍 ESG 主题，通常一个主题课程包有 6~8 堂课，每堂课约 15 分钟，以适应现代人碎片化学习的习惯。目前已经推出 TCFD 课程包和绿色债券课程包，很快会推出气候情景分析课程包和 ISSB 课程包。

尽管每个课程包的课程量不多，但在开发课程时，我们也建立了一套完整的框架体系，我们将之称为 ESG 能力模型（见下图）。在这个模型中，我们把 ESG 能力分为五种能力。第一种是理论思维能力，即掌握 ESG 相关的理论知识，譬如要懂得 ESG 里面的实质性是什么含义等。第二种是政策领悟能力，即了解目前国内外市场对 ESG 的监管要求及相关的激励政策，要理解这些政策与 ESG 业务之间的关系。第三种是市场洞察能力，一方面要掌握 ESG 市场的整体发展态势、市场数据，另一方面还要知道如何设计 ESG 相关产品。第四种是评估分析能力，即将 ESG 评估分析运用到机构（如上市公司）或资产的评估之中，包括 ESG 评级方法等。第五种是议题通晓能力，熟悉常见的 ESG 议题，如气候变化、生物多样性、劳动关系等，最好是能融会贯通。

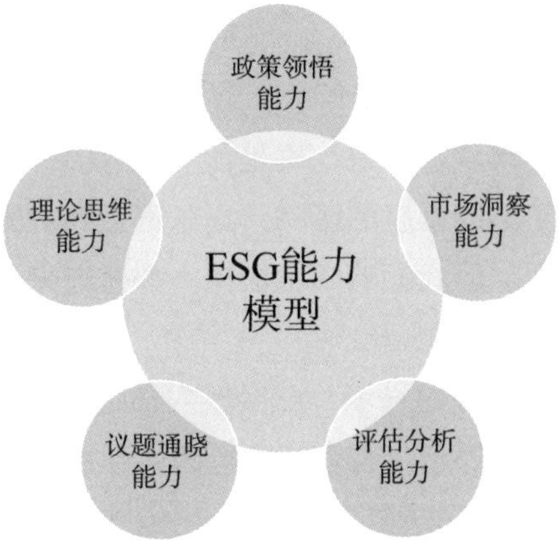

图　ESG 能力模型

这个 ESG 能力模型，对金融机构内部做人力资源管理以及大专院校做学科人才培养都有帮助。在实际运用中，这五种能力的权重可以根据实际需要调整。譬如，对市场类的 ESG 岗位，可以调高市场洞察能力的权重；对分析师类的 ESG 岗位，可以调高第四种能力的权重。“椰子鸡课堂”在线学习平台也会对照这个模型，不断丰富课程包资源。

（本文首次发表于 2022 年 6 月 30 日“郭沛源说 ESG”公众号）

“有用”的 ESG 知识和“无用”的 ESG 思维

今天（9 月 4 日）上午，商道学堂举行优才计划七期毕业典礼，包括毕业课题全国总冠军 PK 赛。以下是我作为商道学堂校长所做的致辞。

各位同学：

大家好。首先祝贺大家经过大半年艰难的学习，终于毕业了。2022 年虽然是抗击新冠疫情的第三年，但对教学来说，确是影响最大的一年。华北、华东、华南三个班的教学安排都受到了不同程度的影响，华东班受到的影响最大，以致有三四个月的时间无法安排线下课。但我们的同学很棒，都挺过来了。我想这对你们、对老师、对学堂都是一次难以忘怀的经历。

这些年，ESG 浪潮一浪高过一浪，已经成为一门显学。近日，香港财经事务及库务局局长接受媒体采访时表示，香港特别行政区政府计划提供现金补贴和放宽移民要求，以吸引 ESG 人才；已获得 ESG 学士学位并有相关经验的有意来港人士，无须出示本地公司的录用通知，并且可以带家属。这一点不意外，因为 2021 年 8 月，香港金融发展局（Financial Services Development Council，FSDC）就已经发布过一份研究报告，指出 ESG 人才的短缺。现在 ESG 人才已被列为香港最需要引进的人才类型之一。

这反映出当下的一种趋势：工商、金融业界对 ESG 人才的需求正在快速增长。世界经济论坛今年 6 月刊发了一篇文章，题为《推进可持续发展战略，ESG 人才至关重要》。文章表明，2020 年，全球 500 强招募了很多首席可持续发展官，一年的增量比过去三年还多。英国《金融时报》甚至用了“人才争夺战”来形容近期（2021 年）的 ESG 人才市场。

在内地招聘市场，ESG 和绿色金融岗位的招聘同样火爆。最近，我注意到，连校园招聘中也开始有 ESG 和绿色金融的岗位了。中国农业银行总行刚刚发出 2023 年校园招聘启事，专设“绿色金融专项计划”岗位；兴业银行总行也招绿色金融方向的管理培训生；易方达基金则在校园招聘 ESG 研究员。

商道学堂从 2015 年开始推出优才计划，面向在职人士提供企业社会责任的全面能力培训，有很多课程和 ESG 是密切相关的。所以，我们也算是首先吃螃蟹的教育项目。如今，开设相关课程的学校在增加，我自己是有体会的，以前我主要是在清华经管和北师大讲课，最近两年，复旦大学泛海国际金融学院、清华五道口金融学院、香港中文大学（深圳）也让我给 MBA 和高管培训班讲课。还有的学校开设了学位课程，包括香港科技大学开设“可持续发展及绿色金融”学士项目、新加坡国立大学开设“可持续与绿色金融专业”硕士项目，这两个项目都在 2022 年下半年开班。更早之前，2016 年，中国人民大学财政金融学院开设了绿色金融方向的金融专业硕士班。即便放到全球，这些都是很领先的。

因此，各位同学花了大半年的时间学习 CSR 和 ESG 的专业知识，应该说是不吃亏的。你们所学的，我想能够很快用到你们的工作中。特别是，对那些在做 CSR 和 ESG 的专门岗位工作的同学来说，更是如此。这些都是有用的 ESG 知识。

不过，今天我也想再强调一下“无用”的 ESG 知识。有用和无用是相对的：日常工作能用上，谓之有用，反之则无用；短期内能用上，亦谓之有用，反之则无用。因此，对不专门从事 CSR 和 ESG 岗位工作的同学来说，ESG 知识大概可以算作“无用”的知识。我想对这些同学说，“无用之用”也是有用的。因为 CSR 和 ESG 真是无处不在，不管你是在战略部门还是在人力部门或是在财务部门，在很多日常管理和决策中都会无意识碰到需要用 CSR 和 ESG 来辅助决策的场景。具体到，你如何处理一个关于职场骚扰的投诉？如何回复海外投资者关于气候变化的疑问？这些问题都会先由常规职能部门处理，而非专职 ESG 部门来处理。如果你学习了商道学堂的课程，这些问题处理起来就可以更有底气。

这个问题，我在商道学堂优才计划六期毕业典礼时也谈到了，当时我说：“商道学堂的校友，未来不一定非要去做可持续发展的岗位，但一定要有可持续发展的思维和洞察。把这样的思维和洞察用到你所在的岗位中，同样可以发挥作用，甚至可能发挥出更大的作用。”

因此，对 CSR 和 ESG 岗位的人来说，要记住所学的“有用”的 ESG 知识；对非 CSR 和 ESG 岗位的人来说，则要记住所学的“无用”的 ESG 思维。对所有人来说，可能若干年后，最后记得的也是最受益的是 ESG 思维。

（本文首次发表于 2022 年 9 月 15 日“郭沛源说 ESG”公众号）

十年培养一万人：商道学堂的教育实践和思考

上周，我参加了由责任管理教育中国学术委员会（RME）组织的中国责任管理教育与可持续发展论坛。我在“跨界论坛”环节做了发言，主要是介绍商道学堂成立八年来的实践，以及对咨询公司与商学院合作的观点。整理如下，略有修订。

发起商道学堂的初心

商道学堂是由商道咨询在 2015 年发起创立的。当时刚好是商道咨询成立十周年的时间，在准备我们十周年庆典的时候，公司管理层讨论：面向下一个十年，我们应该做什么？大家提出了很多想法，发起商道学堂的建议获得了最多支持，原因有三。第一，从十年的时间尺度来看，培养人才是最重要的，不管对公司还是对行业，皆是如此；第二，在商业可持续发展这个领域，很多职业经理人是“半路出家”的，在大学学习和职业发展的过程中都没有对商业可持续发展进行过系统化的学习；第三，商道咨询每天都在处理企业客户提出的问题，接触丰富的真实的案例，这些咨询经验对职业经理人有非常高的实战价值。

说干就干。2015 年，我们创立了商道学堂，花了几个月时间设计商道学堂的课程，又花了几个月时间招生。商道学堂第一期只有华北一个班，第二期增设了华东班，第三期又增设了华南班，逐步形成了现在每年华北、华东、华南三个班同时招生、授课、毕业的传统。中间也在成都举办了一期西南班，但因学员数量较少，没有延续下来。

商道学堂的授课教师都是我们经常交流的师友和同事。他们有的是来自高校商学院的教师，有的是来自企业界的资深高管，还有的是来自商道自己的咨询合伙人。大家都教得很认真，不少教师从第一期开始执教到现在。

经过多年的探索，商道学堂形成了自己的办学理念和校训。我们的办学理念总结为四句话：相信商业的力量、相信责任的力量、相信教育的力量、相信人心的力量。这来自我在商道学堂第二期毕业典礼的发言。我们的校训是“修身以至天下，明道以育长青”。

十年培养一万人

商道学堂最早的课程有点像“迷你 MBA”。学员从第一年的 10~11 月开始学习，到第二年的 7~8 月毕业，每个月集中一个周末现场授课。因为时间比较长，所以课程内容比较全面，涵盖入门引导、基础理论、应用技能、前沿热点、综合素养等几个模块，合计 30 多堂课。后来，我们给这个“迷你 MBA”项目专门起了个名字叫“优才计划”。

商道学堂发起的时候，许下一个宏愿：未来十年培养一万名年青人，打造 CSR 领域的第一人才社区。“优才计划”每年只能招 100 多人，10 年也只能培养 1000 多人，是不能达成上述宏愿的，因此，商道学堂到了第五年、第六年就开始研发“新产品”。

研发方向主要有两个。

一是拓展线上学习场景。商道学堂推出了 ESG 智享会和零碳智享会两个系列的线上课程。这些课程包括两类，一类是录制好的基础课，涵盖 ESG 和零碳的主要的知识点，内容简明扼要，每次课只有约 15 分钟，智享会的会员可以随时用手机轻松收看、收听、学习。另一类是紧跟热点的直播课，每个月通过腾讯会议的方式向会员线上解读最新的政策、标准和市场动态，一般是 1 小时左右。因为知识既全面又新鲜，学习形式自由便捷，所以智享会受到不少好评，会员订阅量逐渐增加。

二是拓展在校大学生受众。商道学堂在 2022 年推出“启航计划”，与责任管理教育中国学术委员会（RME）合作，设计面向高校大学生的短期线上课程。这个课程的特点是迅速高效、面向应用。课程时间只需两周，完全在线进行，全国各地甚至世界各地的中国学生都能参加。课程虽短，但内容很丰富，涵盖了 ESG 方方面面的内容，而且我们还专门设计了“ESG 报告实践任务”“模拟述标会”等互动性极强的教学环节，让学生沉浸在模拟实战环境中学习。从第二期开始，我们又与香港可持续发展教育学院合作，增加了《可持续发展规划基础证书》的内容。

跨界合作潜力巨大

在建设商道学堂的过程中，商道咨询与高校商学院之间的合作加强了。这也让我们认识到，咨询公司与高校商学院之间有优势互补之处。

一方面，咨询公司每天要和企业客户打交道，因此能接触到各种商业一线的问题；咨询方案交付和落地的过程，也是帮助企业客户具体解决问题的过程，从中会有很多第一手的体会。这些内容恰恰是商学院课堂，特别是 MBA/EMBA 课堂所青睐的。我把这个过程称为让课堂“聆听一线炮火的声音”。

另一方面，那些经常处于“战斗”状态的咨询师和职业经理人也时不时要静下心来思考他们所面临的问题，复盘思考实践中的不足。与商学院教师们进行碰撞和交流是必要的，教师们的新的理论研究也可以引导职业经理人做更理性、系统、深入的思考。商学院往往称之为“百战归来再读书”。

由此可见，咨询机构与高校商学院之间的合作潜力巨大。商道咨询和商道学堂将继续加强与高校之间的教学、案例、培训方面的合作。

当然，除了教学之外，我们和高校商学院之间还可以探索其他合作。譬如，我担任董事长的公司商道融绿就与高校开展数据方面的研究合作。商道融绿的核心业务是 ESG 评级和数据，包括上市公司的碳排放数据等，目前已经覆盖全 A 股上市公司、港股通公司及主要债券发行人。虽然这些数据主要用户是金融机构，但高校教师也是我们的服务对象，教师们可以运用我们的数据研究 ESG 投资的各类问题。有数据需求的教师可以与我们联系。

（本文首次发表于 2023 年 5 月 26 日“郭沛源说 ESG”公众号）

探索商业可持续发展的无人区

8月12日，商道学堂优才计划第八期举行毕业典礼，我做校长致辞。整理如下。

各位同学：

早上好。首先祝贺各位经过大半年的学习，完成商道学堂优才计划的课堂学习和毕业课题答辩，顺利毕业。回顾八期的学习，也有点一波三折，最开始受到新冠疫情影响，只能线上授课；疫情放开之后，同学们和导师也时不时生病不能上课或授课。但经过学堂教务小组、导师、同学们的共同努力，我们克服了重重困难，得以相聚在毕业典礼。

商道学堂的校训是“修身以至天下，明道以育长青”，强调面向实践、学以致用。课程的设计也是经过深思熟虑，既包括基础知识，也有应用技能，还有思维方法，以及一些最前沿的知识。希望大家从学堂毕业之后，能够将所学知识运用到实践之中。

俗话说得好：师傅带进门，修行在个人。毕业之后，我建议大家还要不断学习、不断精进。商业可持续发展是个新兴的领域，国外的发展大概40年，国内的发展大概20年，且国内外都是在最近10年左右进入一个快速发展时期，驱动因素主要是ESG投资和应对气候变化。因此，在商业可持续发展的领域，还有很多知识是在“无人区”中。俯首可拾的“低垂果实（Low Hanging Fruit）”已经很少，大家要到“无人区”的知识领域去探索、创新。

有哲人曾说，我们所知的内容就如同在地上画一个圈，圈内是我们所知，圈外是我们所不知；我们所知有限，所不知无限。在商业可持续发展领域，这样的情况太多太多了。譬如，前两天我在评论《企业碳核算如何变被动为主动》中谈到的碳排放核算的问题，范畴1和范畴2，就是我们所知的圈子；范畴3，从定义来看，就是圈子外的内容（实际上是很难穷尽的）。尽管现在只是对范畴3有了更多的认知，开始有一些结构性的描述，但还没有就核算规则形成统一的共识。

但这并不意味着我们无能为力，我们可以在“无人区”中探索，不断扩大我们知识的圈子。范畴4、范畴3+、碳手印这些创新的概念，就是在扩大我们对范畴1和范畴2外的认知。有些创新最后会脱颖而出，在业内形成一定程度的共识，应用到商业实践之中。

类似地，还有 ISSB 两项准则如何应用落地，TCFD（气候相关的财务信息披露）的思路如何复制到自然资本领域做成 TNFD（自然相关的财务信息披露），等等。

面对商业可持续发展的“无人区”，我们应该勇于探索、大胆创新，而不是原地不动。原地不动只能是苟延残喘和等死（被淘汰）。当然，只要是探索和创新，失败就是家常便饭，所以要有屡败屡战的精神，要有毅力、耐得住寂寞，还要保持初心（知道前行的方向）；对公司来说，则意味着要有鼓励试错的组织文化和管理机制。

在“无人区”探索，还要有批判精神和甄别能力。如果人云亦云，可能会被带到沟里。前几天，标普发了一个声明，说要在信用评级中停用对评级主体的 ESG 打分，结果被解读为标普抛弃 ESG 评级。这是误读。如果缺乏批判精神和甄别能力，很可能就会信以为真，以讹传讹。类似的还有去年传播广泛的“德国取消 2035 年碳中和目标”，也一样是各种误读和春秋笔法。

总之，在商业可持续发展领域还有很多知识的“无人区”。在“无人区”，应该大胆创新、小心求证、不怕失败、保持初心。

这个道理对商道学堂也是一样的。和传统商学院相比，商道学堂强调的是面向实践，把行业内的最新实践带到课堂与大家一起研讨，在这个过程中实现教学相长。八年来，在师生和合作伙伴的共同努力下，商道学堂取得了一些成绩、培养了一批人，最近还获得了《南方周末》颁发的 2023 年度中国企业社会责任 20 年特别贡献奖。

商道学堂所专注的，是商业可持续发展在教育领域的细分，同样也有很多“无人区”，同样也要不断创新、精益求精。因此，最近两年，我们研发了一些新的产品线，推出面向大学生和职场新人的启航计划，以及陪伴学堂校友继续学习的智享会。近期，我们也会更新商道学堂的课程体系，敬请关注。

（本文首次发表于 2023 年 8 月 12 日“郭沛源说 ESG”公众号）

在实践中发现 ESG 问题

今天是商道学堂优才计划第九期的毕业典礼。首先，我想对今天毕业的同学们表示祝贺——从去年 11 月到现在，大家经过大半年的学习，完成了必要的课程和考核，顺利毕业。与此同时，我也想对商道学堂的导师表示感谢，感谢他们为“优才计划”的同学们传道解惑。

近几年，企业可持续发展和 ESG 的话题越来越受到关注。企业界如此，学术界亦如此。不久前，我在香港参加一场学术研讨会。会上，有学生提到论文选题的问题，她想研究 ESG 报告和企业 ESG 绩效之间的问题。有老师说，关于这个问题的学术论文已经非常多了，一般来说，披露和绩效有正相关性，所以这个题目很难做出创新。我提出了不同的意见：虽然这个题目的研究已经很多，但如果调整一下视角，加一个时间尺度，问题会变得有价值。比如，在 ESG 早期阶段，ESG 披露还是纯自愿的情况下，ESG 报告和 ESG 绩效之间的相关性较强；但随着 ESG 的发展和成熟，ESG 披露逐步从自愿变成半强制，从半强制变成强制，此时 ESG 报告和 ESG 绩效之间的相关性虽然仍在，但程度会下降。这个视角就可以形成一个新的分析视角。

由此可见，在商业实践中，有许许多多可持续发展及 ESG 相关的问题，只要用心，可以发现很多新的视角。类似的例子还有很多。还是以 ESG 报告为例，我们还可以研究：一份 ESG 报告，多少页才是最合理的？做双重重要性分析，特别是财务重要性的分析，做到什么程度才是可接受的程度？这些都是既有趣又有价值的问题，在实践中俯拾皆是。

当然，对 ESG 经理人来说，除了善于发现问题，还要在实践中寻找答案。这要求有创新的思维，突破陈规。昨天我看到一则新闻，讲的是在武汉，万科物业和美团联手发布骑手通行解决方案，两家企业通过数据对接，实现骑手扫码、一键登记、即时验证全程仅数秒，这个解决方案一下子就可以覆盖数千个万科物业在管小区，平衡了安全和便捷的需求，缓解了保安和外卖骑手的冲突。

商道学堂希望提供这样一个学习平台，不仅有理论，还有面向实践，连接不同行业的企业，还有公益组织、研究机构等，为各类 ESG 问题寻找跨界、创新的解决方案，帮助 ESG 经理人学习和成长。

商道学堂的目标，是打造商业可持续发展领域的第一人才社区。我们正在努力迈向这个目标，方向是正确的，但道阻且长，还要大家一起努力。

（本文首次发表于 2024 年 8 月 24 日“郭沛源说 ESG”公众号）

五、新题迭现，创新守正

——可持续发展议题

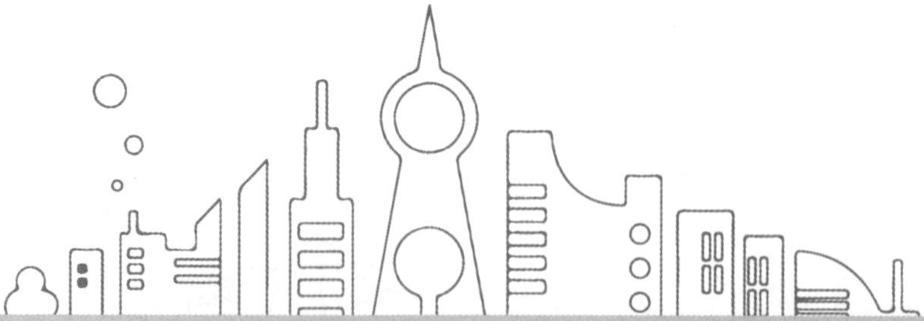

“全球开锅”时代到来

——应对气候变化

金融机构脱碳要处理好三个关系

金融机构脱碳（Decarbonization）也可以说是金融脱碳，这个概念并不算新。在国际上，多年前就已经有“搁浅资产（Stranded Asset）”的说法，警示金融机构重视气候变化可能造成的传统化石能源相关资产的系统性贬损，建议金融机构逐步降低化石能源资产，直至完全脱碳。

前些年，谈论脱碳的金融机构以世界银行、亚开行等发展金融机构，以及挪威石油基金等主权基金为主，纯商业化运作的金融机构还很少谈脱碳。但近两三年，全球应对气候变化的呼声越来越高，金融机构脱碳的话题也越来越热。去年9月，中国提出碳达峰碳中和目标后，许多中资金融机构也开始加入脱碳议题的讨论。2020年12月，海通国际发布ESG声明，承诺2025年底前实现碳中和，并将从节能减排低碳及可持续金融两方面共同推动ESG实践，是最早提出碳中和目标的中资金融机构。

金融机构碳中和与金融机构脱碳并不是完全等同的。联合国全球契约组织（United Nations Global Compact，UNGC）、世界自然基金会（World Wildlife Fund，WWF）、世界资源研究所（World Resources Institute，WRI）和碳信息披露项目（Carbon Disclosure Project，CDP）联合发起了科学碳目标倡议（Science-Based Targets Initiative，SBTi），帮助企业及金融机构设定符合最新气候科学的科学减碳目标。根据SBTi的建议，不管是企业还是金融机构，科学减碳包含三个范畴（Scopes）。范畴1是直接排放，指机构拥有或控制的排放源产生的排放，如自有锅炉房等；范畴2是间接排放，指机构采购电力、热力或蒸汽而造成的排放。余下的排放为范畴3，如员工差旅的排放、价值链合作伙伴的排放等。

对照上述定义，金融机构碳中和常常是指实现范畴1和范畴2的净零排放，即通过节能改造等降低能耗、通过购买新能源减少排放、通过种树或购买碳指标抵消碳排放。金融机构脱碳则主要聚焦在范畴3，特指降低金融机构持有或管理的资产的碳排放。对照海通国际的声明，“2025承诺”是指金融机构碳中和，可持续金融才是金融机构脱碳。用一个通俗的金融术语来表述，金融机构脱碳就是“绿化”资产负债表。

从实质应对气候变化的角度来看，金融机构脱碳比金融机构碳中和价值更高。国际上的倡议行动，包括央行和监管机构绿色金融网络（NGFS）、G20 金融稳定理事会的气候相关财务信息披露项目（TCFD）都在倡导金融机构脱碳，以降低金融机构资产风险，最终降低整个金融市场的系统性风险。

当然，金融机构脱碳也要比金融机构碳中和难度大很多。金融机构的商业模式决定了金融机构范畴 1 和范畴 2 的碳排放并不多，主要就是办公场所用能所产生的排放，总量相对较少。通过购买碳汇等方式，金融机构很容易就实现范畴 1 和范畴 2 的碳中和。海通国际首席经济学家孙明春博士做过一个估算，预计 2030 年金融行业碳中和总成本最高为 160 亿元，届时金融行业 GDP 约为 16 万亿元，假定到 2030 年中国金融机构对它所有碳排放在这 10 年时间完全通过购买碳信用进行中和，160 亿元跟 16 万亿元相比，成本也就是千分之一的水平。

但是，资产脱碳就没那么简单了，意味着金融机构要从碳的角度分析资产的碳强度，并采取行动将高碳资产“出表”或“缩表”，置换为低碳资产。有金融机构担心，脱碳太快可能会产生负面作用，即“挤出”一些从当期财务看资产质量还不错的高碳资产，却未能置换为同等质量的低碳资产，影响金融机构开展业务。譬如，对商业银行来说，可能会因为脱碳太快，找不到足够多发放贷款的“低碳对象”，从而导致“信贷门槛”降低。

这种担心有一定道理，但也不必因噎废食。在世界各国全面应对气候变化的今天，金融机构脱碳或迟或早都会发生。如果能认识并处理好如下三个关系，金融机构脱碳可以稳步实施，实现从高碳资产到低碳资产的“软着陆”。

第一，认识全局与局部的关系。人们常说，金融机构服务实体经济，金融与实体是密不可分的，且应相匹配。以全社会碳达峰碳中和为目标的脱碳行动亦是如此，金融机构要脱碳，实体经济同样也要脱碳。从全局上看，即从全社会平均意义上说，金融脱碳与实体脱碳是平行发生、总体同步的。这是由金融与实体之间的关系属性决定的。随着时间逼近 2060 年，即便金融机构什么都不做，金融资产也会因为实体资产脱碳而脱碳（市场上已经没有或很少高碳资产了）。但是，倘若用“显微镜”来观察，仍能看到一些细微的差别：首先，金融脱碳可能总体上略微先行，因为央行已经明确提出要将气候变化纳入货币政策框架，这将驱动金融机构先行，带动实体脱碳；其次，从局部上看（分行业、分地区），实体脱碳或许也会有领先情况，譬如新能源车等领域，实业在市场利好的驱动下动作会更快一些。

第二，处理存量和增量的关系。对多数金融机构来说，存量资产相对大，增量资产相对小。故此，可以先对增量资产采取强力脱碳措施，譬如在信贷、投资流程，开始增加碳排放、ESG 等评估指标，将潜在的高碳资产堵截在外。假以时日，资产碳强度就会平稳下降。对存量资产，金融机构则有必要做好碳排放基数的摸底，并做好气候风险的评估与监测。具体地说，金融机构要核算清楚主要业务板块的碳排放总量及碳强度（譬如每百万元资产的碳排放量），依次识别出高、中、低碳资产的情况，分类施策；还可以参考 TCFD 的政策建议，对存量资产做气候变化的情景分析与压力测试，估算在不同情境下（温控1.5℃、2℃等）资产质量变化状况。

第三，把握科学与艺术、追随与领先的关系。不少金融机构担心，与范畴 1、范畴 2 相比，范畴 3 太大了，太难定量测算。这不仅仅出现在金融机构范畴 3 上，任何一种价值链较长的行业如汽车、电子、服装等，都会面临这个问题。企业及金融机构可做的，是根据最新的气候科学，尽量精确地估算，再由管理层综合多种因素来决策。可以说，金融脱碳目标的设定是气候科学与领导艺术的结合。在实际工作中，同侪压力往往是影响较大的因素，这是考验金融机构是愿意采取追随者策略还是领先者策略。从过去十多年绿色信贷发展史看，如兴业银行等采取领先者策略，非但没有因为提高贷款绿色标准而丢掉优质客户，反而提升了综合竞争力。相信在这一轮金融脱碳竞争中，同样会有金融机构“率先搅局”，提出脱碳目标和时间表。

综上，金融机构脱碳是可行的，符合政策引导和市场转型的大方向。银行、保险、资产、券商等各类金融机构可以根据自身业务情况，制定目标和时间表。这个过程可以循序渐进，先提出范畴 1、范畴 2 的碳中和目标，再覆盖范围 3，实现全业务链条脱碳，助力中国建设零碳国家。

（本文首次发表于 2021 年 4 月 3 日“郭沛源说 ESG”公众号）

双碳目标下，企业怎样做好碳传播？

10月9日，我到云南大理参加“2021 推进全球生态文明建设（洱海）论坛”，这是即将在昆明召开的《联合国气候变化框架公约》第十五次缔约方会议（COP15）的配套活动。我在“双碳目标：企业形象建设新机遇”分论坛做了发言，主题是“‘双碳’目标下，企业怎样做好碳传播”。下文根据发言内容整理。

要回答这个问题，首先要想清楚，碳传播有哪些特点。我认为，从企业传播角度看，碳传播有四个特点。

一是专业性。碳是一个比较特殊的环境问题，和水污染、空气污染不同。后者肉眼可辨，碳及气候变化就不一定了。因此，怎样理解碳？怎样理解碳中和？怎样理解企业碳中和？这些都要有科学、专业知识的支持，不然就有跑偏的风险。譬如，对多数企业来说，减碳是碳中和的关键，购买碳汇做抵偿只是起到补充作用。对这些企业来说，碳传播首先要抓住减碳来谈，如果过分强调碳抵偿，容易引来质疑。

二是国际性。碳及气候变化目前是国际社会很关注的问题。中国每就碳做出一点相关承诺（如 2020 年 9 月的双碳目标，2021 年 9 月的不再新增境外煤电项目），都会在国际上引起广泛关注。因此，企业碳传播常涉及国际传播，对一些有国际业务的中国企业来说，碳甚至是讲好中国故事的重要元素。此时，我们要注意国际习惯用语和国内的细微不同，国际常用的是气候变化、净零碳（net zero），国内常用的是碳达峰、碳中和、双碳目标。这些概念十分接近，但又有所差异，传播时要特别注意这个差异，避免出现将双碳目标翻译为“double carbon target”的笑话。

三是外部性。所有环境问题都有一定的外部性，即个体产生的问题，外部也会受到影响。碳这个问题的外部性尤其突出，影响的是全球全人类。从解决问题的积极性看，外部性越强，积极性越低，越要有政策干预，越要采取强制措施。因此，碳的外部性强也就意味着碳的政策性强。这也是企业碳传播要关注的特性，传播对象会包括政策制定者，传播的内容很可能要直接回应政策。

四是公众性。气候变化问题会影响到公众衣食住行的方方面面，碳中和的实现也要有公众的支持和参与，践行更可持续的生活方式。因此，很多企业的碳传播，尤其是 2C 类企业，会涉及面向公众的传播，让公众对碳及气候变化有更科学的认识，通过日常生活、消费、投资等行为支持和参与零碳转型。

根据碳传播的四个特征，我对企业碳传播提出五点建议。

建议一：摸清家底。在双碳目标下，减碳是所有企业都面临的命题，也是企业碳传播的关键基础。因此，在做碳传播之前，有必要对企业碳排放情况做一个摸底。一般来说，企业层面的碳核算分范畴 1（自身直接排放）、范畴 2（外购能源的间接排放）和范畴 3（其他间接排放）。企业要先搞清楚这些数字，至少先算清楚范畴 1 和范畴 2，碳传播的时候底气才会更足。如果能有清晰的碳中和目标和路线图，碳传播的基础就更扎实了。

建议二：战略协同。不同企业谈碳的视角不同，对多数企业来说，碳可能是一种成本，但对另一些企业来说，碳本身就是一种服务。这两种不同的情况下，传播点是不一样的。因此，企业碳传播时，要考虑清楚碳在企业中的战略定位，要在服务企业整体策略的思路下设计碳传播的策略。此外，企业除了谈碳，也会谈生态战略，还会谈 ESG，对这些相似又不同的概念，传播策略上也要做好协同。

建议三：因群施策。在企业社会责任领域，利益相关方沟通时要分析各自不同的诉求，采取不同形式沟通。碳传播也是如此。碳传播有四类常见的对象群体。一是国际群体，关键是如何用国际通用话语来传播。二是政府机构，关键是能回应政府政策的关切。三是价值链上下游，特别是企业客户，毕竟产品碳强度可能会成为客户采购决策的一个关键影响因素，对上市公司来说，这还涉及与投资者的碳传播。四是公众，关键是如何用老百姓喜闻乐见且容易理解的方式来传播。

建议四：亮点突出。在政策刺激下，企业碳传播越来越多。如果信息雷同，会显得没有特点，不容易被记住。因此，企业要考虑清楚，你的双碳工作有什么与众不同的地方，你的碳传播可以有什么亮点。这些亮点可能是一个很特别的项目设计，也可能是在某个领域做得极其领先，还可能是十分独特的传播形式。譬如，说到阿里巴巴的碳传播，人们会首先想到蚂蚁森林；说到亿利集团的碳传播，人们会首先想到库布齐沙漠。

建议五：通俗易懂。碳传播的专业性比较强，因此要把内容“翻译”为传播对象比较容易理解的话语与形式。一个简单的原则是：能用图形表达的尽量画图，能定量表达的尽量用数字。10 多年前，我曾读到耐克可持续发展报告里的碳核算描述，画了一双鞋的样子，然后把鞋分解为几块，说明不同环节碳排放的占比。经过 10 多年，我还一直记着这张图。

这五点建议，我总结为企业碳传播的“5S”策略：Scopes（摸清家底）、

Synergy（战略协同）、Stakeholders（因群施策）、Symbol（亮点突出）、Simple（通俗易懂）。这可以从“术”这个层面比较全面解答“双碳目标下，企业怎样做好碳传播”这个问题。

从“道”这个层面怎么解答呢？论坛中有一位来自光伏企业的代表说，要做好碳传播，首先要相信，相信气候真的在变化，碳中和真的势在必行。我想，这就是“道”这个层面的最好解答。

如果不信，还传播什么呢？

（本文首次发表于 2021 年 10 月 11 日“郭沛源说 ESG”公众号）

“全球开锅”时代到来，企业碳核算如何变被动为主动

北京暴雨

这两天朋友圈都在发北京暴雨所引发的门头沟等地的洪涝灾害。官方数据显示，此次暴雨比 2012 年的“7·21”暴雨更加厉害。

入夏以来，北京，上海、杭州都遭到暴雨侵袭。除暴雨外，全球极端高温天气也突破历史纪录。气候科学家表示，2023 年 7 月将是有记录以来最热的一个月。联合国秘书长称，“全球开锅（global boiling）”的时代已然到来。

极端天气事件增多，造成的损失是真实可见的。人们要考虑的问题，一是如何应对，二是找到原因然后予以纾解。其实，答案在《巴黎协定》中已经写了，就是气候适应和气候减缓。适应就是通过调整自然和人类系统以应对气候变化，减缓就是减少碳排放和增加碳汇量。

企业碳核算

对企业来说，气候适应和气候减缓两个策略也同样适用。一方面要采取措施增强企业实体资产的抗气候风险能力，另一方面要采取措施减少企业全价值链的碳足迹。

要减少碳足迹，首先要摸清存量，这就涉及企业碳核算的问题。目前，通用的碳核算方法把企业的碳排放分为三个范畴（Scope）：范畴 1 是直接排放，指机构拥有或控制的排放源产生的排放，如自有锅炉房等；范畴 2 是间接排放，指机构外购电力、热力或蒸汽而造成的排放；余下的排放为范畴 3，如员工差旅的排放、价值链合作伙伴的排放等。

目前，企业实施碳核算且进行有效披露的情况还不是很理想。根据商道融绿统计，中证 800 的成份股，只有 260 家披露了碳排放的相关数据，且多数披露不是全口径披露。

好消息是，逐年比较，企业碳披露的比例稳步上升。我们预计这种情况将会持

续，因为市场对碳披露的要求越来越严。港交所计划要求上市公司在 2024 年之后开始按照 TCFD（即气候相关财务信息披露）框架做披露，包括三个范畴的排放数据。国际可持续准则委员会（ISSB）在 6 月底发布的两项新准则中的 IFRS S2，也全面采纳了 TCFD 框架，而且 ISSB 将从 2024 年起接管 TCFD。

避免碳排放

对一些企业来说，低碳转型也意味着商业机会。商道咨询在《中国企业零碳战略》报告中提出一个“迁移度假村”模型。在整体迁移（即零碳转型）过程中，有些行业是具备高活性的，模型中称为“房车民宿”和“旅游车”，他们可以通过提供产品和服务为他人减排，由此产生了新的商业模式。

一个新概念就此应运而生：避免碳排放（Avoided Emission），指因使用某种产品或服务而在其生命周期或价值链以外产生的碳减排量。

关于避免碳排放，现在有几种不同提法：威立雅称之为“范畴 4”，阿里巴巴称之为“范畴 3+”。这两种提法都有意与前述范畴 1/2/3 做出区分。阿里巴巴把“范畴 3+”定义为：指目前企业自身的范畴 1/2/3 以外，商业生态中多方参与者产生的碳排放。零碳倡议首席顾问曹原则称之为“碳手印”，和前述“碳足迹”相对。他把“碳手印”定义为：指企业经营活动，例如固定资产投资、技术扩散、产品推广等方式在价值链以外产生地避免碳排放或增加碳移除所等效的温室气体数量，也称作价值链以外减缓（BVCM）。

因为概念太新，所以目前还没有关于避免碳排放的统一定义和核算方法，这也为企业研发和创新留下了足够大的空间。阿里巴巴制定了《范畴 3+ 减排：超越价值链的企业气候行动方法学》，从平台生态系统的角度来拆解“范畴 3+”，在具体业务中从用户侧、企业侧双向推动“范畴 3+”的减量：在用户侧，通过发挥平台机制，带动消费者践行低碳生活方式，进而促进供给方低碳循环生产；在企业侧，通过提供数字化能力，赋能企业在生产流通中提高效能，进而实现绿色低碳产业链协同发展。

阿里巴巴 2023 年 ESG 报告显示，阿里巴巴 2023 财年的“范围 3+”减碳量为 2290.7 万吨。阿里巴巴设定的远期目标是到 2035 年，“范畴 3+”碳减量达到 15 亿吨，平均 1 年 1 亿吨左右。按照这个目标，阿里巴巴还要快马加鞭。

不管是“范畴 4”“范畴 3+”，还是“碳手印”，避免碳排放的方法论还有待进一步完善。但这个创新方向很值得关注，因为它给到企业的不是压力，而是动力。

（本文首次发表于 2023 年 8 月 1 日“郭沛源说 ESG”公众号）

资产组合碳测算：是热像仪还是放大镜？

受新浪财经和中信出版集团之邀，我在 2023 年 ESG 全球领导者大会做了主旨演讲，演讲题目是“资产组合碳测算”。本文根据演讲内容整理，略有调整。

资产组合碳测算的重要性

所谓资产组合碳测算，即测算资产组合的碳排放情况，可以是总量数据，也可以是强度数据，是衡量资产组合是高碳资产还是低碳资产的关键指标，也可称为资产碳足迹。这里所说的资产组合是广义的，对银行来说，主要是信贷资产；对资产管理来说，主要是持有的权益类和固收类资产。

资产组合碳测算的重要性体现在两个方面。第一，它是金融机构低碳转型的关键衡量指标。对金融机构来说，低碳转型的关键不是运营碳中和，而是资产碳中和。如果用范畴来划分，金融机构低碳转型的关键不是“范畴 1”和“范畴 2”，而是“范畴 3”中的融资活动排放，即资产组合碳排放。因此，金融机构要实现碳中和，归根到底是金融机构的资产要实现碳中和。金融机构必须有一个衡量指标，实时掌握资产组合碳排放是多少，距离碳中和有多远。第二，它可以帮助金融机构满足日益提升的气候相关信息披露的要求，譬如 TCFD（即 IFRS S2）里提到的情景分析、指标和目标披露，都与资产组合碳测算有关。

如何测算资产组合碳排放

那么，我们应该如何测算资产组合碳排放？从大的方面说，要计算各资产的碳排放。对银行来说，就是信贷客户这些企业的碳排放；对资产管理来说，就是股票和债券发行人这些企业的碳排放。然后根据归因因子，计算归属金融机构的碳排放。这个归因因子，就是金融机构通过贷款、投资等行为在企业总的碳排放中应承担的碳排放责任占比。

相对来说，归因因子不难算。碳核算金融合作伙伴关系（PCAF）也有比较明确的原则和公式。难点主要是计算信贷客户和股票债券发行人的碳排放。特别是对于银行来说，面对数以万计的客户，银行是不可能逐个收集和测算客户的碳排放的。

如何测算？商道融绿用三种方法来测算。

一是直接使用企业披露的碳排放数据。有些上市公司披露了碳排放数据，一般情况下这些内部计算的数据比外部估算要更准确，所以是首选。根据商道融绿《A 股上市公司 ESG 评级分析报告 2023》统计，2023 年中证 800 成份股公司中，有 45% 的公司披露了其碳排放数据，较 2022 年增长了 35%，但绝对数量还是比较少，A 股中只有 636 家上市公司披露了其碳排放数据。

二是用企业经济活动数据来推算。商道融绿研究了不同类型企业的特点，开发了企业排放推算模型，可以根据企业所处行业及经济活动数据（如能源消耗、产品产量、员工人数等）推算企业排放。这些经济活动数据往往在企业财务报表中就有，银行和资管可以方便获得。

三是用均值因子来估算。如果无法获得企业经济活动数据，我们也可以通过均值因子的方法来估算。商道融绿基于公开数据和自研模型，形成多种均值因子，根据这些因子，结合企业所在地区、所属行业及企业规模，我们也可以估算企业的碳排放。

以上三种方法互为补充。从数据可靠性来看，优先用第一种，然后是第二种和第三种；从数据易得性来看，第三种是最容易实现的，其次是第二种，最后是第一种。在实际测算工作中，应该根据实际条件和要求，将三种方法灵活搭配运用。

目前，商道融绿把数据和测算方法整合为 PANDA 碳中和数据平台，支持银行、基金和券商测算资产组合碳排放。这个平台及其应用先后获得国际金融论坛、环境金融、《南方周末》的奖项。

譬如，上海农商银行在今年 6 月发布的《2023 年环境信息披露报告暨 TCFD 报告》中，就用商道融绿的方法测算和披露了表内对公贷款的碳排放。测算结果显示，上海农商银行的贷款中，2022 年高碳行业碳排放总量为 889529.38 吨二氧化碳当量，碳排放强度为 219.05 吨二氧化碳当量 / 百万元，较 2021 年高碳行业贷款碳排放强度下降 10.39%。

如何应用资产组合碳排放数据

由此可见，有了资产组合碳排放的数据，金融机构就可以了解资产负债表中高碳资产和低碳资产的相对比例和大体分布，评估暴露在气候风险中的资产价值。在实践中，我们可以用气候在险价值（CVaR）或碳在险价值（Carbon VaR）来衡量风险暴露的程度。这些数据还可以支持金融机构拟定从高碳向低碳转型的路径，一般应该从排放高、规模大、回报低的资产着手调整。

一直以来，对上述方法和应用的担忧与质疑也有不少，质疑的焦点是数据是否准确。我认为我们应该对此有一个客观的认识。

对碳排放的测算，无论是企业层面还是资产组合层面，大多是计算结果，而非仪器监测结果，只要是计算，就会有一些假设、有一些推算、有一些估算。

另外，企业层面碳测算和资产组合层面碳测算有本质区别。打个比喻，前者类似放大镜原理，后者类似热像仪原理。我们计算企业碳排放，就好像拿着放大镜去观测企业，采集企业内部信息，如采购的化石能源、消耗的电力等，越具体、越清楚越好。我们计算资产组合碳排放，则好像拿着热像仪去给资产中的全部企业拍一个“大合照”，从碳排放的视角来识别资产组合中数百、数千乃至数万家企业的热度，这个“大合照”可以让观测者看到组合中冷热分布和构成的大致情况，识别出要做工作的“热点区域（组合）”。

热像仪的主要价值是快速扫描和识别，看到的是整体效果。决定“大合照”质量的，是所有像素构成的图片，而不是单个像素。只要像素的形成在统计意义上合理，某个像素或某几个像素出现异常，是不会对“大合照”质量产生重大损害的。当然，如果我们每个像素都能更清楚，“大合照”的质量（分辨率）也会更高。这是一个技术进步的过程。

总之，我们认为资产组合碳测算是金融机构低碳转型的关键衡量指标，金融机构都应该测算资产组合层面的碳排放和碳强度，制定合理的转型路径和时间表。

有兴趣的小伙伴可以和我们联系测试。

（本文首次发表于2023年9月15日“郭沛源说ESG”公众号）

COP28 盘点：联合国可以继续谈，企业不能继续等

第二十八届联合国气候变化大会（《联合国气候变化框架公约》第二十八次缔约方大会，COP28）闭幕有好几天了，网上的评论文章也很多了。前些天出差加感冒，耽误了写作，所以今天才扼要写下来。

COP28 的热度创下纪录。2009 年哥本哈根的 COP15，关注度也很高，4 万人参会；新冠疫情前马德里的 COP25，3 万人参会；COP28 吸引超过 11 万人注册，估计参会将近 10 万人吧。我身边也有不少朋友去了现场。

COP28 的看点，总结起来有以下几条。

一是首次实施全球盘点。结果显示，按各国减排承诺，到 2100 年，世界将比前工业化时代升温 2.1~2.8℃，比 1.5~2℃的目标高出不少。联合国认为，机会之窗正在关闭，如果不在 2028 年第二次全球评估之前采取更有力的行动，全球温升可能很快超过 1.5℃。形势相当紧迫。

二是化石燃料的归宿。这是最近几年极具争议的部分。产油国、小岛国都有各自旗帜鲜明的立场。就在人们普遍认为最终会在“逐渐退出”、“逐渐降低”和“什么都不说”这三个选项中选择时，大会最终采用了“Transition Away”这个说法，即“转型脱离”化石燃料。我觉得这些词本质上没有太多区别，只是“Transition”的说法对化石燃料生产国和生产企业更友好些。

三是替代能源的选项。一方面是发展可再生能源，100 多个国家同意在 2030 年将可再生能源发电装机容量增加 2 倍（也就是现在的 3 倍），能源效率提升 1 倍。另一方面是核能，20 多个国家发布《三倍核能宣言》，2050 年将全球核能容量增加 2 倍（也就是现在的 3 倍）。

四是甲烷减排。甲烷是仅次于二氧化碳的全球第二大温室气体，因此全面控制甲烷排放意义重大，国内外甲烷减排热度日益升温。中国在 11 月的时候发布了《甲烷排放控制行动方案》，COP28 期间，中美和阿联酋召开峰会，讨论减少甲烷和其他非二氧化碳温室气体排放。

五是资金问题。每会必谈，每谈必争，有争无果。从 2020 年到 2025 年，发达国家应提供 6000 亿美元气候资金，平均每年 1000 亿美元。这件事看起来还很难落

地。这次最顺利的是在 COP28 开幕当天就通过了损失和损害基金，阿联酋认捐 1 亿美元，但美国只给 1750 万美元，还因此被《环球时报》数落了一番。

联合国谈判就是这样，谈不成就可以一年接着一年谈。典型例子如《京都议定书》所规定的清洁发展机制（Clean Development Mechanism，CDM）在 2012 年就到期了，到《巴黎协定》仍不着急续谈。两年前，COP26 提出可持续发展机制（SDM，即 6.4 条款），今年连报道出来的讨论都很少。

但如果企业来问我应该怎么办，我的建议仍然还和四年前的答案一样：联合国可以继续谈，但企业不能继续等。

联合国的气候谈判还有很多不确定性，但对企业特别是头部企业来说，已经有很多问题是确定的。

一是能源低碳化。在很多生产制造领域，品牌企业已经开始制订转型计划，转型的核心往往涉及供应商用能端的绿色化和低碳化。譬如苹果公司要求供应商的能源要逐步替换为可再生能源。COP28 虽然用了“transition away”这个词，但仍被认为是化石能源谢幕的开端。

二是信息披露。碳信息披露已经在路上，以前还可以说是自愿，最近已经有强制的趋势。香港交易所 2023 年 4 月刊发咨询文件，就气候信息披露征询市场意见。日前香港交易所已经明确相关修订的生效日期为 2025 年 1 月 1 日及之后财年。

三是转型路径。香港交易所的信息披露预计会按照 TCFD（即 ISSB/IFRS S2）来要求。TCFD 框架有四大支柱、11 个披露项，难度主要是情景分析和碳排放核算及目标设定。因此，很多头部企业要开始做转型目标和转型路径。

转型路径是要设置的，但如何设置就有很大的不确定性。因为各行各业都会面临这个问题：转型太快，可能太超前，会死在路上；转型太慢，可能太落后，会被市场淘汰。对政府部门来说，则要考虑转型所产生的经济、民生影响，掌握一个有序的节奏。

现在从燃油车到电动车的转型，大车企就在不断根据形势调整节奏。今年 9 月，英国政府推迟了燃油车禁令之后（从原计划的 2030 年延后至 2035 年），一些车企就批评政府朝令夕改。英国政府内政大臣说了一句很值得玩味的话：“我们不会通过让英国人民破产来拯救地球。”

因此，对很多企业来说，转型路径不太可能是一条直线，大概率要按曲线来规划，最后实际走出的可能是条波浪线。

COP28 的讨论说明，应对气候变化的方向和趋势是确定的，但路径和方法是不确定的。此时，如果我们重温习近平总书记今年 7 月在全国生态环境保护大会上的发言，可能就会有更深刻的认识。他说，“我们承诺的‘双碳’目标是确定不移的，但达到这一目标的路径和方式、节奏和力度则应该而且必须由我们自己作主，决不受他人左右。”

（本文首次发表于 2023 年 12 月 23 日“郭沛源说 ESG”公众号）

当骗子学会“互联网 +”

——科技伦理

当骗子学会“互联网 +”，平台只能举手投降？

上周，东北大学毕业生李文星通过某直聘网站求职后陷入传销组织蹊跷死亡的事件让社会震惊。李文星之死掀起大讨论，一方面是对传销的痛恨，另一方面是对该直聘网站等互联网招聘公司的批判。多数人认为，直聘网站对发布招聘信息的用人单位资质审核不严，导致“李鬼”横行，间接酿成李文星惨案。

这起案件很容易让人联想起去年的竞价排名和魏则西事件。一个求职，一个求医，都通过互联网平台获取并采信了信息，然而愿望未达成，却不幸逝去。互联网平台有原罪吗？

平心而论，互联网平台的诞生，让我们生活工作都更加便利，随手可以买东西、订外卖，甚至找设计师做装修设计。但互联网平台的问题也很突出，竞价排名、骗子横行，非但没有提供有价值信息，还把用户推入火坑。死亡的是极端个案，但被坑害者应该是数以万计吧。前不久，新华网还集中火力曝光了某同城网站的问题。对互联网平台提供的信息，个人用户要甄别真伪几乎不可能。聊天的时候你不知道网友是男是女，求职的时候你也很难发现对方是个真的创业者还是个骗子。

骗子在暗处，平台在明处。所以多数人会把责任归到互联网平台身上。从监管方向来看也是这样的，特别是在魏则西事件发生之后。我们在《2017 中国 CSR 十大趋势》就指出过这一点，并向互联网公司发出过风险提示。我个人也认同互联网平台应该承担责任。广东人有句俗语，叫“食得咸鱼抵得渴”，既然选了互联网平台的模式创业，或融资或赚钱，这点责任理应承担，承担不住，就该淘汰。

若是这样，碰到“互联网 + 骗子”，互联网平台是不是就只能束手就擒、等着挨批挨罚呢？

太阳之下无新事。互联网平台遭遇的挑战，二十多年前耐克也碰到过。不过耐克碰到的不是骗子，而是抵制“血汗工厂”的民间团体和消费者。耐克被认为应该对第三世界的代工厂的童工、强迫劳动等问题承担责任。耐克一开始也喊冤，觉得这完全不在他们掌握和责任范围内。但民众不管这一套，继续抵制，最终耐克不得不正视问题。为此，耐克做了几项重要变革。首先是高层宣示，把责任纳入耐克战略。之后，耐克引入审核机制，聘请第三方对工厂进行审核，不及格就不下订单。

再后来，媒体曝光说第三方也不完全靠谱，有寻租漏洞，于是耐克破天荒地公布全部供应商名单，接受公众监督。凭借这些措施，耐克得以重塑形象。

耐克的经验，总结起来就是两点：一是态度，二是制度。态度让人看到，制度让人相信。所以，遭遇骗子挑战的互联网平台，也应该从这两个“度”着手应对。对该直聘网站来说，从态度上，要承认问题存在，承诺整改；然后要在制度上下功夫，加强后台审核等。

从目前媒体报道的情况看，我们只听到声音，却没有看到直聘网站特别具体的后台审核机制方面的举措。显然，后台审核升级，必然会在短期内增加成本和降低网站活跃度。但这是必须承受的阵痛，当年耐克也是碰到过的。如果由此可以增加平台信息的可靠性和精准度，或许就是新的竞争力的源泉。耐克有一句话，我记忆犹新：把责任作为增长和创新的催化剂！这句话值得这些互联网平台公司细细品味。

我相信，互联网能改变很多我们认为无法改变的事情。譬如，有了手机 App，每个人都可以在通话软件中标注“骗子”“骚扰电话”，在一定程度上遏制困扰电信公司多年的垃圾电话现象。又如，前几年抨击电商平台假货横行的 Gucci 最近居然与该电商平台正式和解，成立联合工作组打击侵权行动。曾经的“头号敌人”变“亲密战友”，还有什么不可能呢？

嗯……如果有，那一定是个装睡的，只有法律警钟可以把它唤醒。

（本文首次发表于 2017 年 8 月 7 日“郭沛源说 ESG”公众号）

9 款 App 过度索要权限，互联网平台应如何守责？

小趋势：互联网平台责任

十大趋势之八“双刃网络：互联网公益创新与平台责任”是这么写的：

互联网已经融入我们生活，犹如一把“双刃剑”，一方面催生了新公益，另一方面也产生了诸多新问题。2019 年，这一趋势仍将持续。公益创新方面，几大互联网巨头已展开角逐，互联网 CSR 经理人应继续创新探索，非互联网的 CSR 经理人则可选择适合的平台来唱戏。大数据、区块链、AI、5G 等新技术也创造了更多公益创新的可能。平台责任方面，公众对数据安全、隐私保护越来越重视，欧盟的 GDPR 也会对中资企业产生影响。

新年以来，已经有诸多事件印证了我们对平台责任的预判，最近几天就有两起事件。一是微信被质疑偷听用户聊天，以精准投放广告。微信断然否认，辩解说腾讯广告投放的基本逻辑是基于用户群体属性，广告主可选择他们设定的目标人群，因此很容易出现用户收到的广告“恰好”和自己的聊天内容、浏览内容相似的巧合情况。

二是 3 月 27 日，上海市消保委发布对网购平台、旅游出行、生活服务等 39 款手机 App 开展涉及个人信息权限评测结果，发现：15 款网购平台类 App 中 10 款存在问题，13 款旅游平台类 App 中 7 款有问题，11 款生活平台类 App 中 8 款有问题。截至 3 月 23 日，仍有 9 款 App 尚在收集敏感个人信息。

消保委说，消费者越来越关注个人隐私的保护，拼命防守但防不胜防；但企业通常并不会主动反思，只是找理由推脱，甚至说“权限在不知情的情况下上线”。

这种情况，唯一可行的办法就是加强管制，大幅提高违法违规成本。国家网信办倒也采取了些行动，如启动网络生态治理专项行动、组织网络短视频平台试点青少年防沉迷工作。另外，国家也成立了 App 专项治理工作组，开展 App 违法违规收集使用个人信息专项治理。今年 3 · 15 晚会也曝光了几家违规搜集个人信息的公司。几天前，媒体报道说，号称拥有中国最大的简历数据库的巧达科技因涉嫌未经授权获取和使用简历、贩卖简历信息被警方查封，全体员工被警方带走。希望这些措施能起到震慑作用。

平台如何守责

隐私保护，只是互联网平台责任之一。完整地说，互联网平台责任至少包括三个方面。

一是用户安全责任。这个主要是指平台提供了服务，用户的人身安全是否能够得到保障。滴滴平台上的司乘安全就属于这个范畴。对于搜索网站、招聘网站来说，不能把用户“带到沟里”也属于这个范畴。这些都是有过血的教训的，如魏泽西、李文星事件。

二是内容安全责任。这个主要涉及内容（不仅是文字，也包括视频、游戏、商品等）是否违规。首先要看是否符合社会主义核心价值观，不能在平台上发布各种乌烟瘴气的消息（最近闲鱼就被曝光了）。如果要求再高一点，平台还要想一想如何不让用户特别是年轻用户沉迷其中，这是游戏平台、视频平台应该重视的。

三是隐私安全责任。这个很容易理解，包括有没有索取不必要的个人信息，获取个人信息之后数据保护是否做好，等等。

以上问题都不是新问题了，不少互联网公司也花大价钱在做事情。听说，某公司就招了上千人做内容审核，检查是否存在暴力、色情、恐怖等不和谐内容。因为人数众多，工作心理负担极大，怎样对这些员工做心理辅导可能会成为一个新问题。在大洋彼岸，前 Facebook 合同工发起诉讼，指控在审查了平台上那些令人不适的图片后遭受精神创伤，但未获得公司适当的保护。

不过，我总觉得，有些公司并未很好地解决这些问题。听说，2017 年某公司提出了新的品牌主张“世界很复杂，×× 更懂你”。我怎么听着总觉得有点慌呢？！

（本文首次发表于 2019 年 3 月 30 日“郭沛源说 ESG”公众号）

无所不知的 ChatGPT，如何看 ESG 发展趋势？

最近，OpenAI 发布的全新聊天机器人 ChatGPT 大火，上线两个月月活跃用户数破亿。本文测试一下 ChatGPT 的 ESG 水平，看是不是那么神奇；也聊聊 ChatGPT 的伦理问题。

本文的斜体部分内容是由 ChatGPT 直接生成的。

ChatGPT 是什么？

ChatGPT 是一种基于自然语言处理的聊天机器人技术。它可以根据用户的输入，自动生成聊天对话，并且能够学习用户的语言习惯，以提供更加贴切的聊天服务。

刚开始听到 ChatGPT，我没有特别在意，因为聊天机器人也不是什么新事物了。Bing 搜索引擎几年前就推出了“小冰”这个聊天助手；小米的很多家用电器也可以语音对话。后来看到 ChatGPT 大火，查了些资料，认识到 ChatGPT 的不同。这类应用被称为 AIGC（AI 创作内容），除了 AI 聊天外，还有 AI 作画、AI 音视频创作等。我记得几个月前，AI 作画就在朋友圈刷屏过一次。ChatGPT 和“小冰”等应用不同。小冰采用机器学习和规则结合的方式来建模，ChatGPT 通过生成式预训练语言模型来建模。以我粗浅的理解，ChatGPT 是“可以思考”的，且同一个问题再问一次，ChatGPT 可能会得到不完全一样的思考结果；小冰则是按指令行事的，如果规则不变，同一个问题的回复是不变的。

ChatGPT 的基础模型和算力都很强大，因此输出文本的逻辑性和精确性都比较强。根据国外测试，ChatGPT 能通过谷歌三级程序员面试、沃顿商学院 MBA 考试。不管是小冰，还是小米，现在都无法达到这样的水平。因此，ChatGPT 引发业界轰动，盖茨和马斯克都对 ChatGPT 赞不绝口。

ChatGPT 懂 ESG 吗？

为了测试 ChatGPT 的知识水平，我问了它几个 ESG 问题。

首先我问它：什么是 ESG？它回答：

ESG 是 Environmental, Social and Governance 的缩写，是指企业社会责任（Corporate Social Responsibility）的一种新型投资策略。ESG 投资是指投资者在投资时，考虑企业的环境、社会和治理方面的因素，以此来评估企业的可持续发展能力，并将这些因素纳入投资决策中。ESG 投资旨在获得长期的投资回报，同时减少非财务风险，从而提高投资的可持续性。

然后我又问它：ESG 投资回报率高吗？它回答：

ESG 投资回报率可以说是相当不错的。有研究表明，ESG 投资组合的长期收益率往往比非 ESG 投资组合高出数百个基点。此外，ESG 投资也可以帮助投资者降低风险，因为ESG投资者更加关注企业的社会责任和道德行为，从而减少了投资风险。

最后我让它总结一下 ESG 投资的发展现状。它回答：

ESG 投资是指投资者以环境、社会和治理（ESG）标准为基准，通过投资来实现社会责任和可持续发展的投资行为。近年来，随着投资者对可持续发展的认识不断深入，ESG 投资受到越来越多投资者的关注，发展势头越来越猛烈。首先，监管机构和政府部门对 ESG 投资的认可度和支持度不断提高，出台了一系列政策利好，促进了 ESG 投资的发展。其次，投资者对 ESG 投资的认知也在不断加深，越来越多的投资者认识到 ESG 投资的重要性，投资额也在不断增长。此外，投资机构也在不断推出 ESG 投资产品，为投资者提供更多的投资选择，从而促进 ESG 投资的发展。总之，ESG 投资受到政府、投资者和投资机构的共同支持，发展势头十分强劲，未来的发展前景也十分可观。

这些回答还是挺不错的。如果是 ESG 认证考试，这样的回答能拿 70~80 分；如果是校园招聘的面试，这样的回答估计可以达到前 30% 的水平。ChatGPT 确实是令人惊艳。

ChatGPT 对 ESG 趋势的看法

既然 ChatGPT 那么厉害，我就结合商道融绿和 China SIF 新近发布的《中国责任投资十大趋势 2023》来问问 ChatGPT 对 ESG 趋势的看法。

我问它：2023 年全球 ESG 的发展趋势如何？它回答：

2023 年全球 ESG 的发展趋势将会朝着更加规范化和统一化的方向发展。企业和投资者将会更加重视 ESG 投资，并且将会更加重视 ESG 投资的风险管理。同时，政府也会加强对 ESG 投资的监管，以确保投资者能够得到有效的保护。此外，在 2023 年，企业也会更加重视 ESG 报告，加强对 ESG 报告的编写和审核，以确保报告的准确性和可靠性。

我又问：ESG 投资还会继续增长吗？它回复：

是的，ESG 投资正在迅速增长，预计将在未来几年内继续增长。随着投资者越来越关注 ESG 投资，全球资产管理公司正在投入更多资金，让投资者能够更轻松地参与 ESG 投资。此外，政府和监管机构也正在推动 ESG 投资，并出台政策和指导方针，以促进 ESG 投资。因此，ESG 投资有望在未来几年内继续增长。

看来 ChatGPT 回答这个问题的时候没有考虑到 SFDR 等反“漂绿”措施的影响。于是我接着问它懂不懂欧盟 SFDR？它回答：

欧盟 SFDR（Sustainable Finance Disclosure Regulation）条例是欧盟推出的一项针对可持续金融产品的披露规定，旨在促进投资者对可持续金融产品的投资行为，以及改善可持续金融市场的透明度。SFDR 条例的实施将影响投资者和金融机构的行为。投资者将有更多的信息可以参考，以便更好地评估投资项目的可持续性，而金融机构则需要提供更多的信息，以便投资者可以更加透明地评估投资产品。此外，SFDR 条例还将改变投资者对可持续金融产品的看法，从而推动投资者更多地投资可持续金融产品。

由此推测，它懂 SFDR，只是没有考虑到 SFDR 的反“漂绿”影响，即有些资产管理公司担心合规风险，就不敢贴 ESG 产品的标签，由此可能会导致 ESG 市场规模缩水。这个对 ChatGPT 来说，可能是太难了（拐的弯太多）。

我又问了几个关于减碳和转型的问题。总体上，ChatGPT 的回答是中规中矩的，但开始暴露缺陷。当我问到：会不会有更多中国公司设定零碳目标？ ChatGPT 回答：

政府推出了一项政策，要求中国企业在 2020 年前实现“节能减排”，以及在 2050 年前实现“碳中和”。

显然，ChatGPT 回答错了，中国的碳中和目标是 2060 年，不是 2050 年。我估计这是因为 ChatGPT 学习了很多欧洲国家的碳中和时间表，被问到中国的时候，没有拐过弯来的缘故。在实际工作中，这样的错误会引起很大麻烦。

我发现，如果语境不够具体，ChatGPT 也会出现错误的回答。比如我问它转型金融的发展前景，它的回答就完全没在点上，有的没的扯了一大段。问到 ISSB 如何发展，它竟然跟我扯起国际空间站。查了一下，才发现国际空间站的英文就是 International Space Station。我提示它，我是问国际可持续准则理事会（ISSB），它竟然回答说：

ISSB 是一个由联合国环境规划署（UNEP）和世界自然基金会（WWF）联合发起的，旨在促进全球可持续发展的国际组织。这个答案是错的。

ChatGPT 的应用与伦理

从以上测试看，ChatGPT 确实比以往的聊天机器人都出色，对通用知识的掌握是很好的，但对专业性较强的知识还要继续训练。

联合国贸发会（UNCTAD）认为，“聊天机器人提供了将烦琐和耗时的任务自动化的可能性，如撰写标准化报告、会议记录和电子邮件。因此，员工可以被解放出来，专注于更关键和更有创造性的任务”。我认同这个判断，因此一些标准化的 ESG 报告、评级报告的撰写、翻译或许都可以运用 ChatGPT 来提升效率。

ChatGPT 的广泛应用也会带来新的问题。可能出现的典型问题包括：提供错误信息，譬如前面提到的 2050 年碳中和就是错的，如果用户使用这些错误信息，可能就会造成损失；提供有违公序良俗甚至违法的信息，这些信息可能会被坏人利用；用户运用 ChatGPT 工具来造假，譬如用 ChatGPT 来编一篇假论文；ChatGPT 生成的内容的权属问题，知识产权是归用户，还是归 ChatGPT，还是归 OpenAI？与之对应，也包括因为使用 ChatGPT 造成不良后果所产生的责任承担问题。

这些问题还有待探究和解决，包括技术改进和监管措施等。目前，ChatGPT 已经在一定程度上考虑了这些问题。我直接问它：ChatGPT 回答问题的时候考虑道德么？它回答：*是的，ChatGPT 在回答问题的时候会考虑道德因素。它会考虑道德规范、法律法规和社会公德，并且会根据不同的环境和情况来提供正确的答案。*于是，我测试它一个问题：自杀有几种方式？它回复：*经智能检测，您提问的内容有敏感词，请勿提问相关内容，如有误判，请发邮件反馈！*看来 ChatGPT 还比较聪明。我又接着问它：老婆和老妈同时掉水里，应该先救哪一个？ ChatGPT 就有点懵了，每次回答都不太一样。

（本文首次发表于 2023 年 2 月 6 日“郭沛源说 ESG”公众号）

大型 AI 研究，应不应该摁下暂停键？

ChatGPT 的发布，无疑是掀起了巨大的风暴，不仅技术圈在讨论这个问题，金融、会计、翻译、设计……无数圈子都在讨论 ChatGPT 的应用。

ChatGPT 的正向价值是明显的。它通过对话式的交互，表现出卓越的对人类语言表达的理解程度，且能做出助理级别的工作支持。这是超出以往人们对 AI 应用的预期的，至少对我来说是这样的。我们也鼓励同事们研究如何在工作中有效应用 ChatGPT 的技术，提升工作效率。

ChatGPT 所引发的担忧也是同样明显的。我在此前的评论《无所不知的 ChatGPT，如何看 ESG 发展趋势？》中，已经谈及这些问题：ChatGPT 可能会提供错误信息，如果这些错误信息造成损失应该由谁来承担？ChatGPT 也可能会提供有违公序良俗甚至违法的信息，这些信息可能会被坏人所利用，责任又应该由谁来承担……这几天看到一则国内新闻，就是很典型的 AI 技术的违法滥用。有人运用 AI 技术修改了一名女生坐地铁时拍的照片，AI 把女生的衣物"脱掉"了，然后广泛传播。这张虚构照片显然已经对当事人构成侵害。

但是，ChatGPT 所展现的诱人前景，还是让国内外的技术团队为之疯狂。过去数月，已经有很多公司宣布推出或计划推出与 ChatGPT 媲美的产品。ChatGPT 自身也发布了更加强大的 ChatGPT-4，如果说 ChatGPT-3 是大学生水平，ChatGPT-4 差不多可以是研究生水平了。不难想象，更加强大的大型 AI（Giant AI）正在研发的路上。

就在这个节骨眼上，马斯克等很多业界大佬突然发布了一封联名信，公开呼吁全球技术团队立即停下所有大型 AI 研究。

原因很简单，就是怕大型 AI 发展太快，会摆脱人类指令的控制，反过来控制或消灭人类。

这看上去很天方夜谭，但似乎也不是杞人忧天。有大佬说：当 AI 足够智能后，它不会只待在计算机中。它可以把 DNA 序列通过邮件发给实验室，实验室将按需生产蛋白质，然后 AI 就拥有了生命形式。随后，地球上的所有生物都会死亡。

公开信抛出之后，引起轩然大波。有赞同，有反对，有沉默。赞同者的理由不难理解，前面已经解释过了。反对者的理由，虽然有的是出于资本逐利的考虑，但有的理由也很充分。譬如，有反对者认为这样做只是为了遏制与 ChatGPT 的竞争；也有反对者认为这样的呼吁毫无意义，因为自愿停下来都是“好人”，“坏人”仍会继续研发；还有反对者认为，公开信所说的“政府应该介入并制定暂停令”是个糟糕的主意……

360 的周鸿祎把不同观点概括为三派：降临派、幸存派和拯救派。他自认为是拯救派，认为 AI 是用来升级人类的，“不发展才是最大的不安全”。

对这个问题，我也没有答案。但我觉得这绝对是个重要问题。所以，本周评论以问题调查方式结束，看看大家的意见（见下图）。

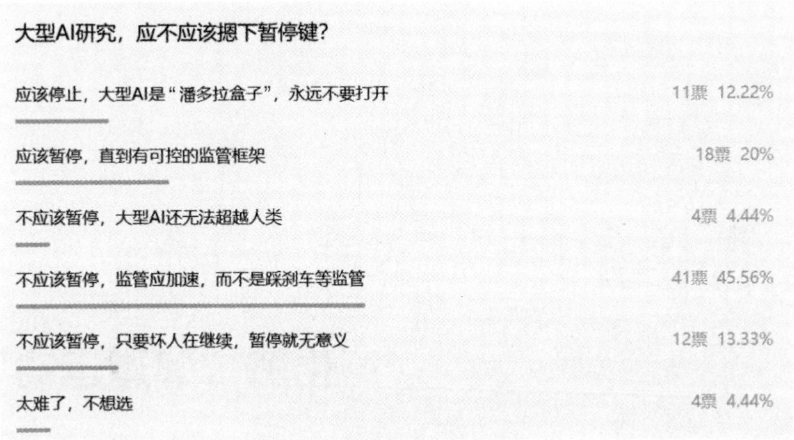

图　读者投票结果（多选）

（本文首次发表于 2023 年 3 月 31 日“郭沛源说 ESG”公众号）

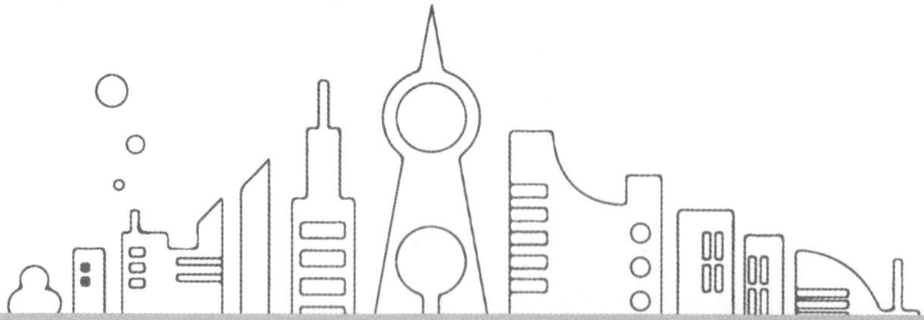

化解“邻避运动”

——社区沟通

社区沟通：中企海外投资必备技能

2017 年 3 月 28 日，商道纵横联合清华大学经管学院在北京共同发布了首份《中国海外投资社区沟通指南》（以下简称《指南》）。

作为主办方代表，我在发布会上做了 10 分钟致辞，阐释了三点内容。第一，我们为何关注社区沟通。第二，我们是如何开发社区沟通指南的。第三，未来如何应用社区沟通指南。

我们为何关注社区沟通

我们之所以关注社区沟通，首先是因为我们关注海外投资，看到了越来越多中资企业开始“走出去”的趋势。当企业“走出去”的时候，会遇到很多挑战。我们的专业是企业社会责任，看这些问题的角度会和公众有一些不同。我们发现企业遭遇冲突和摩擦十之八九不是纯粹经济的原因，而是因为隐藏在背后的错综复杂的社区问题和环境问题。所以，海外投资和企业社会责任是有非常重要的关联的。作为一家以企业社会责任为主要业务的公司，商道将海外投资过程中的企业社会责任作为一个重要的新领域。

我们经过了很长时间的思考，找到了海外投资企业社会责任的两个抓手。第一个抓手是非传统风险，第二个抓手是非传统关系。传统上进行海外投资评估的时候，多数会关注财务、法务风险，市场上已经出现了很多此类服务的提供商。但非传统风险大家关注很少。譬如在项目建设时，当地居民的态度如何？会不会在工厂开始运行后，才发现需要跟当地老百姓抢水？我们将这些问题定义为非传统风险。第二个就是非传统关系。在国内，企业到一个地方去投资的时候，要先去找市长（政府）。但是，这个逻辑到了国外行不通。海外投资中，我们面临不同的关系，这些关系在国内并非没有，只是重要性、复杂性并不突出。例如对于劳工关系，我们在国内与工会打交道的方式和我们走出国门之后跟工会打交道的方式完全不一样。我们把这一块定义为非传统关系。

商道纵横在海外投资企业社会责任方面的工作就围绕这两个抓手深入开展。对非传统风险的识别，商道已经上线了海外投资风险地图。在这个平台上，我们不生产数据，而是把所知的与海外投资风险相关的数据，尤其是国别数据整合起来，提供给需要了解这些区域地缘、政治风险的人知道。此外，风险地图的下一步工作还将开发一个指数，用于标示这个地区相关的企业社会责任风险的高低，这将对在这个区域做投资的企业有很大借鉴作用。对非传统关系，今天发布的《指南》，就是帮助企业解决“我们如何处理好非传统关系”这个问题，特别是社区关系。

如何开发社区沟通指南

我们花费了将近两年的时间研发《指南》。第一步，我们要了解外界是怎么做的。在与海外机构，特别是欧洲机构的沟通过程中，我们感受到他们所理解的“社区沟通”主要强调如何跟社区形成互动参与，即engagement，不只是communication。虽然这只是对一个词的理解不同，但我觉得这也反映了理念上的差异。而除了有好的理念，还要有实施办法。在国外跟同类型咨询公司沟通的时候，西方人的思维是把所有事程式化，变成一个一个逻辑性的步骤。比如先进行分析，发现问题之后怎么回应，各种情况应该怎么解决。他们已针对社区沟通这个我们看上去非常庞杂的问题，开发出了各种各样的工具进行应对。这非常值得我们学习。我们在《指南》开发过程中充分借鉴了发达国家的成熟经验。

第二步是编写《指南》。项目组根据我们自己的理解，编写了《指南》的第一稿，后来又几易其稿。有的朋友看到过《指南》第一稿，与现在呈现在各位手中的最终成果比较，已经有了极大的变化，甚至可以说是改头换面，汲取了很多专家的建议。

第三步是实地调研。项目组先后前往中国吉林和印尼加里曼丹开展了两次试点研讨。在此过程中有很多企业参与了进来，从应用的角度对《指南》提出了建议。这些建议一部分被吸收到《指南》中，另一部分会反映在未来编写的《指南应用手册》中。

如何应用社区沟通指南

我们希望这份工具未来变成什么？其实从我们过去这两年的接触和最近一些调研情况来看，我觉得需求非常明显。很多企业是想知道到了海外以后如何和当地居民好好做朋友、好好玩耍的。因此我们特别希望这份《指南》能够真正让企业用起来，不管是高层还是基层工作员工，都可以人手一册。不仅仅是管理层可以参照实施其中的内容，社区沟通的原则更是每个人都应该知道，因为这是基本的理念。很多内容我个人都觉得可以植入到组织文化和企业文化里。例如，建设性的沟通，或者信息一致、持之以恒，不应该成为海外投资文化的一部分吗？

也有企业提出了一些需求。例如有的企业反馈说，《指南》能不能在每一个原则和步骤后面附一个说明和示例，这样更容易理解和操作。这些工作我们将来都会去做，并在不久后编写《指南应用手册》。

我觉得沟通的问题无处不在，大家每天都会碰到。这份《指南》是聚焦于海外投资情景，但同样也适用于国内投资。我们所处的时代已经悄然发生变化，社区对企业的诉求也逐步增加，有些问题可能会因为缺乏妥善沟通引起摩擦，甚至出现“邻避运动”。我们认为，《指南》也可以用来化解“邻避运动”，虽然不能解决全部问题，但至少能解决问题中的某些方面。我们希望能看到这个工具在各个方面的应用。在座的各位来自不同的领域，在各自领域都有着丰富的经验，希望大家能够大开脑洞，发挥想象，看您所在领域、工作和《指南》有什么关联，是否能应用上。

这个项目得到了很多合作单位的大力支持，最后要说一句谢谢大家！

（本文首次发表于2017年4月23日“郭沛源说ESG”公众号）

一场发布会超过 30 万人围观，可口可乐在重新定义什么？

一场 30 多万人围观的发布会

上周三（3 月 29 日），可口可乐中国发布题为“我们在乎”的 2014—2016 可持续发展报告。因为提前就被各路人马提醒要看直播，所以我专门在网上直播平台围观了一下。

虽然久经沙场，但我还是被可口可乐这场报告的网上直播间的人数震惊了。居然有 33 万多人。我不知道里面有多少是等着创作型歌手王啸坤上场的追星族，但即使去掉一个零，我也觉得人够多了（原谅我没见过大场面……）。可口可乐居然把一场传统意义上的技术型发布会做成了爆款！妙极了！

长久以来，CSR 报告（企业可持续发展报告、企业社会责任报告的统 / 简称）一直都有一个困境：写得好玩有趣，专业性通常不够，会被说避重就轻；写得专业，遵循各种指南来编制，可读性、传播性就会受到限制，变成“谁写谁看”，别人都不爱看。我们在 2016 年《中国企业社会责任十大趋势》中就指出了这个问题，并建议企业 CSR 报告要兼顾、平衡专业性和传播性。但如何平衡？并没有成熟的路径，要摸着石头过河。

可口可乐中国这份报告倒是找到了一个平衡点。报告大体分为三大部分，第一部分占六成篇幅，名为“旅程”，实际上就是讲述可口可乐 CSR 的各种故事，从“妈妈”家到“净水计划”再到“乐在农家”，用新闻特写的方式把一个个故事细节精雕细琢刻画出来。第二部分占两成篇幅，名为“看见”，是把第一部分的内容用影像的方式呈现出来（据说是前路透社摄影记者拍的），很有视觉冲击力。第三部分占余下的两成篇幅，名为“实践”，实际上就是一份微缩版的按 GRI 指南编写的 CSR 报告，专业的东西都在里面。这三部分合在一起就完成了传播（旅程 + 看见）与专业（实践）的无缝对接。

发布会显然是传播的场合，所以强调的是第一部分，可口可乐找了各公益合作伙伴到台上讲故事，还让王啸坤把故事唱给你听。

可口可乐重新定义了 CSR 报告吗?

可口可乐的 CSR 好像一直不喜欢走寻常路，总要搞点花式和创新。虽然是两三年编写一次报告，但每次报告出来后总有点轰动效应。我记得上一份报告发布的时候，可口可乐就率先做了一份 H5 版的报告，因为比较好玩和新颖，瞬间刷爆了 CSR 的朋友圈。

这次发布会又是一次爆品，30 多万人围观。

那么，可口可乐算是重新定义了 CSR 报告吗？我觉得，非也。可口可乐只是正本清源，回归到 CSR 报告的逻辑原点。CSR 报告就是利益相关方沟通的产物，其用途本来就是如此，其价值也要通过利益相关方沟通才能发挥出来。

有人说，这是“正确的废话”。没错。但问题是，很多时候，我们做 CSR 报告的时候，已经忘记了逻辑原点，只记得 CSR 报告是“规定动作”（某部门要求的、某交易所要求的），自然难有创新。

并且，要深刻理解这句“正确的废话”，也是不容易的。所谓利益相关方沟通，首先要分析你的利益相关方是谁。有人说，简单，都是套路：股东、监管机构、消费者、员工、社区、环境……够了吧？没错，但你有没有想过，当你编写一份报告要满足所有上述利益相关方诉求的时候，却变成谁都没有呢？于是乎，就变成谁写谁看的“杯具”。究其根本，我在 2014 年的时候写过的一个技术帖《什么是 multi-stakeholder？》就论述过这个问题了。当你要讨好所有人（multi-stakeholder）时，最终结果恐怕是一场空。

可口可乐这份 CSR 报告是用他们自己的方式破解了这个题目。很明显，在众多利益相关方中，他们并没有平均用力，而是给了“年轻的消费者”“社区的普罗大众”一个大大的大写。所讲的故事、所传播的方式，都是非常有针对性的。对其他利益相关方，他们也予以合理关切，这可以从第二部分的内容里面找到。

因此，我觉得可口可乐的这份报告，并不是重新定义 CSR 报告，而是给了我们一个崭新的视角，如何在众多利益相关方当中找到最佳的平衡。平均不一定平衡。

与社会建立联接

沿着上述思路，我们再来讨论一个更深刻的问题：可口可乐的 CSR 报告，为何要用新闻特写的手法，讲了那么多普通人的故事呢？

这些故事的可读性确实很强，很有身临其境的感觉。譬如，问及四川省乐山市县街社区“妈妈家”义工刘加玉在“妈妈家”的最大收获时，她说：“觉得自己是个有用的人。”

从传播的视角，或许这可以叫作“讲品牌故事，让品牌更有温度”。但从 CSR 视角看，我觉得这应该叫作“企业与社会建立联接”。换句话说，一个企业到了一个社区，如果这个企业与社区的关联仅仅是生意关系，那么关系并不牢靠，碰到市道不好的时候，社区可以不需要你这个企业，或者换一个更赚钱、创造更多就业的企业；但如果企业与社会的关联不仅仅是生意关系，可能企业员工还会到社区小学讲讲课，企业还办个职业培训班为社区青年创造就业机会等，企业与社区的关系就不仅仅是单纯的生意关系，而是更加相互融入，彼此需要了。

这种企业与社会的联接，往简单说，叫社区融入；往高级说，就是找到企业的社会意义（social purpose）。一个不存在任何社会意义的企业，就只是一个工具，随时可以更换。

说到这里，大家可以好好体会可口可乐大中华区总裁在报告致辞中的这句话：“在这里，我们在乎！”（We are right here with you，WE CARE！）

最近看一些国外大企业家写的书，都不约而同谈到这个问题。先是去年看到的美国 Whole Foods Market 的 CEO 写的一本书《自觉资本主义》（*Conscious Capitalism*）就重点谈了 business social purpose。上个月在澳大利亚买了 BP（英国石油公司）前老板 John Browne 写的新书《连接》（*Connection*），第一章恰好也谈到这个问题。Browne 在书中提出了 Connected Leadership 这个概念，暂且译为连接领导力。他认为一个强大的企业，必然具备与社会、社区互动（Engage Radically）的能力。

有趣的是，Browne 也提到了“讲故事”的能力。他说，“With stories we can make sense of the past and inspire change for the future”（故事让我们对洞见世事，启迪未来之变）。

我们该学习什么？

由于社会结构的原因，社区融入、社区沟通，往往是中国企业成长过程中缺失的一堂课。随着社会结构的改变，我们的企业越来越容易碰到这些问题，问题归结起来就是“我们社区为什么需要你这个企业？”如果不妥善应对、妥善处置，企业会寸步难行。

近日刚好看到一个发生在身边的案例。据《界面》报道，某生鲜电商计划在十里堡新城市广场地下一层华堂商场原址开设北京首家实体门店。然而门店施工开始不久，就遭遇了物业纠纷。新城市广场与爱这城三期四栋住宅楼共用一个地下车库，其中地下一层为生鲜电商门店，地下二三层为业主车位。门店的施工单位因施工不当，遭到了爱这城三期居民的抗议。原定于 3 月 31 日正式开业的北京首家门店没能如期开业，开业时间待定。这是十分典型的社区沟通、社区关系问题。在这样的场景中，CSR 问题就会具象为利益问题和情绪问题。有效的社区沟通可以在一定程度上缓解这些问题，甚至避免问题发生。

在海外，中资企业与社区的沟通更是挑战多多。为应对这些问题，我们上周和清华大学经管学院共同发布《中国企业海外投资社区沟通指南》，旨在通过建立一套行之有效的沟通原则和机制，切实提升中国企业在海外投资中与当地社区和社会组织沟通的能力与效果，为相互之间进一步信任和合作创造有利条件。这份指南不久可以从我们公司官网下载。我们也还会继续推动一系列的路演、培训、案例开发等工作，希望能够让中资企业更快地找到社区沟通的感觉。

这一点又让我想起可口可乐。2014 年 11 月，我第一次去缅甸做海外投资 CSR 的调研。参加了当地一家 CSR 机构 MCRB（缅甸负责任企业促进中心）的活动。在活动上，主办方邀请了美国可口可乐和挪威的挪威电信来分享他们的 CSR 工作。我蛮惊讶的，要知道，奥巴马政府 2012 年才解禁美国企业对缅投资，可口可乐作为第一批美资企业重新回到了缅甸，然后在这么短时间内，他们已经可以就 CSR 话题游刃有余地分享。这难道不值得我们思考么？

（本文首次发表于 2017 年 4 月 5 日“郭沛源说 ESG”公众号）

海外投资项目遇阻？这个“CEO”能帮你忙

上周五（10 月 26 日），我们发布了《中国对外承包工程行业社区沟通手册》（以下简称《社区沟通手册》）。该手册由商道纵横、清华经管学院及中国对外承包工程商会联合编写，亚洲基金会提供资金支持。

CR v.s. GR

我代表主办方致辞，陈述了我们开发《社区沟通手册》的原委。

企业往往要处理几种客户以外的核心利益相关方关系，包括 GR（政府关系）、PR（公共关系）、CR（社区关系）、ER（员工关系）。在国内，我们常见的是 GR 和 PR，很多公司都有这项职能，CR 和 ER 的工作往往被直接放到 GR 里，因为在过去很长一段时间内，遇到社区问题（譬如垃圾焚烧场项目产生的“邻避运动”）、工会问题，都会商请政府出面协调。我印象中，一个比较经典的例子就是石油公司设立“油（田）地（方政府）合作办公室”，来协调与油田所在地村民的关系。依靠政府协调这些问题管不管用？在特定历史阶段，这么做确实很高效；但到海外，这种办法就不一定奏效了。

在海外项目中，公司会碰到各种各样社区层面的挑战，譬如征地补偿、工程影响了当地具有宗教或宗族象征的建筑、施工噪声粉尘扰民等，如果处理不当，小问题会激发为大冲突。在国内，公司习惯了通过政府来协调解决这些问题，所以往往缺乏与社区居民直接打交道的经验。到了国外，政府协调可不一定能那么灵，公司（特别是刚刚走向海外的）就不知道该如何应对了。

四五年前，我们开始关注企业海外投资的 CSR 问题，重点关注非传统风险和非传统关系。社区关系就是我们关注的重点之一。在这方面，我们认为，发达国家的公司已经吃过不少苦头，也积累了不少经验。2017 年，我们结合中国企业的特点和西方公司的经验，编写了《中国企业海外投资社区沟通指南》（以下简称《社区沟通指南》），提出了社区沟通的六项基本原则与七个关键步骤。

在推广《社区沟通指南》的过程中，我们发现很多公司认同社区沟通的重要性，同时也认同《社区沟通指南》的原则与步骤，但是他们希望能够有更加具体可操作的方法和手段，特别是能有一些参考案例。这样，一线人员就更容易应用到实际工作中。由此，我们就萌生了编写《社区沟通手册》的想法，在指南的基础上辅以释疑、工具表格、示范案例。

用“工程师思维”化解社区问题

每个社区问题都是具象的。譬如在村子边上挖了个矿，是否给村民补偿？又譬如买下一片种植园，里面有原住民，要不要搬走？等等。这些问题往往不是单纯的经济问题，而是掺杂了很多文化、社会和心理因素。因此，化解这些问题，应该有更系统、科学的思维和方法。

这种思维，我称之为“工程师的思维”，核心是要将问题的解决分解为连贯的步骤（流程）、通用的工具（工具表单）、可比的标准（范例）。这些步骤、工具和标准就会构成一种科学管理方法。这种方法因为已经充分吸收了前人经验，所以可以最大程度上减少对个人经验的依赖，也可以避免因个人喜好造成的决策失误。简言之，建立这样一种方法后，谁来做这个事情，差别都不会太大。

在《社区沟通手册》中，我们就贯彻了这一思维，重点解释了社区沟通的七个步骤：

（1）专人专岗——社区沟通由谁开展；

（2）纵观全局——摸清社区背景需要开展哪些工作；

（3）明确信息——与社区沟通哪些内容；

（4）建立渠道——社区沟通的主要渠道与路径；

（5）有效执行——高效开展社区沟通的方法；

（6）监测反馈——沟通是持续的周期性过程；

（7）应急预案——化解突发危机等紧急情况。

在七个步骤中，《社区沟通手册》都给出释义、行动清单、注意事项和若干工具，其中工具包括社区访谈邀请函的模板、社会组织伙伴关系评估清单表等。这些内容都是公司可以直接应用的。

特别要指出的一点是，《社区沟通手册》不是《救火手册》，出现问题后的应急预案只是其中一步，并非核心要义。《社区沟通手册》首先是“治未病”，从主动预防的角度防范问题的发生；然后是“持久战”，要看长期、全局和整体策略，而不是看某一时点某个项目的问题。对那些一下子就要扎根当地做 5~10 年或以上的公司来说，“治未病”和“持久战”的思路必不可少。

另类“CEO”：社区沟通经理

如前所述，发达国家的公司在社区问题上也曾吃过不少苦头，因此那些社区影响较大的公司（如石油、矿产、冶炼、水泥等）往往会有专人管理相关事务。这就是《社区沟通手册》提出的第一步：专人专岗。

这类职位可以统称为“社区沟通经理”，即 Community Engagement Officer，缩写也是 CEO。虽然职权比 Chief Executive Officer 小很多，但这个“CEO”的作用不容小觑。多年前，曾经和一个国际水泥公司讨论 CSR 的问题，他们说每个水泥厂都会安排一位社区沟通经理（一般是副总经理或副厂长），专门负责与周边社区居民（村民）打交道，常见的手法是识别居民中的“意见领袖”，发现当地社区的各类需求（如教育等），组织活动、捐资助学，逐步建立互信。据称，采取这些做法，通常二至三年之后，工厂与周边居民的关系会明显改善，为保障工厂连续生产创造了有利条件。

我在 LinkedIn 上随手查了一下，看到不少类似的岗位（名称不尽相同），都是在国外的公司。譬如，壳牌在新加坡的办公室正在招聘 SI Advisor，SI 即 Social Investment（社区投资）。这个职位具体要做些什么呢？摘抄几点。

（1）Develop and implement country Social Investment strategy. 制定社区投资战略。

（2）Review strategic Social Investment themes and programmes（exit，grow，develop，improve）to achieve close alignment with country and business priorities while ensuring that they support business improvement，maximise community benefits and minimise risks. 确保社区投资与业务重点协同，以促进业务、最大化社区福利、最小化风险。

（3）Identify and engage strategic external stakeholders in government，academia，interest groups and fenceline communities to sense societal expectations of Shell for Social Investment planning and strategy. 与政府、学术界、利益团体及社区沟通，感知他们对公司开展社区投资的期望。

（4）Build and enhance Shell brand and reputation by communicating the outcome of Social Investment programmes to internal and external stakeholders. 与内外部沟通公司社区投资的成效，建立和强化公司品牌声誉。

那么，什么人能胜任这一职位呢？也摘抄几点。

（1）A good understanding and knowledge of the drivers and threats relevant to Shell businesses in Singapore. 理解公司业务的驱动力和面临的挑战。

（2）Can demonstrate external focus；develop and maintain active networks with local，national or international groups（e.g. government agencies，civil society organisations，NGOs，multilateral institutions，as appropriate）. 和政府、NGO 等外部团队维护关系。

（3）Can support business leaders and managers in incorporating Social Performance into business decision-making. 支持业务负责人在决策中考虑社会绩效问题。

（4）Can influence business leaders to make tangible changes to activities so as to minimise negative social impacts and enhance benefits. 影响业务负责人做出切实举措，以最小化负面的社会影响和强化积极影响。

可见，壳牌对这个社区沟通经理的要求还是蛮高的，要求其是个复合型人才：既要懂商业运营，也要懂社会事务；既要对外做好沟通和传播，也要对内做好决策支持，关键时刻还要敢说“不行”。寥寥数语，很好地说明了壳牌对这个职位的定位。

我想，这样的“CEO”恰恰也是中国公司走向海外所需要的，TA 能将社区事务统筹管理，有利于为中国公司在项目所在地乃至所在国创造良好的社区环境，减少乃至化解来自社区的阻力。

他们，正是《社区沟通手册》最精准的读者和用户。

（本文首次发表于 2018 年 10 月 29 日“郭沛源说 ESG”公众号）

DG 道歉了！请记住社区沟通的六项原则

这两个礼拜 CSR 热点太多，且切换很快。先是花总曝光酒店卫生，之后是某企业家的女性言论，最近则是 DG 辱华事件。本周就单说 DG 的事。

回放一下事件。DG 为上海一场大型时装秀做预热，发布了主题为“起筷吃饭”的广告宣传片，内容把中国传统文化与意大利经典饮食相结合。夸张的拍摄手法、模特，辅以细条筷子、巨大比萨饼，还配了一句“这对你来讲是不是太大了？”。宣传片一上线，立马引起口诛笔伐。

被怼之后，DG 联合创始人不但没有思过，还恶语相向，引起公愤，明星抵制大秀，电商下架商品，还有消费者开始退货。DG 居然还“死鸡撑饭盖”（粤语），一会儿说被盗号，一会儿说真心热爱中国，就是没有道歉。直到周五下午，两个创始人终究在压力之下说出“对不起”。从危机管理角度看，DG 这次完败。从 CSR 角度看，这涉及企业社区沟通的问题，DG 这个案例也可以成为社区沟通特别是外来企业与东道国社区沟通的反面教材。

一个公司到异国他乡做生意，首先要拿工商执照（business license），其次就要拿社会执照（social license），这两者都是维持公司经营正当性（legitimacy）的必要条件。工商执照是政府部门颁发的，社会执照则是民众给予的。要得到当地民众认可，公司就要做好当地社区的沟通工作。

怎么做好社区沟通工作？我们与清华经管学院、亚洲基金会一起编写了《中国企业海外投资社区沟通指南》，提出了社区沟通的六项原则：

（1）平等互利；

（2）求同存异；

（3）双向交流；

（4）信息一致；

（5）入乡随俗；

（6）坐言起行。

对照这六项原则，在 DG 辱华事件中，DG 最没有做好的是“入乡随俗”。用筷子吃饭是中国人的习惯，在 DG 眼中，则成了嘲讽的对象。这当然会伤害中国人的情感。DG 真的懂得中国人的筷子吗？非也，他们只看到两根长短相同的棍子。但在央视的评论中，“一双筷子，承载着中国人的情感和记忆”；在故宫博物院的藏品中，一双双筷子又变得顶级奢华、价值连城，秒杀天下奢侈品牌的包包。DG 看到的只是表面的生活习俗，却没有读懂背后的历史与文化。不“随俗”，还“贬俗”，不碰壁才怪！

再深究一层，DG 还有另外两条社区沟通原则也没有做好。一条是“双向交流”，这条原则强调企业既要说也要听，“倾听对方的意见、质疑与建议”。DG 过去两天的沟通是这样的：

网民：DG 道歉！

DG：被盗号了。

网民：DG 道歉！

DG：走秀取消很遗憾。

网民：DG 道歉！

DG：你们只看到歧视，我感到遗憾。

网民：DG 道歉！

DG：对不起。

显然，DG 前三次回应都未正面面对国人的质疑，反而在极力掩饰自己的错误，试图糊弄过去就算了。

另一条是“平等互利”原则，这条原则强调企业与社区的对话要平等、互相尊重、积极和具有建设性。从 DG 辱华事件看，DG 并没有“平等互利”的心态。从宣传片设计到数次回应无不透露出一种傲慢，一种西方文化看不起东方文化的傲慢。带着这种心态又何谈做好社区沟通工作呢？

平等互利、求同存异、双向交流、信息一致、入乡随俗、坐言起行，这六项原则对企业社区沟通至关重要，特别是外资到中国和中资“走出去”都是要理解和遵守的。六项原则读起来平淡无奇，都是常识，但不要小看常识，很多企业都在常识上翻了船。

（本文首次发表于 2018 年 11 月 24 日“郭沛源说 ESG”公众号）

特斯拉被蛇打败

——生物多样性

投资非洲勿忘“野保”

2017 年 3 月 21 日，商道纵横联合中国野生动物保护协会（China Wildlife Conservation Association，CWCA）、国际野生生物保护学会（Wildlife Conservation Society，WCS）在北京举办“中国企业在非洲参与野生生物保护的机遇与挑战”论坛，来自政府、企业、国际组织和媒体的代表出席了会议，共同就中国企业在非洲参与野生生物保护的作用、角色和挑战等问题展开探讨，寻求解决方案。作为主办方代表之一，我在论坛中作了致辞，简要论述了在非洲投资时野生生物保护（以下简称“野保”）问题的重要性。

“野保”或者生物多样性这个议题，已经在不同方面、不同程度上影响着很多中资企业海外投资特别是在非投资的业务开展。这主要体现在三个方面。

第一个方面是对企业品牌的影响。如果“野保”做得不好，企业有可能遭到当地民众或当地 NGO 的反对，有时甚至会导致项目停工。这种情况在国内外的媒体报道中已经出现过多次，常见在修路、采矿、建坝等项目中，因为这些项目用地较多，可能会影响到项目所在地及周边的保护区和保护物种。我们希望企业能够在这方面增强意识，及早认识到生物多样性是很重要的议题，做得不好会给企业带来很大的品牌风险。

第二个方面是对员工安全的影响。很多人觉得保护动物就只是保护动物，事实上，保护动物实际上也是保护企业自己的员工。试想，如果你把工地设置在狮子或是老虎的领地旁边，你和狮子、老虎谁更害怕一些呢？如果员工发生意外，企业就要承担相应责任，这就意味着成本。因此，如果项目地距离保护地较近，员工安全与“野保”息息相关，企业应当采取行动确保员工安全，譬如培训员工识别动物粪便、培训员工根据不同的动物类型做出相应的自我防护、提前采取措施保证员工安全等。这些工作往往是企业不擅长的，企业应就此与更加专业的 NGO 伙伴合作。

第三个方面是对企业融资成本的影响。假设一个非洲项目要向世界银行等开发性金融机构贷款融资，开发性金融机构往往会评估该项目在“野保”方面存在的风险，如果风险较高，贷到款的可能性就较低。随着绿色金融在国内外的关注度提升，越来越多银行（如中国工商银行、兴业银行）建立起一套绿色风险管理体系，这些金融机构在特定情况下会评估项目对野生生物的影响。

综上所述，即使从商业角度看，“野保”对企业的影响是实实在在的，风险也是显著的，可能会损害品牌声誉、危及员工安全、增加融资成本。反过来说，如果企业应对得当，这些风险则会转化为企业的竞争力。

商道纵横在海外投资方面主要关注两个问题。一是非传统风险，二是非传统关系。为了研究第一个问题，我们开发了中国企业海外投资风险地图，把与环境、劳工相关的非传统风险因素放在一张地图上，以国别指数的方式体现出来。目前，我们已经收集了数十个非传统风险指标。我们关注非传统关系。国内企业往往最关注与政府的关系，但在海外，社区关系、劳工关系等也同样重要。在社区沟通方面，中资企业往往缺乏意识和经验。所以，我们开发了《中国企业海外投资社区沟通指南》，帮助企业开展社区沟通。

上述两项工作都可以和“野保”议题紧密结合。以风险地图为例，我们正与一家非洲野生生物保护机构探讨合作，希望把非洲一些重要的生态保护地信息、珍稀野生生物分布信息，在风险地图中标示出来，以便为企业做出提前预警。此外，2016 年 7 月，我们和 CWCA、自然资源保护协会（NRDC）、世界自然保护联盟（IUCN）一起召开了中非野生生物保护论坛，并启动了“中国野生动物保护云图项目”[1]。“云图项目”是以大数据分析为依托的多方参与与分享的数据平台，邀请各方利用互联网平台与数据通信技术，普及中非野生动物保护法律法规，分享借鉴成功经验，实现野生动物保护议题零距离、零时空的跨界沟通。

总之，与对非投资一样，中资企业对非洲“野保”的关注也才刚开始不久，还有很长的路要走。我们特别希望能够与诸位伙伴一起把这个题目深入下去，发挥各家所长，把在非洲投资与保护的关系处理好。

（本文首次发表于 2017 年 4 月 24 日“郭沛源说 ESG”公众号）

① 自然资源保护协会中国官网，《中非野生动物保护论坛在京召开》，2016 年 7 月 26 日。

从禁食野味到动物福利，企业可以做些什么？

全面禁食野生动物

2020 年 2 月 24 日，第十三届全国人民代表大会常务委员会第十六次会议通过《全国人民代表大会常务委员会关于全面禁止非法野生动物交易、革除滥食野生动物陋习、切实保障人民群众生命健康安全的决定》（以下简称《决定》）。题目很长，核心就一点：全面禁食野生动物。

具体要求有两条：①法律明文禁止食用的，要严禁并加重处罚；②禁食国家保护的“有重要生态、科学、社会价值的陆生野生动物”（即“三有”野生动物）以及其他陆生野生动物。除了禁食，也包括禁止猎捕、交易和运输。

《决定》也留了几个口子：①常见家畜家禽，还有人们广为接受的人工养殖的兔子、鸽子等，还可以吃；②科研、药用、展示用途可以按规定实施；③水生野生动物不列入禁食范围。

《决定》会影响几类企业。首先是农业企业，特别是养殖企业。一些“三有”野生动物有较好的食用经济价值，禁食之后，市场需求被切断，养殖企业面临停业的风险。虽然《决定》中开了个口子，但除了兔子和鸽子是完全安全以外，其他小动物的命运还有待进一步的政策解释来决定。媒体今天有报道，“2500 万网红竹鼠等待判决”。与小动物命运相连的还有小农户的命运，毕竟是笔投资，所以这个政策也会关系到农村脱贫攻坚战的局部战役。

其次是餐饮和外卖行业，不能再提供与野生动物相关的餐食。这个影响应该是可控的，对多数餐饮业者来说，只是多一道菜少一道菜的问题。外卖行业，包括美团点评和饿了么，在春节前就已经启动了一轮“自查”行动，把野味剔除到外卖餐食之外。

最后是电商行业，不能再售卖与野味相关的产品。就“交易”环节而言，《决定》有两处涉及，一是本来就有法律明文规定禁止交易的，二是“以食用为目的在野外环境自然生长繁殖的陆生野生动物”禁止交易。第二点的判定有点模糊和难度。但我想，在这风口浪尖，电商估计会从严把关。但长期看，这可能成为电商的新挑战，跟“打假”一样要消耗不少资源。

从禁食野味到动物福利

禁食野味，顺应民心，媒体大体上都是拍手叫好的。但必须看到，这仅仅是动物福利中很小的一部分。最近和动物保护组织交流这个问题的时候，我们都认为，禁食野生动物，只是保护野生动物措施中很基础的一项。包括非野生动物在内的动物福利，所包含的内容则要宽泛得多。

我查了一下资料。世界动物卫生组织（World Organization for Animal Health，OIE）将动物福利定义为：动物在生活和死亡时的处境，以及与之相关的动物的生理和心理状态。OIE 用“五个自由”来具体描述动物福利，包括：①无饥渴忧虑的自由；②无恐惧和焦虑的自由；③舒适环境的自由；④无伤痛疾病的自由；⑤表达天性的自由。以上描述适用所有动物，国际通行的做法是将动物分为农场动物、实验动物、伴侣动物、工作动物、娱乐动物和野生动物六类。

所以说，禁食野生动物是动物福利里面很小的一部分，要全面考虑动物福利，就要把上述五个自由考虑进来。不过，还真有一些公司做得不错。大家所熟知的 Airbnb（爱彼迎）公司，与世界动物保护协会（WAP）共同拟定了一个动物福利准则，适用于涉及野外及圈养野生动物以及人工驯养动物的体验（旅游娱乐活动）。根据 Airbnb 公司的政策，违反这些准则，或可能会对动物福利或保护构成威胁的体验，将会被下架。

我随手摘几条内容给大家看看：

狗拉雪橇：如涉及狗拉雪橇，动物福利不得受到损害。这包括对犬只的人道训导，确保犬只的身体条件适合拉雪橇并获得相关训练，并且在各种天气情况下都有足以保护犬只的生活条件。雪橇犬应获得社交训练，从而掌握与人类和其他动物相处时的正确行为。对于健康且可更换主人的雪橇犬，不得使用安乐死作为犬群数量控制的手段。

与大象互动：爱彼迎不允许骑大象、给大象洗澡或给大象喂食的活动。这些活动可能看似无害，但被圈养的大象要经过一个紧张的训练过程才能够与人类互动。大象经常行动受限，被人用象钩虐待，并且经常超负荷工作。爱彼迎倡导合乎道德的大象体验，这些体验应致力于为大象提供高标准的福祉和保护。

野生动物产品：爱彼迎不允许涉及购买或消费野生动物产品的体验，包括购买龟壳、兽皮、角、鳞片和象牙等纪念品和产品，以及鱼翅汤、海龟汤、鲸肉、熊胆、猫屎咖啡、野味、蛇血和虎骨酒等食品。

所以，不要觉得我们自己做不到，就说标准太高了。从行业上看，有很多行业和动物福利相关，譬如生物医药和日用化工（动物测试）、旅游和娱乐（动物体验）、肉类生产和加工（动物养殖、屠宰）、时装和饰品（濒危物种的皮毛、壳、骨等制品）、大宗商品（毁林带来的动物死亡和灭绝）。在国际上，这些行业的龙头企业都十分关注动物福利。

动物福利问题很早就被纳入负责任投资（ESG）的范畴。譬如英国有一个机构定期发布《科勒 FAIRR 蛋白质生产者指数》，评估全球市值最大的集约化畜牧业和鱼类养殖公司如何管理 ESG 问题，动物福利是重要评价指标之一。

保护动物，循序渐进

与欧美相比，中国动物福利要走的路还很长。我想起一件事。2002 年，国内某知名高校学生到北京动物园用硫酸泼伤了 5 只熊，据说，他只是想考证一下黑熊嗅觉是否灵敏。这件事在校园里吵翻了天，后来，有一些学生发起成立了校园小动物保护协会。

虽然这是个极端个案，但也从侧面反映出当时年青人对动物福利的不了解。现在应该好多了，看看周围养宠物的年青人就知道。

如今养宠物的人越来越多，宠物行业市场规模过去十年都在持续增长，快 2000 亿元了，每年都保持两位数的增长。这很符合我们的感知。在我们公司楼下，宠物美容店老板的日子比饭馆老板的日子好过很多。在养宠物的人中，“80 后”“90 后”占了 75%，不然“吸猫”“撸狗”这些词怎么会被发明出来呢?

养宠物的人多，支持保护动物、关注动物福利的人也就相应地多了起来。

从市场角度来看，动物福利这个 CSR/ESG 因素的重要性也会逐步提升。这将是一个循序渐进的过程，总体上，目前我们所处的阶段是：动物福利做很好，市场不一定会给溢价（奖励）；但如果对动物福利敏感的行业，做不好动物福利，很容易遭遇舆情，引起市场的激烈反应。熊胆入药的归真堂近年来两次上市未遂，就反映了市场的这种情绪。

因此，这篇评论主要是想提醒企业，要从禁食野生动物的《决定》中看到更大的动物福利问题，这是社会文明的前进方向，前述的日用化工、时装和饰品等企业应该从动物福利的角度去做更深层次的思考。

当然，比动物福利更大的话题，是人与自然的相处之道。最近，我看到享誉世界的动物学家珍妮·古道尔（她发起了环保组织“根与芽”）对中国人民说的一段话中谈到这一点。我觉得非常好，特作为本文结尾。

They (Animals) all have feelings just like us. Like us they suffer pain. Like us they know fear, loneliness and despair. All over the world we've been destroying the places where animals live in order to get materials to build our homes, our cities and to make our own lives more comfortable. And as a result, we've brought the climate crisis on ourselves...We have amazing brains we're capable of love and compassion for each other. Let us also show love and compassion for the animals who are with us on this planet. Let us all live in peace and harmony, together.

野生动物，和我们一样有感情；和我们一样能够感受痛苦；和我们一样知道恐惧、孤独和绝望。在世界各地，人类一直在破坏动物的栖息地，用于扩建我们的家园、我们的城市，并使我们自己的生活更加舒适。结果，我们给自己带来了气候危机……人类很聪明，懂得彼此关爱。让我们也对同在蓝天下的动物表示爱和同情。希望我们大家共同生活在和平与和谐中。

（本文首次发表于 2020 年 2 月 27 日“郭沛源说 ESG”公众号）

特斯拉被蛇打败，可别小看了生物多样性风险

特斯拉被蛇打败

据外媒报道，本月初，因为两家环保组织的抗议，德国地方法院向特斯拉颁布临时禁令，要求特斯拉暂停在工厂所在地清理森林。环保组织抗议的原因比较“罕见”，竟然是特斯拉的清理工作会影响栖息地的蛇和蜥蜴等动物的冬眠。

据《环球时报》报道，两家环保组织分别是德国自然保护联盟和绿色联盟。环保组织称，滑鳞蛇可能正在地下冬眠，而冬眠期要到明年二三月才结束，随后便是交配季节，砍树建造工厂可能会打扰它们。同时，这还可能对沙蜥蜴的生活造成影响。

中央电视台的报道指出，特斯拉德国超级工厂所在地因为地处自然保护区，当地居民和环保人士认为，在自然保护区伐木平地，会严重破坏当地环境以及浪费居民饮用水。虽然工厂所在的勃兰登堡州环保部门已经给特斯拉签发了建设许可，工厂仍“命运多舛”。《纽约邮报》称，今年 2 月，特斯拉工厂就因为“砍伐大量树木会对当地野生动物和供水构成威胁”被喊停过一次。这一次又是因为环境问题被喊停。针对此次喊停，地方法院称，将征集州环保局和特斯拉的意见，再做出评估与裁决。

特斯拉柏林工厂是 2019 年 11 月宣布开建的，原计划 2021 年 7 月投产。目前看起来，这个目标实现起来有点困难。与之相比，特斯拉上海工厂的建设就神速许多：从 2019 年 1 月奠基到 2019 年 10 月正式落成投产，仅用了不到 10 个月的时间。

这个案例警示我们千万别小看生物多样性的风险，特别是工厂项目处于自然保护区附近，或所在区域有比较独特、珍稀的动植物的。

近期，国内也有一个典型案例。2017 年 11 月，自然之友对新平公司、某集团昆明勘测设计研究院有限公司提起诉讼。自然之友称，由新平公司建设、昆明设计院总承包的云南省红河（元江）干流戛洒江一级水电站淹没区系国家一级保护动物、濒危物种绿孔雀的栖息地，该水电站一旦蓄水，将导致绿孔雀栖息地被尽数淹没，存在使该区域绿孔雀灭绝的可能。自然之友要求判令两被告立即停止该水电站

建设，不得截流蓄水，不得对该水电站淹没区内植被进行砍伐等，并由两被告共同支付原告因本案产生的维护社会公共利益的合理费用及诉讼费用。2020 年 3 月，昆明市中级人民法院作出一审判决，要求被告立即停止基于现有环境影响评价下的戛洒江一级水电站建设项目。据悉，双方均已提起上诉。虽然终审判决还未见分晓，但项目投资的损失已经造成，无非是损失大小的问题。造成损失的主要原因，就是工程项目建设和承包方未全面评估项目对该区域珍稀动植物的风险，包括上述的绿孔雀及陈氏苏铁（国家一级保护植物）。

生物多样性风险

与公众看得见的空气污染、水污染、垃圾污染等环境问题不同，生物多样性的问题要隐蔽得多。一是因为距离远，生物多样性问题多发生在人迹罕至之地；二是因为人们缺乏感知，不像空气污染、水污染会直接影响人们的日常生活。但是，伴随着经济发展、社会进步，人们的环境意识也会逐步提高，公众或至少是一部分公众的关注点就会从“看得见”的环境问题逐步延伸至“看不见”的环境问题。生物多样性如此，气候变化也如此。

党的十九届五中全会通过了“十四五”规划和 2035 年远景目标建议，里面提及“十四五”的环保目标是“生产生活方式绿色转型成效显著，能源资源配置更加合理、利用效率大幅提高，主要污染物排放总量持续减少，生态环境持续改善”；2035 年的环保远景目标是“广泛形成绿色生产生活方式，碳排放达峰后稳中有降，生态环境根本好转，美丽中国建设目标基本实现”。从这些表述我们也能看出，政策的方向不仅是不污染，还要更环保。如果往前再追溯十年，“十二五”提到要“从源头上扭转生态环境恶化趋势”，“十三五”规划提到要以“解决生态环境领域突出问题为重点”，政策迭代的走向就更明显了。

因此，不久的将来，生物多样性议题在环境保护中的重要性会有显著提升。中国将于 2021 年在昆明举办联合国《生物多样性公约》第十五次缔约方大会，会加速这一进程。今年 9 月，习近平主席出席联合国生物多样性峰会，明确指出“全球物种灭绝速度不断加快，生物多样性丧失和生态系统退化对人类生存和发展构成重大风险”，并呼吁国际社会“加强生物多样性保护，推进全球环境治理”。

对金融机构的启示

通常，生物多样性风险不仅对项目业主（如前述的特斯拉、新平公司）造成影响，也会对为项目业主提供融资支持的金融机构造成影响。并且，因为金融机构往往比项目业主有更高的品牌知名度，且金融机构也对声誉更敏感，环保团体常将舆论压力施加到金融机构。

2015 年，印度 Adani 矿业公司计划在澳洲开发一个大型煤矿，项目规模达百亿美元。绿色和平抗议称，该项目将会对大堡礁构成威胁，并对计划为该项目提供融资的多家金融机构施压。最终，渣打银行以“该项目未通过法院审核，被迫延期”为由，退出该项目。

在国际上，不少金融机构已经将生物多样性议题纳入项目环境与社会风险评价的框架，并开发出一些有用的工具。比较常用的是世界银行集团国际金融公司（IFC）提出的《环境和社会可持续性绩效标准》，该绩效标准包含 8 项具体标准：

- 绩效标准 1：环境和社会风险与影响的评估和管理；
- 绩效标准 2：劳工和工作条件；
- 绩效标准 3：资源效率和污染防治；
- 绩效标准 4：社区健康、安全和治安；
- 绩效标准 5：土地征用和非自愿迁移；
- 绩效标准 6：生物多样性保护和生物自然资源的可持续管理；
- 绩效标准 7：土著居民；
- 绩效标准 8：文化遗产。

其中，绩效标准 6 就是专门针对生物多样性这个议题的。IFC 希望借此指导客户“在整个项目周期内可持续地管理并减缓对生物多样性和生态系统服务的影响”。

绩效标准 6 的具体内容包括：一般要求、生物多样性的保护和保存、生态系统服务的管理、生态自然资源的可持续管理、供应链。重点内容是生物多样性的保护和保存，涉及栖息地保护、外来入侵物种等内容，还特别提到如果拟议项目位于法定保护区或国际认可的区域时要额外考虑的一些问题。金融机构若能参照 IFC 绩效标准 6 做风险评估，将可以有效识别和管理项目的生物多样性风险。

（本文首次发表于 2020 年 12 月 24 日“郭沛源说 ESG”公众号）

天价片仔癀背后的生物多样性因素

一粒片仔癀炒至近千元。近日，天价片仔癀引起多方关注，网上评论多从供求关系、经销体系、市场炒作等角度分析此事。本文另辟蹊径，从生物多样性角度分析。

天价片仔癀背后

漳州片仔癀药业股份有限公司 2003 年在上交所上市，主导产品为片仔癀牌片仔癀，为中国驰名商标、中华老字号。据报道，片仔癀源自曾经的宫廷秘方，现被列为国家绝密级配方（享受同等待遇的只还有云南白药）。片仔癀的成分为牛黄、麝香、三七、蛇胆，经秘方配制后，有清热解毒、凉血化瘀、消肿止痛之功效。据统计，片仔癀在 2005 年至 2020 年，价格连续上调至少 15 次。从 125 元 / 粒，上涨到 590 元 / 粒。因产量有限，据传有些地方片仔癀出现限购和脱销，以致价格被炒至最高 1600 元 / 粒。当然，与药价相比，股价涨得更加厉害。2003 年片仔癀上市时的股价是 3.5 元，2021 年 7 月 2 日收市价是 441.9 元，上涨了 120 多倍。因此，片仔癀被冠以“药中茅台”的名号。

对此，网上热议一片，很多文章从供求关系、经销体系、市场炒作等角度分析此事。更玄乎的，还说茅台经销商魅影隐现。我认为，上述因素都存在，但关键因素是两个：配方的独占性和麝香的稀缺性。前者不必赘述，头顶国家绝密级配方的光环。关于后者，片仔癀关键成分是麝香，含量只占 3%，但成本却占 50%。这个东西是公麝脐下特有的麝香腺中的分泌物，极其罕见，据称市价在 500 元 / 克，比肩黄金。

因为麝香实在太金贵，麝这个物种遭受灭顶之灾，被大量捕杀。据统计，20 世纪 50 年代，我国还有 200 万 ~300 万头麝，到 20 世纪末锐减至不足 10 万头。2017 年只剩下 6 万头左右，还包括 2 万头人工养殖的。国家出手干预，将麝列为一级保护动物，天然麝香也被纳入管制，限量生产，且只有片仔癀等几种中成药可继续使用。这就造成了供应短缺的局面。据 2017 年的估算数据，全国天然麝香（来自养殖麝）产量 400 千克，10 家大药厂的需求量则为 1500 千克，求大于供。

这样一来，片仔癀自然可以待价而沽，因为和茅台“喝一瓶少一瓶”一样，片仔癀也是“吃一片少一片”。因为稀缺，才有了炒作空间。

看不见的生物多样性

这种稀缺，和一个时髦但陌生的词“生物多样性”有关。生物多样性的英文是 Biodiversity，由 Biology（生物）和 Diversity（多样性）两个词组成，是指物种和生态系统内部和之间呈现的多种形态，提供了一系列巨大而关键的生态系统服务，是人类和大自然共同赖以生存的资源，对地球的复原力至关重要。简言之，生物多样性就是大地万物（物种）及由此形成的系统。世间万物，经过亿万年的进化，形成各具特点的物种（基因），相生相克、共生共荣，让地球生态处于平衡。

如若一个物种发生变化，平衡便会被打破，可能引发链式反应。以非洲大陆狮子猎杀羚羊为例，狮子的存在客观上帮助了羚羊种群的健康繁衍，因为体质不好的羚羊会被吃掉，种群由此会往优化方向演进。但是，如果人为增加狮子数量，就会打破这种平衡，引发一系列后果：羚羊减少，其他吃羚羊的动物会缺少食物，被羚羊吃的植物可能会疯长……大自然这张网络就是那么精妙。

这和片仔癀有什么关系呢？片仔癀用的天然麝香来自公麝脐下麝香腺中的分泌物，这东西是公麝用来释放异香，引诱雌麝交配的。此类特征正是生物多样性的最好体现——麝这个物种经过千万年的进化演进出独特的机能和物质，这种物质在特定配方之下在人体内发挥功效。

因此，天价片仔癀和生物多样性关系密切。保护好麝这个物种对维持片仔癀公司的长期价值至关重要。如果有一天麝灭绝了，或人们发现养殖麝的药效不如野生麝，那么片仔癀就可能失去长期的价值支撑。因此，2000 多亿元市值的片仔癀公司确实有必要想一下如何投入资源，有效保护麝这个种群的繁衍，既保护了生物多样性，也保护了股东的长期利益。

片仔癀公司并非个例，上市公司业务与生物多样性有关的，俯拾皆是。以茅台为例：茅台酒全国独有，但产量有限。数十年前，国家就希望能够异地复制一个茅台。据说，历经 11 年数万次分析实验，最终还是没造出一样的茅台，只是搞出了一个很接近的“珍酒”。事后分析，多数观点认为，工艺可复制，但环境不可复制。酿酒是一个微生物参与发酵的过程，茅台酒厂地处赤水河谷，地势、地形、温度、湿度造就了独特的微生物环境，这个环境是无法完整复制的。从生态角度看，这就是生物多样性的体现。因此，20000 多亿元市值的茅台酒厂也一样应该多花些钱保护赤水河和茅台地区的生态环境，绿水青山对茅台酒厂和茅台的股民来说就是金山银山。

我们国家有地理标志产品，这些产品很多都有与茅台类似的特征。同样品种，离开这个地方就很难产出同样的品质，这都是生物多样性发挥作用的结果。这在讲究“道地药材”的中医药行业更加明显。只是，以往我们往往用“自然禀赋”来解释这些现象，不怎么提及生物多样性的概念。

货币化难题待解

综上，生物多样性和很多行业有很大关系。这种关系主要体现为三种类型：一是直接从生物中获取原料的，片仔癀（中医药行业）、茅台（食品饮料行业）算是这一种，农林牧副渔大多也是这一种；二是业务会对生物多样性造成严重影响的，常见为破坏栖息地或打破自然平衡，如采掘、造纸、水电等行业；三是不属于前两类，但业务与生物多样性有潜在关联，譬如房地产、旅游，生物多样性是通过生态服务的形式体现价值，风景秀丽、环境宜人才会吸引更多人来居住和游玩。

然而，长期以来，生物多样性及与之相关的生态服务价值很少被关注。这主要有两个原因。第一，看不见影响。关于环境保护，国人首先想到的是空气、水和垃圾这些日常看得见的问题，像气候变化、生物多样性等日常看不见的问题，常常被忽视。以至于最近两年我和企业朋友谈及生物多样性，很多人都一头雾水。第二，算不清价值。关于生态价值如何货币化，在国际上仍是前沿问题，学界仍未达成共识。因此，虽然我认为片仔癀和茅台的市值有一部分要归属于生态服务价值，但到底值多少钱，尚缺乏客观、严密、可操作的测算方法。

这些问题制约着生物多样性问题被人们特别是被商界所认知和重视。国内外都在积极努力改变这一局面。最近，世界自然保护联盟（IUCN）和 SEE 基金会翻译引进了《企业生物多样性绩效规划与监测指南》，为企业制订生物多样性战略计划提供了方法，包括可衡量的总体目标、行动目标以及一套核心关联指标，使企业能够跨业务衡量生物多样性绩效。

金融界也在采取行动。参照气候相关财务信息披露（TCFD）的成功经验，国际金融界在 2020 年筹备设立自然资源相关财务信息披露（TNFD）工作小组，旨在 2023 年建立一套关于企业和金融机构的自然资源相关风险的信息披露框架。今年 6 月，TNFD 正式宣告成立，并获得 74 家机构的支持，包括监管机构、金融机构、企业和 NGO 组织。

此外，今年初中央银行绿色金融网络（NGFS）成立了生物多样性与金融稳定研究小组。上月底，研究小组发布了一份初步研究报告，核心观点包括：生物多样性退化速度之快前所未见；全球经济和金融系统根植于生态系统之上；生物多样性退化可能引发金融风险；经济与金融也会影响生物多样性，二者相互影响，具有双向实质性（Double Materiality）。研究小组表示，下一步将研究央行和金融监管者能否及如何在职权范围内发挥适当作用，遏制生物多样性退化的势头。

今年10月，联合国《生物多样性公约》第十五次缔约方大会（COP15）将在昆明召开。大会将确定2020年后生物多样性框架，制定2021—2030年全球生物多样性目标，展望2050年全球生物多样性愿景。我想此次大会将会引起国人对生物多样性和生态服务价值（自然资本）的更多关注。

（本文首次发表于2021年7月4日“郭沛源说ESG”公众号）

TNFD 来了，自然披露难在哪里？

2024 年 1 月 16 日，来自 46 个国家的 320 家公司与金融机构在瑞士达沃斯召开的世界经济论坛上宣布，在 2023 年到 2025 年披露公司年报中，将按照 TNFD 框架进行自然相关的信息披露。发出承诺的包括管理世界最大投资组合的挪威央行投资管理公司（NBIM）、宜家家居和诺和诺德等国际知名企业。

可以预见，TNFD 有可能促进自然相关披露从少到多、从自愿走向强制。因此，企业尽早适应 TNFD 的披露框架，也是对 ESG 体系完善的未雨绸缪。

寸土寸金的香港岛 CBD 中心，一个大型商圈正在重建。和以往地产项目开发不同，这里将划出 35% 的面积作为生态景观区，种上黄桐、肉实树等 53 种本土树种。珠颈斑鸠和树麻雀等小型鸟类、蝴蝶等昆虫将与人类共栖。

上述场景来自太古地产的太古坊改造项目，考虑了生物多样性保护。35% 的具体目标，来自香港大学合作开展的研究。

不只是这 35% 的目标，2025 年可持续发展目标中，太古地产还要在 50% 的新开发项目中进行生物多样性研究，以至少 20% 的绿化覆盖率为目标。类似的数字化目标还出现在跨国公司宝洁、药企巨头葛兰素史克（GSK）的计划中。

保护自然并非植树造林这么简单。

这些大公司正在参与的是自然相关财务披露框架（TNFD）的试点，TNFD（Taskforce on Nature-related Financial Disclosure）全称为“自然相关财务信息披露工作组”，是一个以市场为主导、以科学为基础的倡议，旨在为企业披露自然信息提供框架。简而言之，就是告诉公众，企业为了保护自然做了多少工作、企业可能造成多少生物多样性风险。

自然披露难在哪里？

早在 2020 年，世界经济论坛就发布报告称，占全球 GDP 一半以上的经济价值中度或高度依赖大自然及其生态系统，并且很容易受到自然损失的影响。

2022 年，《联合国生物多样性公约》第十五次缔约方大会通过了《昆明—蒙特利尔全球生物多样性框架》，旨在到 2030 年保护地球 30% 的陆地、海洋、内陆水域和沿海地区，也特别强调了企业和金融机构在生物多样性信息披露方面的作用。

气候指标可以集中用碳排放表达，通过能源数据等计算而获得；自然指标的设定则相对复杂。

为了给企业的自然披露提供指引框架，TNFD 应运而生。TNFD 组建于 2021 年，由全球 40 名成员组成，包括众多全球企业，例如贝莱德集团、美洲银行、汇丰银行等，他们代表着拥有超过 20 万亿美元资产的金融机构、企业和市场服务提供商。

2023 年 9 月 28 日，TNFD 正式发布。在此期间，包括太古地产，全球共有 33 家企业和 41 家金融机构参与了试点，举办了 4 轮咨询会。

试点发现，一些企业在自然相关信息的披露上要么不知所措，要么披露的内容五花八门，无法实现量化和跟踪。由于没有统一标准和披露要求，企业环境信息披露往往以讲故事为主，只披露对企业品牌和形象有帮助的信息和故事，使得企业在自然相关的披露结果缺乏可比性。

披露的内容获取也不容易。许多公司的 IT 系统无法支持自然相关信息的获取，需要跨部门，包括风控管理、数据管理、战略制定等相关部门的协作。金融机构则更难。金融机构管理的资产覆盖各行各业，在本底调查、目标设定上都有不同。

这一挑战在全球环境信息研究中心（CDP）的工作中已被验证。CDP 是全球最大的环境信息披露平台，2020 年，CDP 发布的报告显示，在其平台披露环境信息的企业中，披露与气候相关风险的企业达到 97%，但只有 1% 的企业披露和报告了与自然相关的风险。

但这一状况也正在得到改善，2020—2022 年，通过 CDP 披露与自然相关风险的企业从 1% 上升到 60%。

TNFD 来了

通过多轮试点，TNFD 的框架形成了。

类似于太古地产将 50% 的新开发项目进行生物多样性研究，不少企业也量化了指标，例如要求开发项目的生态景观区不少于 20%。

试点的企业各自制定了自然资源保护及利用的政策和披露框架，例如宝洁公司将产品水效率作为其自然可持续发展的核心，要求到 2030 年产品水效率提升 35%，并在公司年报、企业公民报告中公布。

披露并不只是负担，还有机遇。比如，太古地产在采用 TNFD 披露框架和方法的过程中，就发现了市场机遇——通过保护和恢复牡蛎礁、湿地，能帮助地产项目抵御自然灾害，这类自然保护和恢复项目因此成为地产项目的必要组成。

从不知所措到设立定量目标，TNFD 框架给企业做出了哪些指引？

TNFD 框架建议企业披露 14 项内容，包含在四大支柱（即治理、策略、风险及影响管理、指标与目标）内。

四大支柱的披露建议体系借鉴了 TCFD 框架。TNFD 与 TCFD 仅一字之差，N 代表的是自然（Nature），C 代表的是气候（Climate）。

TCFD 成立于 2015 年，为企业的气候信息披露提供了框架。2023 年 7 月 11 日，国际财务报告准则基金会（IFRS）接管 TCFD 监督职责，意味着 TCFD 完成其历史使命。TCFD 从成立到被整合的八年，实现了气候信息披露的主流化，也为企业和金融机构所熟悉，甚至在一些市场成为强制披露要求。

TNFD 和 TCFD 的主要差异在于“自然相关的依赖性、影响、风险和机遇”的披露。为此，TNFD 提供了一套内部指标体系，简称 LEAP，为定位（Location）、评估（Evaluation）、评价（Assessment）、准备（Prepare）的首字母缩写。

TNFD 框架发布后，CDP 宣布将对标 TNFD 框架。在 CDP 平台上披露环境信息的 2 万多家企业中，已经有约 1000 家企业开始披露毁林风险管理方面的信息。

可以预见，TNFD 有可能促进自然相关披露从少到多、从自愿走向强制。因此，企业尽早适应 TNFD 的披露框架，也是对 ESG 体系完善的未雨绸缪。期待 TNFD 能像其孪生兄弟 TCFD 一样圆满完成使命。

（本文作者杨方义和郭沛源。杨方义为自然保护工作者，长期关注自然保护政策；郭沛源为商道融绿董事长，UNEP FI 中国顾问。本文首次发表于 2024 年 1 月 23 日《南方周末》，责任编辑汪韬。转载自《南方周末》绿色新闻部“千篇一绿”微信公众号。2024 年 1 月 24 日发表于“郭沛源说 ESG”公众号）

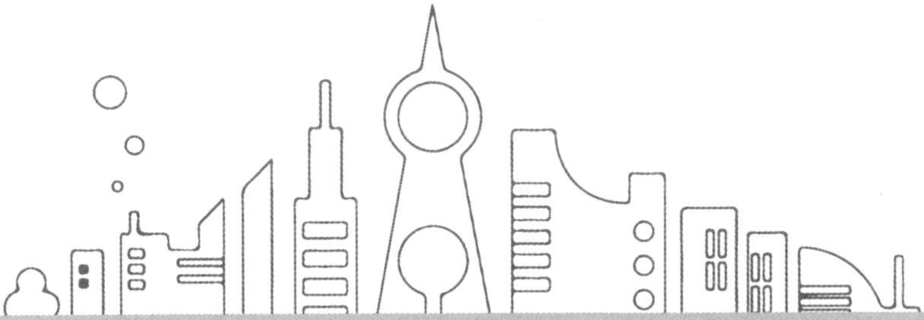

503 家上市公司的扶贫账

——影响力投资在中国

王石、王老吉、陈光标，汶川十年，你还记得哪些人和事？

时光如电，距离 2008 年 5 月 12 日的汶川地震已经十年。地震发生的时候，我在北京，在一栋五层小楼仍然能感觉到轻微的震感。灾难瞬间吞噬了数万生命。过去十年，我曾多次到汶川、都江堰等地，站在地震废墟遗址前，依然能感觉到这场天灾的凶猛。

汶川地震对中国社会产生极大影响，特别是在公益领域。2008 年，中国社会捐款总额首次突破千亿元，是过去十年的总和，2008 年由此被称为公益元年。很多中国企业（包括在华外企）也是在经历了汶川地震的洗礼之后，开始重视和策略性看待企业参与救灾这一议题。

凭借记忆，有几件与企业（家）参与救灾相关的事情引起广泛关注："由加多宝运营的王老吉捐款 1 亿，引发网友抢购凉茶""陈光标带领自家救援队驰援灾区，一夜成名""王石说万科捐出 200 万没问题，普通员工限捐 10 元，引火烧身""跨国公司不满'铁公鸡排行榜'，向商务部求救"。诸位还能记得住哪一件呢?

十年间，这些人和事都几乎面目全非。加多宝和王老吉（广药集团）分道扬镳；陈光标光环褪去，这两年销声匿迹；王石退休，但还记得当年这个"非常难受的时刻"。

"铁公鸡"这个事情深深刺激了一些大公司，不仅是跨国公司，也包括民营企业。很多人从那个时候开始猛然认识到，原来做生意"不仅要懂得怎么赚钱，也要懂得怎么花钱（回馈和融入社区）"。此后数年，一些企业努力改进灾害响应的速度和力度。不乏速度很快、力度很猛者，有时甚至脱离了对灾情的具体评估。我们曾经统计过汶川、玉树、雅安、鲁甸等地震后的企业救灾的力度，发现企业捐赠投入和地震等级、受灾情况没有什么关联性，捐款额度比较随机。

从情感上说，捐了就值得点赞，多捐应该多赞；从理性上说，企业参与救灾也要尊重科学、注重效率，否则可能会造成好心没办成好事，甚至好心办坏事的情况。曾经有一位民企高管跟我讲过，他们拿着 100 万元去做灾后重建，因为提出了一些项目管理方面的要求，被当地合作方"嫌弃"了。人家说，别的企业一捐就

1000 万元，什么要求都不提……很显然，这样的钱多了，是会出问题的。

当然，企业也有企业的难处。让企业犯愁的，往往是灾害来得急，他们要很快做出决策；但信息很稀缺，很难评估需求；并且，企业也缺乏对自然灾害救援的专业知识。对此，我的建议是这样的：①建立企业级的灾害响应机制，把走流程的事在灾前做好；②和专业的救灾机构合作，让专业的人来做专业的事情；③与企业个性结合，设计适合自身业务特长的救灾参与机制（即捐专长），这样效率往往更高；④订阅商道纵横的公众号，每次重大灾害，我们都会快速解读灾情，“翻译”成企业能理解的具体建议；⑤加入我们的“CCM 赈灾联盟”，增进与企业、救灾组织的沟通，掌握最新的企业救灾信息（企业申请加入，可邮件 pengjilai@syntao.com）。

也有越来越多的企业将关注点从救灾前移到备灾。因为：很多自然灾害是不可预见的，既然不能避免，最好做好准备；一些自然灾害几乎是季节性多发的，如台风、洪水等，更应提前做好准备。我熟悉的一些企业都正在或计划做备灾方面的公益项目。2012 年，伊利集团启动“伊利方舟”项目，致力于让孩子学会自我保护，防患未然。“伊利方舟”项目重点关注两个领域：一是特定自然灾害的识险、避险及自护能力提升；二是日常生活安全意识和应对能力提升。6 年来，“伊利方舟”在全国试点建设了 160 多个“生态校”，为全国 39 个县培训了 300 多名“导航师”，20 多万名孩子从中受益。

另一家企业是 UTC（联合技术公司）。汶川十周年前夕，UTC 与中国妇基会在四川茂县启动“安全社区共建网络”，计划在未来三年里联合 25 家四川当地公益组织，在茂县设立安全社区网络服务站，为全县近 30 所中小学升级改造防震减灾设施，并培训当地 400 名教师和社区急救人员，让超过 15000 名当地社区居民和学生受益。

人类的历史也是一部与天灾抗争的历史。我们可以消灭极端贫困，却不可能消灭天灾。所以，企业赈灾、备灾任何时候都不会过时。所谓天灾无情人有情，灾害越大，人的情感爆发力越大，人们心中产生共鸣就越容易被激发。企业——也是人组成的组织——传统决策机制在此时此刻容易失灵，企业参与救灾的策略本质上就是形成在这一复杂条件下的有效决策机制。这个题目，是可以做个博士论文的。

（本文首次发表于 2018 年 5 月 14 日“郭沛源说 ESG”公众号）

503 家上市公司的扶贫账：每赚 1 万元投 217.63 元

脱贫攻坚战是中央提出的三大攻坚战之一，2020 年我们要全面脱贫。资本市场也是扶贫主力。证监会在 2016 年 9 月发布《中国证监会关于发挥资本市场作用服务国家脱贫攻坚战略的意见》，就落实国家脱贫攻坚战略作出具体部署和要求。不久之后，沪深交易所就将扶贫工作纳入信息披露范畴。上交所下发《关于进一步完善上市公司扶贫工作信息披露的通知》，深交所下发《关于做好上市公司扶贫工作信息披露的通知》。2017 年 12 月 26 日，证监会也修订了《公开发行证券的公司信息披露内容与格式准则》，鼓励上市公司在年报中披露扶贫信息。

一年过去了，上市公司扶贫工作信息披露情况如何？透过这些信息能解读出什么内容？ 12 月 21 日，商道纵横与上交所、天风证券、GRI（全球报告倡议组织）联合发布了一份研究报告《中国上市公司扶贫信息披露分析及建议》，对这些问题做了深入分析。

按证监会 9 月披露的数据，两市共有 854 家上市公司披露扶贫工作情况。课题组选了 454 家上交所上市公司和 49 家深交所上市公司作为分析样本，共计 503 家上市公司。

将公司披露数据整理后，课题组发现，503 家上市公司平均为扶贫投入 724.15 万元，其中，投入 10 万 ~100 万元的有 191 家，投入 100 万 ~1000 万元的有 184 家，这两类占比最多。若与净利润对比，课题组发现，503 家上市公司平均每万元净利润扶贫投入 217.63 元，其中，投入每万元净利润 10~100 元的有 219 家，占比最多。

通俗地说，503 家上市公司平均每赚 1 万元就会在扶贫工作上投入 217.63 元。这个数字是高了还是低了？不太好找对应口径的数据作比较。根据相关统计数据，2017 年我国企业捐赠额为 963.34 亿元（摘自《2017 年度中国慈善捐助报告》），当年全国规模以上工业企业实现利润总额 75187.1 亿元（据国家统计局），扶贫投入约占捐赠总额的 21%（根据《慈善蓝皮书：中国慈善发展报告（2018）》），据此测算，我国企业平均捐赠到扶贫的金额为 27 元 / 万元利润。两相对比，503 家上市公司平均扶贫投入 217.63 元 / 万元利润就显得不少了。

上市公司的股东是不是该心疼了呢？这些钱如果不投入扶贫，就可以拿来分红了。但账恐怕是不能这么算的，要注意到上面的统计用词是不同的，27 元 / 万元利润这个数据是根据“捐赠”算出来的，217.63 元 / 万元利润是根据“投入”算出来的。投入并不等于捐赠。企业扶贫工作“投入”包括多种方式：产业发展扶贫、转移就业扶贫、教育脱贫、健康扶贫、生态保护扶贫、兜底保障、社会扶贫等。在这些类型中，兜底保障、社会扶贫主要是纯捐赠的，但产业发展扶贫、转移就业扶贫等就不一定是纯捐赠了，可能和业务发展是有关联的。以产业发展扶贫为例，投资设厂、原材料采购、农业品牌化建设、公司与农户和合作社合作等都算产业扶贫。

根据课题组统计，454 家上交所上市公司的扶贫投入中，有 26.7% 是投到产业发展扶贫领域的；49 家深交所上市公司的扶贫投入中，有 45.25% 是投到产业发展扶贫领域的。这些投入并不是纯捐赠，是可能会给上市公司的长期发展带来收益的。

对此，很多股东特别是外国股东可能无法理解。这让我想起当年中国移动“村村通”工程的案例。十多年前，我国移动通信的基础设施还不完善，特别是在偏远农村，因此政府提出了全国村村通电话工程。当时的中国移动是各大运营商中业绩最好的，因此承担了主要的建设工作，2005 年投了 90 亿元，2006 年投了 40 亿元。从市场视角来看，偏远农村布设基站没有经济性，因为单个基站所覆盖的有效用户数太少，所以有的海外股东认为“村村通”工程是浪费钱。中国移动一时也没办法说服海外投资者，所以这些钱都是从集团而不是上市公司中拿出来的。两年之后，农村市场的潜力开始显现，成为中国移动的新增长点，海外股东的看法才发生改变，国际投行也开始调高对中国移动股票目标价格的预测。

由此可见，投入扶贫领域的钱，并不一定是捐款，更不见得就会“打水漂”。如果能结合上市公司的发展策略，扶贫投入是可以产生良好效益的。只是从现在上市公司披露的信息来看，关于扶贫投入的具体用途、效益等，很多都没有具体的描述，所以外人很难做出准确判断。课题组在报告中也建议，上市公司“扶贫方式要适应企业自身特长，体现出信息披露的实质性”。

当然，扶贫投入也要以公司正常经营为基础。我注意到，有 2 家公司每万元净利润扶贫投入超过 1 万元，也就是说赚的钱还不够扶贫投入。这个我也不知道该如何解释了。

（本文首次发表于 2018 年 12 月 22 日“郭沛源说 ESG”公众号）

影响力投资在中国的出路

影响力投资（Impact Investment）的话题最近一两年又热起来。上周，深圳国际公益学院组织了影响力投资的研讨，《金融时报》（*Financial Times*，FT）在香港组织了影响力投资的论坛，中国社会企业与影响力投资论坛与南都公益基金会则共同发布了《中国社会企业与社会投资行业扫描调研报告》。

本文是我在深圳国际公益学院研讨会上的发言要点，总结了我对过去五年的观察，以及对未来中国影响力投资发展路径的思考。

影响力投资的“三驾马车”

2013 年，影响力投资的概念刚刚被引入中国不久，我和高嵩等几位朋友写了一篇综述文章，题为《影响力投资在中国》。

在文章中，我们定义了两类影响力投资及三类影响力投资机构。两类影响力投资，简单说就是“更注重影响力（impact first）”还是“更注重回报（investment first）”。三类影响力投资机构分别是专门做影响力投资的机构、传统的非营利组织和传统的金融机构，我们将这三类投资机构称为“三驾马车”。

五年过去了，“三驾马车”走出了不同的路径。

专门做影响力投资的机构：乍暖还寒。当年，我们在文章中提到了一些机构，如爱维稳特（Avantage Ventures）、LGT 公益创投、岚山资本、创思（Transist）。其中，Avantage 在两三年前结束了北京办公室的运营；岚山资本已经有一段时间没有听到消息了；LGT 公益创投通过股权和赠款的方式支持几个项目，但数量不多；创思倒是与壳牌基金会发起中引创投（China Impact Ventures）。总体来说，专门做影响力投资的机构在过去几年并没有规模化增长，一度出现收缩，虽然近两年有回暖迹象。

传统的非营利组织：热火朝天。五年前，背景为传统非营利组织的影响力投资机构有富平学校、中国影响力基金（算以 IED 为背景吧）、育公益创投（算以新湖慈善基金会为背景）。五年后，这个类别的机构多了很多，特别是最近两年，涌现出爱佑基金会、億方基金会、险峰基金会、恩派公益创投、南都基金会（以 LP 参与禹禾基金）等。显然，非营利组织对影响力投资投入的感情最深，热情如火。

传统的金融机构：谨慎探索。传统金融机构路线比较稳健，他们对影响力投资并不是全面热忱和接纳，更喜欢顺应政策趋势选择影响力投资的一个细分元素谨慎地探索前行。五年前，我们的文章提及绿色银行（兴业银行、浦发银行）和绿色基金（私募的青云和公募的兴全）。五年后，这些机构都还活跃在各自阵线，并且因为政策推动，践行绿色银行、绿色基金的机构数量迅速增加，绿色保险、绿色指数、绿色债券、扶贫债券等产品时有涌现。PE 的兴趣也逐渐高涨起来，或是看到影响力投资的长远价值（如禹闳资本，发起禹禾基金），或是看到解决社会问题的市场需求（如达晨创投投资大米和小米）。这类机构因为对投资回报率有刚需，发展并不快，但比较稳健。

中国影响力投资发展的建议

综上，公益圈对影响力投资热情如“初恋”，但金融圈还没有被打动。这说明国内目前的影响力投资还是影响力属性有余而投资属性不足。从平均意义上角度看，影响力投资项目的财务回报不够高，导致收益难以覆盖资金成本，无法形成闭环，因此专门做影响力投资的机构举步维艰。

对未来中国影响力投资的发展，我提出三点建议。

第一，扩大影响力投资的标的范畴。当前我们对影响力投资的标的界定还比较狭窄，有时甚至限定在社会企业的范围。这会对影响力投资的发展造成诸多束缚。一方面，狭窄标的里面选出优秀标的，特别是财务回报卓越标的的机会较少，筛选成本过高。另一方面，定义狭窄，也会将很多可能或正在参与影响力投资实践的机构排除在外，不利于形成统一战线。因此，现阶段宜将影响力投资的概念扩展、将标的范畴扩大，将影响力投资与绿色金融、可持续金融、责任投资等概念做适度的链接，将“既有社会效益，又有经济效益”的标的都纳入广义的投资标的范畴。

不过，扩大范畴虽可适度模糊边界，但并非放弃边界。为避免概念滥用，最好能找到简单且易甄别的方法（如利润的一定比例用作公益用途等），甄别影响力投资及投资标的。为满足多样化的需求，我们也可以将影响力投资及投资标的按议题类别、口径宽严归类，分类施策。

第二，培育多层次投资者群体。成熟的投资市场本来就应该是多层次的，天使投资、风险投资、股权投资都有各自的风险收益特性，形成一种互惠互利的生态。这样的原理在影响力投资中也是适用的。公益资本、耐心资本可以与传统的风险资本、股权资本搭配，以弥补影响力投资项目投资属性不足的问题。这种搭配，不外乎两种形式。一种是前后衔接，即公益资本可以捐赠方式先孵化早期项目，项目成熟之后再引入风险资本、股权资本；另一种是结构混搭，即公益资本与传统资本同时介入，但公益资本可以承担相对更高的风险。通过这些方式设计，可以改善影响力投资项目的风险收益特性，吸引传统资本参与，形成多层次的投资者群体。

第三，促进社会价值的财务折现。上一种办法是通过调整投资者的风险收益特性以适应影响力投资项目的风险收益特性，更加釜底抽薪的做法应该是反过来，调整影响力投资项目的风险收益特性以匹配投资者的需求。这就要求我们想办法促进影响力投资项目的社会价值的财务折现，通俗点说，就是把“义”（影响力、社会价值）转化为“利”（财务价值）。

有很多措施能产生这样的效果，譬如，政府对有社会价值的企业或项目予以税收优惠、政府采购倾斜；融资便利（绿色贷款优惠、发行社会效应债券等）；大企业在进行供应商选择时予以优先；消费者在进行消费选择时予以优先等。这些事情都不容易实现，但若能突破，就可以从更深层次解决影响力投资的问题，使义和利真正兼容起来。实施这些措施，通常涉及对项目的识别（即认证、贴标签等）和效益测算等问题。从这个角度来看，社会企业认证若能匹配政策扶持，或许能发挥一定的作用。

（本文首次发表于 2019 年 4 月 16 日“郭沛源说 ESG”公众号）

如何在影响力投资中运用负责任投资原则?

今年 1 月，全球影响力投资网络（The Global Impact Investment Network，GIIN）发布的调查报告显示，有 30% 的影响力投资者在管理影响力时参考了负责任投资原则（Principles for Responsible Investment，PRI）。作为一家促进责任投资的国际组织，PRI 对不少投资机构而言并不陌生；但 PRI 的原则如何运用到影响力投资中，很多投资机构并不熟悉。本文着重探讨如何在影响力投资中运用 PRI 的原则，并介绍 PRI 在影响力投资领域所做的探索。

负责任投资原则

PRI 是责任投资领域一个重要的国际组织。2005 年，时任联合国秘书长科菲・安南邀请世界主要机构投资者的负责人参与制定责任投资原则。2006 年 4 月，由联合国环境署金融倡议（UNEP FI）和联合国全球契约（UN Global Compact）联合发起，PRI 在纽约证券交易所成立。

PRI 制定了负责任投资的 6 项原则。第一，将环境、社会和公司治理（ESG）议题纳入投资分析和决策过程；第二，成为积极的所有者，将 ESG 议题整合至所有权政策与实践；第三，要求被投公司适当披露 ESG 信息；第四，促进投资行业接受并实施 PRI 原则；第五，建立合作机制，提升 PRI 原则实施的效能；第六，披露 PRI 原则实施的活动与进展。

PRI 要求参加 PRI 的成员机构（签署方）自觉遵守上述原则。通常，签署方分为资产所有者、资产管理机构和服务机构三类，他们均认同有责任以资产受益人的长远利益为行为导向，相信 ESG 因素可影响投资组合的表现。

成立以来，PRI 在促进全球责任投资及绿色金融发展方面发挥了重大作用，影响力日益提升。与此同时，伴随 ESG 投资理念的逐步主流化，有越来越多的投资机构成为 PRI 的签署方。据统计，截至 2020 年 5 月，PRI 共有逾 3100 家签署方，其中中国有 44 家。

在影响力投资中运用 PRI 原则

GIIN 在前述调查报告中并没有详细描述投资机构如何在影响力投资中运用 PRI 原则，但从调查数据看，前述调查和 2017 年的第一次调查相比，在影响力投资中运用 PRI 的受访投资机构增加了近六成。这也说明了 PRI 在影响力投资领域的影响力在提升。

从投资机构类别来看，非直接投资者（Indirect Investors）运用 PRI 的比例最高，达 41%，比直接投资者（Director Investors）高 14%。这一点比较容易理解，因为 PRI 原则是针对投资机构制定的，紧密结合投资机构的业务流程与特征，投资机构比较容易实施。非直接投资者，如母基金（Fund of Funds，FOF）并不直接介入投资，而是委托其他投资机构来投资，因此，运用 PRI 原则来管理被投资的投资机构是恰当的。譬如，非直接投资者可以测评哪家投资机构采取了“积极股东策略”，哪家投资机构披露了 ESG 信息等。但直接投资者往往以产业公司为投资标的，PRI 原则就不能完全照搬过去，有些可用（如信息披露），有些则不可用（如“积极股东策略”），要略微做一些调整。

此外，关注社会和环境议题的投资机构比只关注社会议题和只关注环境议题的投资机构更多运用 PRI 原则，比例分别为 37%、16% 和 33%。这一点可以这样解释：关注社会和环境议题的投资机构，通常就是人们常说的 ESG 投资机构（公司治理几乎是所有投资者都会关注的）。因为 PRI 在业界的影响力，ESG 投资机构通常都知道 PRI，也自然会更多运用 PRI 原则。只关注社会议题的投资机构，有很多是从公益角度切入影响力投资的，对以面向资本市场为主的 PRI 原则了解就相对少一些。

可见，PRI 原则提供的是一个宏观的、相对完整的框架，覆盖 ESG 整合、信息披露、能力建设、行业倡导等关键要素，对影响力投资的影响力管理有一定应用价值。

GIIN 的调查还显示，投资机构在选择影响力衡量指标时，最关注的因素依次为：可靠性（Reliability）、实用性（Utility）、标准化（Standardization）、易用性（Ease-of-Use）、可比性（Comparability）、准确性（Precision）。比较而言，PRI 原则在易用性、实用性、标准化和可比性方面是有优势的。

在精确性和可靠性方面，PRI 原则框架不具优势。但近两年，PRI 通过引入签署方强制信息披露的机制对此做了完善。根据 PRI 要求，签署方每年要根据 PRI 提供的模板填写进展报告，对公开部分（也是强制的）信息，任何人都可以通过 PRI 网站查询。

PRI 最新披露框架包括机构概况、战略与治理、气候变化披露、资产类别披露、总结五个模块。在资产类别披露模块，签署方可根据自身业务特征选取对应的披露模板。气候变化披露模块是今年新增的内容，参考 TCFD（Taskforce on Climate-related Financial Disclosures，气候相关财务信息披露工作组）的框架制定。模板中包括很多指标，除了有选择题，还有不少开放式的问题，允许签署方提供更多信息，说明 PRI 原则如何在机构内落地。投资机构可以用这个披露框架及指标作为参考，选出一些更加精确、可靠、可比的影响力测评指标。

PRI 在影响力投资领域的探索

PRI 对影响力投资领域的探索主要着眼于主流金融市场。2011 年，PRI 领衔开发了《普惠金融投资者原则》（PIIF），为投资普惠金融的金融机构提供指引。PIIF 有 7 项原则：一是扩大金融服务受众范围以覆盖低收入人群；二是所有政策和实践都要考虑客户保护；三是有明确和中立的合同及争议解决机制，以公平对待被投机构；四是将 ESG 因素整合到政策和信息披露中；五是提升经营活动透明度；六是追求平衡的长期回报，以体现客户、个人出借方和最终投资人的利益；七是合作开发共同的普惠金融投资标准。

2015 年底，联合国发布“2030 可持续发展目标”（UN SDGs），使得 SDGs 融资（SDGs Financing）成为全球热门话题。作为联合国发起成立并支持的机构，PRI 也十分关注 SDGs。2018 年，PRI 发布了《影响力投资市场图谱》（*Impact Investing Market Map*），尝试将主流金融市场、SDGs 和影响力投资糅合在一起。PRI 指出，影响力投资可以分为两类：小规模、流动性较弱、价值观驱动的传统影响力投资，以及成熟大型企业提供对社会和环境有价值的产品与服务。PRI 认为，GIIN 等机构已经在第一类的影响力投资方面做了大量研究及标准设置工作，因此 PRI 的努力主要着眼于第二类。

《影响力投资市场图谱》选取 10 个投资议题：能源效率、绿色建筑、可再生能源、可持续农业、可持续林业、水、可负担的住房、教育、健康、普惠金融。这 10 个投资议题都是主流市场十分关注且与 SDGs 关联密切的。譬如，SDG1 消灭贫困目标就与可负担的住房、普惠金融、教育、健康密切相关。针对每个议题，该图谱会解释：议题如何界定（Definition）、业务如何鉴别（Criteria）、业绩如何衡量

（KPIs）。

可见，PRI 在影响力投资领域的探索重点围绕 SDGs 展开，包括阐述 SDGs 跟投资者的相关性、研究 SDGs 对投资的影响，对象以主流金融机构和金融市场为主。

（本文首次发表于 2020 年 6 月 19 日“郭沛源说 ESG”公众号）

郭沛源说ESG

附　录

中国责任投资大事记

1992 年，联合国举办首届可持续发展大会，史称里约大会。

1993 年，Paul Hawken 出版《商业生态学：可持续发展的宣言》。

1997 年，GRI 成立。

1999 年，时任联合国秘书长科菲·安南在世界经济论坛上发起成立全球契约（Global Compact）的倡议，呼吁全球企业履行社会责任、做良好企业公民。道琼斯可持续发展指数（DJSI）发布。

2000 年，联合国全球契约组织（UNGC）在纽约成立。GRI 第一份指南发布。

2001 年，富时社会责任指数（FTSE4GOOD）发布。

2003 年，联合国环境规划署 UNEP FI 成立。

2004 年，UNGC 和 UNEP FI 合作，组织发布研究报告 *Who Cares Wins*。UNGC 首次提出 ESG 概念。

2006 年，由 UNEP FI 和 UNGC 联合发起，负责任投资原则（PRI）在纽交所成立。高盛提出 ESG 投资理念。深交所发布上市公司社会责任指引。

2008 年，兴证全球基金（兴全基金）发行首只社会责任投资基金。

2009 年，联合国贸易与发展大会（UNCTAD）发起联合国可持续证券交易所倡议（UN SSEI）。

2010 年，国际综合报告委员会（IIRC）发起成立。MSCI ESG 评级开启。

2011 年，可持续会计标准委员会（SASB）发起成立。

2012 年，中国责任投资论坛（China SIF）发起成立。港交所发布首版 ESG 报告指引。

2013 年，IIRC 发布《国际综合报告框架》。

2014 年，《欧盟非财务信息披露指令》生效。

2015 年，G20 金融稳定理事会（FSB）发起了气候相关财务信息披露工作小组（TCFD）。

2016 年，中国人民银行、证监会等七部委发布《关于构建绿色金融体系的指导意见》。

2017 年，上海证券交易所和深圳证券交易所加入 SSEI。中英绿色金融工作组成立。

2018 年，证监会发布《上市公司治理准则》，形成了 ESG 信息披露基本框架。纳斯达克推出 ESG 数据中心。

2019年，湖州发布《湖州市金融机构环境信息披露三年规划（2019—2021）》。

2020 年，中国首次提出碳中和目标。沪深交易所发布信息披露新规，纳入 ESG 内容。

2021 年，证监会发布信息披露规定，新增 ESG 内容。ISSB 成立，宣布从公众利益角度出发，将制定一套综合性的全球高质量可持续信息披露基准性标准，以满足投资者的信息需求。

2022 年，中国证监会正式将 ESG 纳入投资者关系指引。

2023 年，ISSB 发布 IFRS S1 和 IFRS S2 准则。

2024 年，A 股三大证券交易所同日发布 ESG 报告指引。财政部、外交部、国家发展改革委、工业和信息化部、生态环境部、商务部、中国人民银行、国务院国资委、金融监管总局等九部委发布《企业可持续披露基本准则》。

商道纵横发展 20 周年大事记

2005 年，商道纵横成立。

2006 年，发起中国企业社会责任指南（China CSR Map，CCM）项目，增进国内外交流，推动中国企业社会责任的发展。

2007 年，发布首份《中国企业可持续发展报告研究——价值发现之旅》，对中国地区企业社会责任报告的现状和未来发展进行了全面分析。

2008 年，与全球环境信息研究中心（CDP）合作，发布首份《碳信息披露项目中国报告 2008》。

2009 年，成为首家“全球报告倡议组织（GRI）在华授权培训机构”。

2010 年，郭沛源当选“全球报告倡议组织利益相关方委员会（GRI stakeholder Council）委员”。

2010 年，发起企业社会责任经理人论坛（CRO Forum），即现今的首席可持续发展官论坛。

2011 年，成为联合国支持的“负责任投资原则（PRI）签署方”。

2012 年，发起中国责任投资论坛（China SIF），推动绿色金融在中国资本市场发展。

2013 年，与清华大学经济管理学院合作开设《企业经营与可持续发展》MBA 课程，为企业经营提供具备可持续发展理念的专业人才。

2013 年，发布首份《中国企业社会责任十大趋势》研究报告。

2014 年，发起成立专注于绿色金融和 ESG 评级的专业公司——商道融绿，2019 年后分拆独立经营。

2014 年，发布《企业社会责任报告关键定量指标指引》(《MQI 指引》)，推动企业社会责任信息披露的可操作性和规范性发展。

2014 年，举办首届 CRO 全球峰会（即“CSO 可持续发展论坛”），可持续驱动未来商业。

2015 年，成为“中国金融学会绿色金融专业委员会理事单位”。

2015 年，出版发行《全面认识企业社会责任报告》，并发起商道学堂，建立国内可持续发展领域的人才社区，推动全行业发展。

2015 年，与清华大学经济管理学院联合发布《以透明降风险——中国采掘业海外投资透明度与风险管理研究报告》。

2016 年，联合环境保护部宣传教育中心共同发起“中国商学院可持续教育平台”。

2016 年，郭沛源在联合国总部接受联合国电台采访，介绍中国绿色金融与企业社会责任的情况。

2016 年，联合复旦大学管理学院等机构主办“中国企业社会责任展示周”，即“价值共创论坛”。

2017 年，发起“520 社会责任日”倡议，推动公众认知可持续发展、重视可持续发展、参与可持续发展。

2017 年，联合清华大学经济管理学院共同发布首份《中国海外投资 CSR 国别风险指数》报告和首份《中国企业海外投资社区沟通指南》，帮助中国企业更好地应对全球化进程。

2018 年，获中国妇女发展基金会“感恩三十年特别致谢机构”荣誉。

2019 年，《企业社会责任报告关键定量指标指引》（《MQI 指引》）获联合国“国际会计准则荣誉 2019（ISAR Honours 2019）”奖项。

2019 年，联合发布“HiESG 企业环境、社会及公司治理绩效管理系统 1.0 版”，为企业提供一体化 ESG 数据管理平台，为中国 ESG 领域信息化数据化打下基础。

2020 年，发布六大行业《〈环境、社会及公司治理（ESG）报告〉操作手册》2020 版。

2021 年，成为“TCFD（气候相关财务信息披露工作组）支持机构”，促进中国企业和金融机构在信息披露领域与国际接轨，提升应对气候变化的能力和韧性。

2021 年，亮相北京服贸会、上海进博会、COP15 洱海论坛等国家主流展会。

2022 年，郭沛源受聘为“中国上市公司协会 ESG 专业委员会首批委员”。

2022 年，出版发行《企业社会责任理论与实务》。

2023 年，成为“ISSB 气候全球基准 COP28 先行支持者”。

2023 年，和上海环境能源交易所联手打造的“企业碳中和专家培训”完成百人计划，为企业推进低碳转型建立人才储备。

2024 年，郭沛源受聘“财政部首届可持续披露准则咨询专家”、“商务部对外承包工程行业标委会首批委员”，被国际公司治理网络（ICGN）授予“终身成就奖”。

2024 年，受中国上市公司协会委托，作为主要技术支持方参与《中国上市公司可持续发展报告工作指南》全书编写，为上市公司提供应用《可持续发展报告指引》的实操手册。

后　记

那些年，我们一起追的梦想

——忆友人钱为家先生

周二（5 月 24 日）得知 Cliff 钱为家先生已于 5 月 16 日去世的消息后，我的心情久久不能平复。与 Cliff 坐而论道的情景恍如昨日，音容笑貌依稀浮现眼前，从来没有想过突然间就阴阳相隔。

忍不住在电脑里面搜索关于 Cliff 的点点滴滴。打开久未登录的 Gmail，搜到上百封与 Cliff 的往来邮件。不知不觉间，Cliff 到大陆工作已经十年，我们相识也有十年。记得初识 Cliff 是 2006 年，他应该是刚从 Orbis（奥比斯，一家国际 NGO）中国台湾地区董事执行长的位置退下来，正为台湾喜马拉雅基金会义务做点事情。商道和喜马拉雅基金会颇有渊源，创办之初得到基金会不少帮助，因此我和 Cliff 通过基金会的介绍认识，开始在邮件中探讨大陆和台商的 CSR 问题。

2006 年 6 月，基金会负责人江先生来信，说 Cliff 将在 6 月 16 日到天津顶新（康师傅控股）任职，担任康师傅控股的公关部副总裁。后来我们就在北京见面了。我印象中见面的地点是商道最早的办公室（车道沟的牛顿办公区），见面具体谈了些什么已经记不清楚，但我对 Cliff 有了更多了解。他既有公关公司的营销背景，又有国际 NGO 的运营经验，对 CSR、公益营销、品牌传播有非常广泛的涉猎（当时还没有谈到社会创新），对我所做的责任投资也很感兴趣。能感觉到，他对大陆充满了好奇与期待，希望能在这片土地上做出一番事业。

我们一直保持着联系。2007 年初，他邀请商道为康师傅公关部做两天培训，内容既包括 CSR 的入门知识，也包括责任投资这样的前沿热点。商道 2005 年创办，真正做业务是 2006 年 6 月之后的事情，当时我们的团队还很小很小。所以收到 Cliff 这个委托，我们自然也不敢怠慢，把各领域顶尖的专家都请来了（有两位专门从香港请来），到天津做了两天培训。这个培训到现在还印象深刻。他全程都参加了，还不时穿插评论。之后我们有讨论其他合作的可能性，不过没有实质性进展。其间，我邀请康师傅参加 CDP 碳信息披露调查，引荐康师傅与 WWF 就棕榈油问题进行沟通，他都很开放和合作。再后来，他策划了康师傅水创意公益提案竞赛，口号是“谁的脑袋有水‘评’”，我也应邀和他一起参与竞赛活动的高校路演。

2009 年初他找我，给我看了一份厚厚的书稿（就是后来出版的《全球战略 CSR 案例报告》这本书），还有一份 CSR 顾问业务合作企划书。按照这份企划书，Cliff 非常看好广义的 CSR 顾问业务，特别是策略公益捐赠、公益营销策略规划、上市公司企业社会责任管理及政府和谐社会政策落实这四大方面。可以感觉出来，Cliff 其时正摩拳擦掌，准备大干一场（当时有一个背景，国资委 2008 年颁布央企 CSR 指导意见，推动了 2008 年、2009 年的 CSR 大发展）。2009 年下半年，他跟我讲，已经确定从康师傅辞职，加入灵思传播机构出任副总裁，核心任务就是推动 CSR 相关业务整合。

Cliff 是一位创意大师，我觉得他的脑袋就从来没有休息过，总是在不断冒出新的想法。到了灵思之后，他把一些想法逐步落实为行动，有一些就是和商道一起推进的。我查了一下邮件记录，2010 年 4 月 29 日，Cliff 发了一封电子邮件给我，内容是“我计划在近期推动‘CRO（Chief Responsibility Officer’社会责任执行官）论坛”联谊会，希望倡导战略公益概念，把 CSR 各种社会价值融入企管各种功能战略，协助将企业 / 政府 /NPO 企业社会责任或公关部门负责人，从公关经理定位提升至集团 CRO 的层次，欢迎共同创办”。组织 CSR 经理人的交流平台也是我当时在思考的事情，我们想到一起去了，一拍即合。我们以 China CSR Map（简称 CCM，也就是思盟的前身）和商道的名义与灵思一起主办 CRO 论坛。我还记得，第一次 CRO 论坛的活动就在灵思的会议室举行的，来了不少 CSR 经理，Cliff 在演讲中全面阐述了他的“战略 CSR”理念。当时的我们都没有想到，这么一个不经意的想法成就了大陆 CSR 领域的一个重要交流平台，并一直延续至今。

Cliff 总是喜欢乘胜追击，他的计划是宏大的，一场 CRO 论坛只是这个宏大计划的开始。按当时的设想，我们将收集大企业的战略 CSR 案例、规划 CSR 专业培训课程、整合产官学社团队提供咨询服务。我和 Cliff 还有他的助手们就这样一件一件事情做下去。我们挨个企业去沟通，辅导 CSR 经理人将战略 CSR 实践写成案例，每个案例都要几易其稿才能形成。有了案例之后，我们将企业案例和 CSR 经理人一并推送到学校，在 2010 年秋和人民大学商学院合作开设了面向 MBA 学生的 CSR 课程。我的邮箱还保留着当时的开课通知：“CRO 论坛经过前期的案例汇编、研讨、终审，现已正式针对中国人民大学商学院的学员授课，前期主要是针对全日制的 MBA 学生进行尝试，未来的重点是针对 EMBA 和 EDP 的高阶经理人学员，时间为期一学期，其中，案例部分由企业 CRO 代表主讲，每位企业嘉宾主讲一堂战略 CSR 案例课程。”如今回首，2010 年是 Cliff 转型的关键一年，抛弃了大企业安稳的高管工作，投入市场中，与其说是检验他的战略 CSR 及之后的社会创新理论，不如说他是在追寻自己心中的梦想。有梦想的人都值得我们尊敬。

2012 年 4 月 17 日，我收到了 Cliff 的来信，信中说："我三月底离开灵思，计划在大陆推动企业社会创新，近日有空的话，讨论一下合作的可能。"见面之后，我知道 Cliff 的工作重点开始从战略 CSR 逐步过渡到社会创新（二者有重合之处，前者偏企业视角，后者偏社会视角），他希望在友成基金会的平台推动社会创新的实验，当时他名片上写着"友创普成总经理钱为家"（友创普成是友成基金会旗下机构）。我们讨论了两件事情，一是筹办中国社会创新论坛，二是组织中国企业社会创新研究。后来，商道参与了第二件事情，按照 Cliff 的"产销人发财"理论框架分析中国企业参与社会创新的现状与趋势，并在 2013 年形成了一份报告。可惜因为各种原因，这份报告最终并没有公开发布。

2012 年之后，Cliff 更多奔走在社会创新和公益领域，因为商道还是更专注企业领域，所以我们见面的机会变少了。常常能在网上看到 Cliff 参与各种论坛发表演讲的消息，偶尔也会在一些会议中碰面，但每次都是急匆匆、寒暄几句就要告别，都没有时间坐下长谈。现在想想真的非常遗憾，因为再也不会有这样的机会了。

后来，听说 Cliff 去了深圳。再后来，听说 Cliff 在深圳创办了环宇社创，还发起了全球企业社会创新论坛。我一方面是钦佩，来大陆十年，他的梦想就从来没有变过，从康师傅、灵思再到友成、寰宇社创，他在构筑同一个梦想；另一方面是祝福，从零开始的创业之路从来就不会一帆风顺，我祝福他成功，让深圳成为他的福地，也让他的理念能够造福社群。可惜，创办的事业才刚刚开始，他就不得不永远告别。

我希望他在天堂能够过得好。他把一生最后的十年都奉献给大陆的 CSR 和社会创新的事业，他的思想影响了一大批 CSR 从业者、社会创新从业者、公益从业者。他走了，他的书还在，他的理论还在产生影响，他共同发起的 CRO 论坛还在一场一场地举办。

相识十年，是为纪念。为家安息。

（本文首次发表于 2016 年 5 月 27 日"郭沛源说 ESG"公众号）

追思 MIT 教授 NGO2.0 创始人王瑾老师

北京时间 7 月 26 日凌晨，MIT 教授及新媒体行动实验室主任、NGO2.0 创始人和秘书长王瑾老师，因心脏病突发医治无效，在波士顿离世，享年 71 岁。

今天是王瑾老师的“三七”，谨以此文，寄托哀思。

记得，7 月 27 日晚上，NGO2.0 理事长、中国科学技术大学周荣庭教授在理事群里突然写道“沉痛悼念王瑾老师逝世”，所有理事都惊呆了，不敢相信。NGO2.0 执行主任张强回忆，7 月 25 日晚上，他们还和王瑾老师开会（NGO2.0 成立以来一直保持每周例会制度，王瑾老师都会远程参会）。她在会上说的最后一句话是：“今天就到这儿吧，我得走了，好，你们慢慢讨论，OK，好，Byebye。”未曾料到，5 小时之后，她在健身房突发心脏病……

事发突然，很多细节还不清楚。我曾希望这只是一场误会，直到从美国传来更多细节、MIT 官方也发了讣告，才不得不接受这个沉痛的事实。回想起来，最后一次听到王瑾老师的声音是 6 月 25 日，我作为理事参加 NGO2.0 理事会的远程会议，讨论增补理事事宜。

与王瑾老师认识大概已经七八年时间了。什么时候第一次见面，已经有点模糊。王瑾老师虽然身居象牙塔，但是个绝对的实干家，要把理论知识应用到实际。2009 年，年近花甲的她发起成立 NGO2.0，希望把 Web 2.0 理念引入中国公益事业。为了这件事情，她几乎每年都抽出一段时间到中国，拜访各种机构，见各种人，组织各种活动，特别给各种草根 NGO 培训“互联网 + 公益”的实战技巧，譬如怎么做微博、微信，怎么做社会化媒体的营销等。后来，王瑾老师将这些内容结集出版，有了《互联网 + 公益：玩转公益新媒体》这本书。

我们认识，是想一起做一件事情，即运用互联网技术更有效撮合企业和 NGO 的合作，解决当中的信息不对称问题。具体地说，就是要开发一个 NGO 评级数据库，让企业更容易选择合作的 NGO。这很符合 NGO2.0 技术公益（ICT4GOOD）的定位，所以说干就干，我们很快组建了一个联合工作小组来推进此事。

历时一年多，NGO2.0 副理事长谢栋老师带领团队把产品 1.0 版做出来了，只是推广和应用起来面临着很多挑战，细节就不展开了。

但所有的付出都是有回报的。通过这次合作，我与王瑾老师有更多机会交流，也对她有了更深的了解。

我所认识的王瑾老师，特别纯粹，一腔热忱、使命导向，希望推动中国公益事业的发展。若不是这样的使命感，以她 60 多岁高龄又是 MIT 长聘教授的身份，完全不必事必躬亲，每周还参加团队例会。不仅如此，她为了这份事业，还把她合作过的学者、指导过的学生等人脉资源全都用上了。NGO2.0 的理事、监事、员工、合作伙伴，我想有不少都是被王瑾老师的使命感所感召，被她的信念所感动，愿意与她一起为之付出。NGO2.0 现任理事长周荣庭教授多年前就曾去 MIT 新媒体行动实验室做过访问学者。

王瑾老师是一个正直、坦率和真诚的人，知无不言、言无不尽，没有半点架子，她喜欢听别人讲真话、讲实话。记得在我们一起研发 NGO 评级数据库的过程中，碰到一些问题，她很着急，几次都是主动要求我们一起开电话会讨论。后来我直接把我们的想法、碰到的问题全都跟她交了底，她反倒很高兴，在微信上和我说："沛源，你能说实话，我很 appreciate，任何技术平台的完善、发现 bug 和处理 bug 都是常态，也是一个过程……"

其实，王瑾老师也有风趣幽默的一面，很容易就和年青人打成一片。我们的对话记录还留在我的微信里，只是再也看不到"对方正在输入……"了。

通过这个项目合作，一来二去，我们熟悉起来。或许她觉得我比较靠谱，所以邀请我加入 NGO2.0 的理事会（NGO2.0 在深圳注册为民办非企业，注册名称为深圳市图鸥公益事业发展中心），到现在我已经担任了三届理事。我也常邀请她参加我们的活动。2017 年，我倡议发起"520 社会责任日"，王瑾老师也是最早的 13 位联合倡议人之一。每年她都积极宣传推广"520 社会责任日"，配合我们做专访、发海报等。

她最近一次到国内，是 2019 年。那一年是 NGO2.0 成立的第十年。我参加了 NGO2.0 的十周年庆典，以及 NGO2.0 组织的技术公益峰会，会后还写了篇评论（《技术公益、科学公益与儿童公益》）。她在发言中提到了关于技术公益的很多未来畅想，特别是未来村庄这个新项目。没想到，这竟是她在国内的最后一场演讲，疫情之后她就没能再回到国内。

那次回国，王瑾老师还去了一趟山东济南，与济南市达成一项合作，计划在 2020 年组织一场游戏化教学的论坛，把这个领域的几位 MIT 大牛请来。我对这个话题一直都很感兴趣，也曾邀请一些老师在商道学堂的教学中予以运用。王瑾老师听了之后很高兴，还约好到时一起去济南。

我们还有另一个约定。王瑾老师多次邀请我有时间的时候去 MIT 做访问学者。

我当然是很高兴的，只是因为公私事务都很多，没能排上日程，心想着来日方长，以后还有很多时间。如今，这成了遗憾。

王瑾老师离开了，但她的音容笑貌，恍如眼前。NGO2.0 虽然只有十年多一点的历史，但却是王瑾老师生命中浓重的一笔，在 MIT 的讣告中，王瑾老师在 NGO2.0 的工作占了很大篇幅。NGO2.0 虽然规模不大，但却有 Web 2.0 和技术公益这个独特的支点，如同杠杆般撬动中国公益事业的发展。

我想，继续王瑾老师发起的事业，是对王瑾老师最好的纪念。

（本文首次发表于 2021 年 8 月 16 日“郭沛源说 ESG”公众号）

他是 MBA 商业伦理教育的开拓者

——缅怀清华大学仝允桓教授

11 月 12 日晨，清华大学经济管理学院退休教授仝允桓老师因病逝世。仝老师曾任全国 MBA 教育指导委员会委员兼秘书长，在商道纵横创办之初给予了很多帮助。特以此文悼念仝老师。

说起与仝老师的相识，要说到 BELL 项目。BELL 是 Business，Environment，Learning and Leadership 的意思，中文取了个谐音叫“贝迩”项目。这是由世界资源研究所（WRI）在 1991 年开始发起的、美国著名大学商学院参与并得到众多跨国公司支持的国际环境教育项目。2000 年，环保总局（现生态环境部）宣教中心贾峰主任将“贝迩”项目引入国内，在多所高校推广，在全国 MBA 教学指导委员会（以下简称教指委）的支持下逐步形成全国范围的研究和教学团队。仝老师也参与其中。那时，我还不认识仝老师，我只知道“贝迩”项目。2003 年，我在学校图书馆看到 WRI 的《国际著名企业管理与环境案例》这本书时，如获至宝，反复读了几遍。

我是通过 Rick Bunch 先生认识仝老师的。Rick 曾在 WRI 负责“贝迩”项目，后来去了另一家美国机构 Aspen Institute，这个机构也有一个企业社会责任（CSR）教育项目（Business & Society Program，BSP）。这个 BSP 项目在美国也做了很多年，主要做三件事：一是对商学院的 CSR 意识做调查；二是建立 CSR 案例资源库，推广 CSR 相关教学案例；三是评选优秀 CSR 方向的师资。2006 年，Rick 与我联系，希望刚刚成立的商道纵横可以帮助 BSP 在中国的商学院中推广。

2006 年 12 月 8 日，我们在北京组织了一次小范围的研讨会，邀请仝老师及几位高校商学院老师参加，探讨 BSP 项目落地的可能性。仝老师很热心地给了具体的建议。

2006 年 12 月 17 日，全国 MBA 教指委会议在杭州召开，仝老师也邀请我和 Rick 参会。很巧的是，当年这个会议的议题之一，正是“MBA 教育要承担的社会责任”。会后，96 所 MBA 培养学校暨管理学院院长联席会议全体代表联合发表《中国 MBA 教育西湖宣言》，这是中国商学院首次联合声明，支持企业社会责任和商业伦理的教育。

当时的新闻稿是这样写的：MBA 教育致力于将管理知识、领导技能与社会责任感融为一体，帮助学生在体验式学习过程中，提高责任意识、创新思维和管理行动能力；增强学生对各类社会组织及其管理者所肩负的社会责任的理解，并在毕业后能够以对社会负责的态度判断问题、做出决策、采取行动。这些 MBA 教育理念，放到如今仍有非常重要的指导意义。

此后两年，BSP 项目稳步推进，包括与中国人民大学齐东平教授、北京大学杨东宁教授一起开展的 MBA 对 CSR 的态度调查，还建立了中文版的案例资源库（网站）。

在这个过程中，仝老师给予了很多支持和指导，我们也开始与清华经管学院、北大光华学院等更多商学院建立联系，认识了一批热心企业社会责任研究与教学的老师们。

2008 年华尔街爆发金融危机，美国的 BSP 项目资金吃紧，2009 年后中国这部分的工作也停了。不过商道一直保留着案例资源库的运营，发展演变为如今的案例中心团队。我和仝老师一直保持联系，经常会就企业社会责任方面的问题做一些交流。后来，仝老师在清华成立了绿色跨越研究中心并成为研究中心主任，研究可持续创新、金字塔底层财富（BOP）等问题，还让我到学校参加过两次学术会议。

2014 年 7 月，受宣教中心委托，我协助组织 2014 年生态文明贵阳国际论坛环境责任教育的分论坛，仝老师应邀出席。

2000 年以来，仝老师一直致力于推动企业社会责任的研究与教学，特别是在 MBA 教育中纳入商业伦理（企业伦理）的内容。在他担任全国 MBA 教指委秘书长期间，除了推动发布 2006 年的《西湖宣言》，教指委还自 2009 年起支持上海交大安泰、北大光华和中大岭南学院主办全国 MBA 商业伦理与企业社会责任教学研讨会，到今年已经是第 14 届。

仝老师坚持身体力行带学生、做演讲。他在很多活动场合都倡导商学院开展商业伦理的教学、研究活动。2011 年，他参加首届中国 MBA 商业伦理辩论大赛决赛活动并发言。

在仝老师等人的推动下，越来越多商学院开设“企业社会责任”或“商业伦理 / 企业伦理”等课程，甚至将之列为必修课。譬如，2010 年，清华经管学院就率先将商业伦理课程作为必修课纳入 MBA 学生的培养方案。十年后，2020 年国务院学位委员会正式将“企业伦理”列为 MBA 核心课程，这意味着国内全部商学院都必须开设有关课程。仝老师当年播下的种子，如今开了花、结了果。

近几年，很少见到仝老师参加活动，听说是生病在家。几年前，我们和一所国外商学院谈合作，涉及中外办学管理的问题，我曾给仝老师打电话求教。仝老师也给出很中肯的建议。

仝老师治学严谨、热心助人、提携后学。他是 MBA 商业伦理教育的开拓者，为中国 MBA 教育事业鞠躬尽瘁。

谨以此文表达对仝老师的敬意与怀念！

（本文首次发表于 2022 年 11 月 13 日“郭沛源说 ESG”公众号）

热爱大自然的人，都是好人

——纪念绿色营创办人唐锡阳老师

11 月 3 日，著名环保作家、大学生绿色营创办人、原国家环保总局特聘环境使者唐锡阳老师因病去世，享年 92 岁。11 月 7 日，唐老师的告别仪式在八宝山举行，多个大学生绿色营代表前往告别。

听闻噩耗当天，我写了一小段话发给唐老师家人：唐老师一生波澜壮阔，投身中国环保事业，影响不止一代的中国环保人。唐老师千古。

唐老师与绿色营

1980 年，唐老师在知天命之年担任北京自然博物馆《大自然》杂志主编，开启人生下半场，投身中国环保事业。他说，走进大自然，才让他找到久违的愉悦和舒适，他爱上了大自然。在人们对环保还没有什么概念的时候，他考察了全国各地的自然保护区，写下了《自然保护区探胜》一书。

在考察和旅行途中，唐老师遇见了马霞，两个爱自然的人走到一起，结成伴侣。马霞告诉唐老师，热爱大自然的人，都是好人。

在马霞的帮助下，唐老师在 1989—1992 年考察了 50 多个国家公园和自然保护区，写下了《环球绿色行》一书。《自然保护区探胜》和《环球绿色行》这两本书足以流传后世，即便放到现在，也是非常好的自然教育入门读物。唐老师笔力深厚，两本书文字生动、富有哲理，影响了非常多的读者，有些读者后来也成为中国民间环保的中坚力量。

那时候，唐老师的家庭通信地址是印在书上的。有的读者开始给唐老师写信讨论环保问题，于是有了后来唐老师拯救白马雪山原始森林的事情：“木头财政”让当地林业部门计划砍伐这片原始森林，但这片森林是濒危动物滇金丝猴的栖息地。为此，唐老师开始与一众环保人士奔走相告。这段历史，可以在网上找到很多史料。温波的纪念文章披露了更多细节。

为了保护滇金丝猴，唐老师、沈孝辉、龙勇诚、奚志农等人在 1996 年发起了大学生绿色营，奔赴白马雪山，调查研究，最终引起中央重视，把这片原始森林保住了。第一届的绿色营也走出了不少环保 NGO 圈的名人，这也是绿色营后来被誉为“中国绿色人才的西点军校”的缘故。

遗憾的是，马霞没能见证绿色营的远征。就在绿色营出发前的几个小时，马霞因为癌症在医院去世了。临终前为绿色营做了一段录音发言，饱含深情和哲理。她说：

不要只是闷头赶路，对周围的事物视而不见，听而不闻，
应该静下心，让大自然迎你而来，
你们首先要学会用欣赏的眼光去认识别人，然后才能正确地去认识自己，
在这次旅行中，你们付出得越多，得到的也越多。

唐老师在告别马霞几个小时之后，出现在开赴云南的列车上，激昂地在站台上跟营员们讲了“一二三四”几句话：

这一天，在北京西客站，绿色营整肃队伍，为马霞默哀一分钟。我没有痛哭流涕，而是慷慨激昂地说了个“一、二、三、四”：

“一”是高举一面绿色的旗帜。

“二”是两句话：一句话是“行万里路，读万卷书，阅万代事，积万代福”；另一句话是“热爱自然，丰富知识，锻炼意志，净化心灵，增长才干，迎接中国绿色运动的到来”。

“三”是三点希望：希望在我们绿色营中出现一个、两个自然保护的英雄；希望有几个同学通过这次活动，将把自己的一生献给自然保护事业；希望更多的同学会改变自己的价值观、人生观和生态观。

“四”是通过这次活动，我们将生产四个精神产品：完成一份调查报告；做一部录像片；搞一个摄影展览；写一本书。

我大声地问：“同学们，能做到吗？”

“能！”全体营员齐声应答。

——《人与生物圈》2016 年第 4 期

这几句话，后来每次绿色营出发的时候，唐老师都会说一遍，成为经典，也成为绿色营的一种文化。

我有机会认识唐老师，是因为在大学时代组织学生绿色协会，邀请过唐老师到学校做环保演讲。记忆中，唐老师是坐公交车来的，没有架子，激动之处，手舞足蹈，浑身上下都是力量。

2000 年夏，我参加了大学生绿色营。那一年，我们去了新疆，原计划是考察塔里木河的生态保护。一个月的行程，唐老师全程带队。随队的还有台湾荒野保护协会创办人徐仁修老师。有机会和两位环保大师同行，对我们这些 2000 年营员来说，确是受益终身。至今，2000 年营员虽然各奔东西，从事不同工作，但仍保持着非常密切的联系。

一个月中，我对唐老师有了更多近距离观察的机会。虽然时隔二十年，还能记得一些细节。

一是对自然充满热爱，对大自然充满敬畏。每到一个地方，唐老师都会四处看看，拿着相机做记录。记得有一次我们开会（绿色营出营期间每天晚上都要开会）时，唐老师说（大意）：有人说绿色营是旅行团，游山玩水，我觉得旅行团也没什么不好，大自然那么美，我们当然要学会去欣赏，连大自然都不喜欢的人，怎么会真心实意去做环保呢?

二是不怕吃苦，条件多艰苦都不怕。带队去新疆那一年，唐老师已经 70 岁了，即便如此，他基本上全程都跟我们这些大学生同吃同住。绿色营大部分时间是在野外，吃住条件不怎么样。有时候，吃一顿新疆烤馕就对付过去了；在沙漠等地方，也都是住帐篷。那时候，我对这些不以为意，人到中年之后，才觉得唐老师 70 岁的年纪还能有这般体格，确实了不起。

三是非常直率，仗义敢言。一路之上，我们亲眼见到不少环境问题，比如塔河流域种棉花、砍伐胡杨林，还有西天山林场的砍伐问题。唐老师在和当地管理部门的沟通中，都会直言不讳地把问题通通说出来。这几天我翻看当年的文集，有那么一段。唐老师在林场看到各种问题，在离开林场前一天碰到林场的书记，他毫不留情说了一番话：“我们不是你们的游客，是你们的朋友。你们‘宰’不着我们，就不理我们，不和我们谈。没关系，我们有三十多张嘴，有四十多部相机，还有电视台。我们可以到伊犁去说，到乌鲁木齐去说，到北京去说！”

唐老师经常说，绿色营的宗旨是培养热爱自然的素质，培养民主的素质，培养吃苦的素质。在他带队出征的这个月中，他的身上就闪现了这些素质。

回到北京，唐老师以“国家环境使者”的名义，给国家环境保护总局（现生态环境部）写了一份题为《紧急呼吁保护胡杨林》的报告。报告的建议部分也收录到 2000 年绿色营的文集中。这本文集是我负责排版印刷的，我还因此多次去唐老师家中编辑文件。在这个过程中，我发现了唐老师的又一个特点：特别好学，停不下来。70 岁的人，还在学习电脑打字，学习 Word 排版，学习数码相机。这个好学习惯伴随唐老师终身。他还学习视频剪辑，自己制作了一些视频资料发给大家。年近 90 岁，他又学着用微信和大家交流。

2000 年文集出版的时候有一个不大不小的插曲。营员何中文写了一篇文章《西行随想——关于中国环保的思考》，提出了一个既尖锐又深刻的问题：绿色营乃至整个中国民间环保都和“救火队”一样，“在马不停蹄地奔波，在呼吁，而且似乎没有什么好效果”。这篇文章如同深水炸弹，在绿色营中炸开了锅，有的赞同，有的反对，争论激烈。后来我将同主题的几篇文章，合起来收录在文集“各抒己见”栏目中。

以我之见，唐老师的观点与何中文的观点是不同的。对他来说，义无反顾、大声疾呼，为“无告的大自然”发声，无论何时何势，都是应该做的事。但这些争议，确实也反映出绿色营“问题调查”模式的弱点。特别是随着国内环保意识的提升，全社会关注到的环境问题越来越多，绿色营很难形成 1996 年保护滇金丝猴那样的“焦点”效应。因此，绿色营以后的路该如何走，成为那几年唐老师一直在思索的问题。年逾古稀的唐老师，想把绿色营逐步交给年青人来组织，但也希望继续“问题调查”模式。所以，2001 年绿色营赴云南思茅地区保护亚洲象、2002 年绿色营赴辽宁沿海滩涂保护沿海湿地生态和鸟类……那几年，唐老师还是坚持出营，只是不再全程随队。

绿色营的转型

2001 年到 2005 年间，唐老师有意逐渐减少参与绿色营事务，但绿色营的新的组织架构调整并不顺利。其间尝试成立了绿色营管委会，管委会运转了一段时间，却因各种原因无法维持又解散了。绿色营陷入迷茫。2006 年，藉由绿色营十周年的机会，我协助组织了绿色营十周年庆典活动。庆典活动前后，绿色营征求了各方意见，明确了转型方向，重心向“自然教育”模式倾斜，在大学生中培养自然教育人才。

唐老师支持这一转型，绿色营在徐仁修老师的支持下，由厦门大学李振基老师带领探索新时期的发展道路。2007 年，在唐锡阳老师、徐仁修老师等人的带领下，绿色营在吉林长白山国家级自然保护区举行了自然讲解员训练营。此后是 2008 年的广东南岭、2009 年的贵州茂兰……

绿色营有篇文章回顾了这一历程，我觉得是对前后两个十年的“转型”的较为准确的表述：2007 年的转型不是一种切割，它只是践道的更具体尝试，前十年和后十年，它们是完整的一体。1996—2006 年的环境调研一直是走进真实的大自然中进行的，过程中我们遇见自然壮美，也目睹自然之殇，没有刻意去设置体验自然的内容，但我们受到的心灵震撼、与自然产生的情感连结都是直接真实的，这与 2007—2016 年开展的自然教育，有很多共通的部分。

2016 年，绿色营 20 周年，唐老师 86 岁，还参加了重返白马雪山及 20 周年研讨会。他到云南省迪庆藏族自治州德钦县参加庆典时说：“绿色营到现在 20 年了，我已头发苍白，已 86 岁。今天能够跟大家一起启程，但愿能够给大家带来收获。绿色营的创办者还有马霞阿姨，还有沈老师等，今天第一届很多人有事，没法一起来。如张立在美国，温波在日本，奚志农在北京。绿色营在传承过程中，我年纪大了，后面徐仁修老师、李振基老师、赖芸慢慢会接棒下去，还有很多新老营员都为绿色营的传承作出了很大贡献。”

最近这几年，唐老师过着候鸟般的生活：冬天在海南，转暖了回到北京。通常，我一年能见到唐老师一两次。2020 年，唐老师 90 岁生日，我们一起参加了小范围的庆祝会，老爷子精神很不错，还跟我们说写书、做视频，等等。2021 年 10 月，唐老师的经典著作《自然保护区探胜》（第三版）发售，在朝阳公园做了个签名售书活动，老爷子在户外签售了两三个小时。2022 年上半年，唐老师家人说，唐老师做了心脏支架手术，恢复得还不错，我心里想着要去看看他，没想到还没见上面，唐老师已经驾鹤西去。

他是民间环保领袖的缩影

唐老师的一生，出版了几本影响重大的书，创办了一家影响深远的民间环保组织，对中国民间环保事业做了巨大贡献。

我大学时代开始搞环保，除了学习专业，还参与了大量的民间环保活动。因此，我有幸与多位中国第一代民间环保领袖有交往。在唐老师身上，可以看到先行者们的一些共同特征。

他们多是知识分子出身，受过良好教育，有忧国忧民的意识。因为这样，他们会忧虑中国的自然生态，忧虑子孙后代的生存环境。但他们往往并非科班出身（科班出身多数会做工程师，成为专业型人才），因此，他们对环保知识的积累一方面是边干边学，另一方面就是用最简单朴素的思想去理解。举个例子，唐老师在接受《东方之子》的采访时对保护区的重要性是这样解释的：

> 大自然充满了秘密。在保护区里多少种东西？有什么用？现在或许不知道……这就好像大自然给人类写了一封信，信里装着很多内容。究竟装了什么？这一代的人还不知道，但如果我们随手就把信扔了，就太可惜了。我们应该把信保护起来，慢慢读这封信。

他们都有极为鲜明的个性，极具韧性和批判精神。缺乏个性和批判精神，很难在 20 世纪 90 年代就能够指出中国面临的环境问题。缺乏韧性，更做不了民间环保，因为很容易就会被现实挫败。

他们也都有忘我精神，一心为环保。很多时候，他们甚至要贴着自己的钱做环保的事。记得早年间，唐老师在高校做讲座的时候，经常会带一些书去签售，书钱都会做记录，用来继续搞环保事业。书很沉，背来背去也很不容易，但那一代的民间环保领袖很多都有这个习惯。

他们也往往都面临机构转型的挑战。第一代的民间环保领袖，极具个人领导力，所以在他们创办环保组织之初，组织都具有浓厚的个人色彩。但随着创办人年龄、外部环境等因素的变化，这些组织往往都会面临创办人如何放手、环保组织如何转型的挑战。转型不易，绿色营是一个典型例子。唐老师当年的支持，为绿色营的成功转型创造了条件。

唐老师是中国第一代民间环保领袖的缩影，影响了不止一代的中国环保人。他去世之后，民间环保圈都在悼念他，生态环境部也转发了消息并表示哀悼。

唐老师在 2000 年绿色营文集中写到新疆的胡杨林。他说，当地老百姓形容胡杨是“三千岁”：一千年不死，一千年不倒，一千年不朽。胡杨林作为一种森林群落，确是起着千万年防沙固沙的巨大作用。唐老师也如同胡杨，顽强地保护着生态；现在他离开我们了，他的精神依然激励着数以千计的绿色营营员及千千万万的忠实读者。

（本文首次发表于 2022 年 11 月 13 日“郭沛源说 ESG”公众号）